20世纪世界现代设计丛书

CENTURY FASHION DESIGN

百年服饰设计

李智瑛 编著

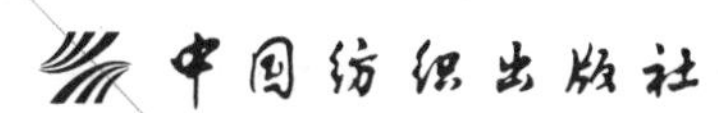

图书在版编目（CIP）数据

百年服饰设计 / 李智瑛编著 .-- 北京 ：中国纺织出版社，2017.2（2023.7重印）
（20世纪世界现代设计丛书）
ISBN 978-7-5180- 2792-7

Ⅰ．①百… Ⅱ．①李… Ⅲ．①服装设计－历史－世界 Ⅳ．① TS941.2 - 091

中国版本图书馆 CIP 数据核字（2016）第169187号

策划编辑：余莉花　　特约编辑：符　芬　　责任校对：寇晨晨
版式设计：李智瑛　　责任印制：王艳丽

中国纺织出版社出版发行
地址：北京市朝阳区百子湾东里 A407 号楼　邮政编码：100124
销售电话：010 － 67004422　传真：010 － 87155801
http：//www.c-textilep. com
E-mail：faxing@c-textilep.com
中国纺织出版社天猫旗舰店
官方微博 http://weibo.com/2119887771
永清县晔盛亚胶印有限公司印刷　各地新华书店经销
2017年2月第1版　2023年7月第2次印刷
开本：710× 1000　1 / 12　印张：19
字数：274 千字　　定价：98.00 元

序

在中国，艺术学门类所属的设计学是一门年轻的学科，但无疑也是发展最为迅速的学科之一。正因为如此，它在某些方面的发展与建设上就显得不够成熟，不够完善，在学术研究上相对滞后。天津美术学院有着百年的办学历史，设计学的发展也是由来已久。学校一直都非常重视相关学术的建设和发展，在诸多同仁的努力与促成下，历时数年，撰写完成了这套“20世纪世界现代设计系列丛书”。

本套丛书包括《百年视觉设计》《百年工业设计》《百年服饰设计》三本，是中国首次系统化、全面化的百年设计品鉴丛书，它记录过去、反思过程、预想未来。视觉设计、工业设计和服饰设计具有多样、复杂、流动性等特点，而目前国内的设计历史类专著多偏重产品，对于视觉形象等谈及较少。本套丛书系列化的书写方式更为科学合理，既能兼顾各方向发展的特性，又能把握全局，更全面地介绍和论述设计艺术发展。

在编写方式上，本套丛书力求创新与实用。20世纪无疑是现代艺术和设计发展的最重要阶段，三本图书各选取100个点进行分析介绍，这在国内甚至国际上都具有领先意义。专题论文式的介绍与编写方式也更具有阅读性。图书文风朴实，更有利于传播与交流，对于普通受众而言也是极具价值的美育选择。图书的相关负责人及课题成员多次国外考察和学习的经历确保了图书的前瞻性，在内容、深度和广度上都有着重要的学术价值。他们试图以独特的视角进行拓展和研究，力图为读者的进一步学习和研究提供便捷和指引，为读者今后就某些具体问题进行深入研究提供有价值的思路。

继往开来，任重而道远，设计艺术将在我国社会各领域的发展进程中扮演更加重要的角色，因此相关的学科建设也必将变得更加重要。希望本套丛书的完成和出版能够抛砖引玉，为设计学科的不断成熟和完善尽绵薄之力。

郭振山于天津美术学院

2016年5月

目 录

三、严肃与回归（约 1930 ～ 1945 年）

四、第二次世界大战后新风貌（约 1946 ～ 1959 年）

五、动荡与叛逆（约 1960 ～ 1969 年）

六、承上启下（约 1970 ～ 1979 年）

七、新革命新设计（约 1980 ～ 1989 年）

八、走向新世纪（约1990～2000）

一

新世纪新风尚
（约 1900 ~ 1919 年）

时代新风尚　马里亚诺·福图尼时装

19世纪末20世纪初，随着工业革命的继续发展，社会经济迅速成熟，由此形成了一个具有相当消费能力的阶层。虽然，此时大多欧洲国家仍处于古老王室的统治之下，但新兴的、富裕的资产阶级越来越多地走向政治舞台，而异于旧式贵族的生活方式和节奏成为现代服饰新风尚出现的重要因素。伴随着汽车、飞机、无线电、电影等的发明发展，人们对未来充满信心，一个崭新的时代降临了。

这个时期是西方现代艺术与设计孕育发展的重要时期，立体派、野兽派、未来主义等前卫的艺术探索为世人展现出了惊人而富于变化的视觉盛宴，特别是此时提倡精致设计的“工艺美术运动”和“新艺术运动”更是在现代设计的探索中贡献非常。新的美学思想、艺术观念层出不穷，这些对于新世纪之初服饰设计新风的形成和发展至关重要。1900年，巴黎世界博览会开幕，将当时最流行的现代艺术和设计观念进一步推广开来，同时博览会中专门为服饰设计开设的典雅厅更是让时尚深入人心，成为现代时装形成发展的历史转折点。

伴随着经济的发展、技术的进步，各种媒介和大众娱乐项目也开始蓬勃发展，新颖的舞蹈、电影、喜剧等艺术形式成为创造和传播时尚的重要载体，一些相关的知名艺人如芭蕾舞演员巴普洛娃等也形成了继王室贵族成员之后又一左右和引领时尚的重要成员。1875年，位于巴黎心脏地带的加尼叶歌剧院盛大开幕，它将所处地段和街道幻化成巴黎的奢华朝圣地，几乎囊括了当时时尚人士最向往的顶级精品店。此外，伴随着现代奥林匹克运动的兴起，20世纪初人们对各种体育运动兴趣大增，夏天打高尔夫和网球，冬天滑雪和滑冰，连平常骑自行车也成为那时流行的一种时尚。这些运动对于服饰日益简约化和现代化的发展功不可没。

20世纪初，在上层社会的带领下，欧美各国的服饰呈现出一番欣欣向荣的景象。当时的上流社会生活奢靡、挥霍无度，于女性而言追求时尚成为日常生活的中心。周末访问要换好几次服饰，甚至有些人不会在公开场合穿同一件衣服两次以上。在这种富裕、攀比的社会风尚中，服饰设计逐渐成为一个不可忽视的重要产业。不同于以往的裁缝制作，高级定制服和时装设计师轰轰烈烈地发展起来。查尔斯·沃斯成为世纪之交最有影响力的服饰设计大师，在他的带领和推动下，品牌意识和流行风格意识诞生并发展开来。1892年，美国首次发行时装杂志VOGUE，从此时尚杂志成为展示、推动、创造时尚的重要媒介，大众审美与流行品位变得越来越重要。

1901年，英国女王维多利亚的去世标志着一个时代的结束，但纵观20世纪之初的欧美世界，服饰的传统性和约束性还比较明显。男装沿袭过去的基本样式，并形成了晨礼服、常礼服和晚礼服的基本概念，值得一提的就是在东方古老的中国也创造出中山装这样经典的款式，流传至今。女装流行S型和A型的基本样式，其中S型轮廓大有一统天下的气势。这种款式的女服大约出现在1900年，兴盛于1904～1905年，直到1910年淡出人们视野。随着时代的发展和女权主义的兴盛，人们开始反思和革新传统服饰的诸多缺陷，简约化、男性化、运动化等需求更为紧迫。

1914年爆发的第一次世界大战对传统的服饰设计带来了更为直接和严重的打击，简洁、实用成为服饰设计的重要标准。紧身胸衣被抛弃，裙子的下摆也终于提高到小腿的下部，工装裙和背带裙很流行，特别是女性长裤的出现更是时装史上的一件大事情。战争虽然结束了，但是女人们再也不想拥有过去的服饰样式，她们开始追求更加简便的服饰。战争无疑是残酷的，但庆幸的是女人们终于摆脱了长久的一些束缚，一定程度上赢得了选择合体、舒适服饰的权利。

1. 时代风尚

图 1 － 1　内衬羊毛的丝质黑白花长大衣　1900 年

图 1 － 2　午茶装　1908 年

1900 年 4 月 14 日，世界博览会在被称为“时尚之都”的巴黎召开，博览会持续数月吸引了成千上万的参观者。正如同其主题“新世纪发展”一样，这次博览会不仅寓意着新旧世纪交替，更是迎接机械化工业时代降临的盛典。博览会为大家展示了现代工业发展的诸多成果，让人们充分体会到新时代无限的可能与希望。其中著名的“电力馆”就直观地呈现出“电”这一新生事物的潜力与魅力。博览会上最大的亮点还是各国在“新艺术运动”中的各种探索，精致的手工艺，充满自然美的曼妙形态，风格多样的异国情调设计让人们大开眼界。

“新艺术运动”是 20 世纪初流行于欧美各国的现代设计探索，创新发展、向自然学习是其核心理念。它所提倡的自然美、曲线美也在当时最流行的 S 型服饰造型中体现得淋漓尽致。S 型轮廓服饰特点是上紧下松，大帽子，长裙拖曳，胸部前倾，臀部向后突出，腹部平坦，从侧面看呈现出 S 型的轮廓曲线（图 1 － 1、图 1 － 2）。

为了塑造所谓美好的体态，女人们还要穿上由材质较硬的鲸须或钢条作衬骨的紧身胸衣，还有数层沙沙作响的衬裙。“S”型服饰的紧身胸衣一度被称为健康胸衣，因为它不像 19 世纪后期的胸衣那样紧顶乳房并将其高高托起，更多地是让乳房自然呈现。但无论怎样这种当年最为时尚的造型对穿着者的身心健康也没什么好处，长期穿戴这种服饰对脊椎、肋骨、呼吸甚至生育能力都是极为不利的(图 1 － 3)。这件黑色质地礼服，有着时尚的 V 领造型，胸前那条乳白色的镶边成为亮点，别致的袖形与裙摆的一圈细节装饰使得礼服变得时髦起来，柔软而富于线条美的长裙与身体完美结合，一切似乎都流动起来。

20 世纪初，最为时尚的事情莫过于大众艺术和体育运动的蓬勃发展。这也恰恰成为服饰界打破传统，走向未来的重要原因之一。20 世纪初对社会娱乐大规模的商业开发，使娱乐业呈现出大众化、丰富化的特点，诸多领域如戏剧、舞蹈、歌唱等表演明星开始大量涌现，她们无疑成为当时时尚女性争相效仿和崇拜的对象。实际上许多高等服饰的主要顾客就是女明星，她们是时尚的巨大推动力，如著名的女演员萨拉 · 伯恩哈特（Sarah Bernhardt）。

毕业于法兰西戏剧学院的萨拉美貌多才，个性风流乖张，她主演的《茶花女》《圣女贞德》等剧形神皆备，堪为典范。她还曾任教于巴黎音乐学院，在普法战争与第一次世界大战中均亲赴沙场，鼓舞士气，世人传颂。不过她夜寝木棺而后售之，蓄养奇禽异兽如蜥蜴、猛狮等的行为让人瞠目。但无论如何萨拉都是那个时代颇具影响力和号召力的时尚偶像，诸多大师如沃斯、杜塞、布瓦列特等都数次为她量身制作服饰（图 1 － 4）。

此外，巴黎最有名气的大众娱乐场所红磨坊也是时尚人士趋之若鹜的地方，其招牌明星珍妮 · 阿维尔在当时也有着非同凡响的号召力。1899 年她为新的演唱会定制的黑色彩蛇礼服就是一件颇具时代风尚的作品，黑色的面料与其上缠绕的彩蛇刺绣图案对比强烈，整套礼服非常恰当地突出了她曼妙的身材（图 1 － 5）。

1909 年，塞盖 · 迪亚格列夫（Serge Diaghilev）率领的“俄罗斯芭蕾舞团”在巴黎的演出，更是在当时形成了一股新型而巨大的时尚潮流。舞蹈的形式与感觉自然是美轮美奂的，但迪亚格列夫等人专门设计定制的鲜艳而特殊的演出服更是具有一种革命化的冲击力。神秘的东方文明、大胆新颖的前卫样式真正实现了迪亚格列夫的口头禅“让我吃惊吧！”。除此之外，其他现代舞的表演服饰也朝着更前卫洒脱的方向发展，如伊萨多拉 · 邓肯（Isadorn Duncan）的薄纱裹身演出服，玛塔 · 哈瑞（Marta Hari）几近透明的面纱舞服饰等都有着惊世骇俗的效果。在这种风潮的刺激下，以布瓦列特为首的时尚界开始告别华贵保守的旧时代，将服饰设计带入更富有创意、更活泼自然的新时代。

1896 年奥林匹克运动的兴起使得人们的生活方式发生了巨大的改变，从事各种时尚的体育运动可以锻炼身体，同时又是非常重要的交际手段。这些运动类项目和活动使得传统的服饰样式显得格格不入，而且传统的服饰面料也不太具有吸汗、松软等特征。因此，简约、实用的现代化服饰发展与兴盛就成为时代发展的必然（图 1 － 6）。

图 1 － 5　珍妮 · 阿维尔的新衣　1899 年

图 1-3　S 型礼服　1902 ~ 1904 年

图 1-4　女演员沙拉 · 伯恩哈特

图 1 － 6　束腰连衣裙　1912 年

2. 高等定制服装

图 1－7　晚礼服　沃斯定制　1893～1900 年

高等定制服又称高级时装，即 Haute Couture。Haute 意指讲究、高级、上层，Couture 指名家设计的流行服装，这种服饰文化源于欧洲古代及近代宫廷贵族的服饰。1868 年，巴黎高级时装协会成立，会员主要是由巴黎地区的高级定制服装屋和相关提供量身定制服务的公司组成。这个协会所制定的制度如版权保护、公平贸易等都有效地保证了高级定制服的良好发展。

现代意义的高级定制服应该出现在 1900 年巴黎举办的国际博览会上，在专门陈列服饰的典雅厅中以查尔斯 · 沃斯（Charles Worth）和杰克 · 杜塞（Jacques Doucet）设计的“高等定制服”最引人注意。他们的主要顾客都是上层社会的妇女和富有的演员、艺人等，其作品虽然还是以传统模式为中心，但是富于变化的样式、精致的面料和做工使其显得更为时尚和独特，因此有媒体评价说这次服装显示出只有巴黎才是世界服饰的中心。

沃斯是时尚圈不可否认的才子，被认为是巴黎现代高级定制服的始祖。这个来自英国肯特郡的年轻人以其勤奋和才学创造了一个时代的辉煌时尚。由于父亲很早过世，年少的沃斯很早就开始工作养家，数年的布料店经历对他日后的职业生涯有着非常重要的奠基作用（图 1 － 7）。

1843 年，沃斯来到巴黎谋生，在出售布料和饰品期间得到雇主赏识，允许他利用一定的商场空间来展示和出售自己的设计作品。1855 年，沃斯以层叠的布料衬裙取代了传统的裙箍设计，在一定程度上解放了女性的身体，受到了许多时尚人士包括拿破仑三世的妻子欧仁妮皇后的赞赏。很快，沃斯脱离了原来的公司，与商人奥托 · 博贝斯在巴黎的和平大街开设时装店，他们不仅销售服饰，还出售相关的设计图稿，一个由服饰设计师左右潮流的时代来临了。普法战争期间，他们的店铺被迫倒闭。1871 年，沃斯重拾旧业，开设了同名时尚服饰店。在沃斯去世之后，该店由两个儿子加斯通和让 · 菲利普接手，在第一次世界大战前该店依然保持着兴盛发展的态势。

图 1 － 8　晚礼服　沃斯定制　1898 年

沃斯的服饰做工精致、面料独特，永远追求美的极致，让无数皇家贵族和上层人士倾倒。在内部结构上，他的服装虽然还局限在束身胸衣等的束缚之中，但外型的不断改良使其作品不仅更美观时尚而且也更为舒适。他抬高衣服的腰际线，放宽下摆，简化前身而注重背面装饰，开创了一个女装的新时代，正如他所言：“是我终结了衬裙时代。”而他为珍妮特公主设计的公主线剪裁手法使服装变得更为简洁大方，在服装界影响极大（图 1 － 8）。

作为首位高级定制服装设计大师，沃斯还制定了许多相关的标准，确保每一件服饰精工细作，独一无二。商业的敏感性使得他开始利用自己的名字推广宣传作品，从而逐渐创建了自己的服饰品牌。同时沃斯还大胆地使用真人模特并将其推广开来，形成了定期推出年度流行样式的制度，建立起时装季节更新的理念。在生产制造上，沃斯利用缝纫机等工业产品，雇佣了许多专业人员为他服务，保证了后期制作的迅速有效。所以无论从哪个角度来看，沃斯的成功都充满着诸多可能性和必然性（图 1 － 9）。

图 1 － 9　沃斯定制礼服　19 世纪末期

另一位高级定制服大师杜塞就出生在巴黎时装店林立的和平大街上，其祖父就有自己独立经营的服饰店铺。杜塞的服饰虽然保持了传统的结构，但在外部形态上多有创新，并以精致的刺绣、蕾丝、花边等细节装饰见长（图 1 － 10、图 1 － 11）。图 1 － 12 是 1902 年杜塞设计的一款丝质礼服，柔和的米色面料上印着淡蓝色的花卉，胸前、裙摆、边角处装饰着大量米色蕾丝。与沃斯兄弟相比，杜塞对于时尚的发展更为敏感。当前者依然坚持着父辈们的设计传统时，他依据服饰新风尚做过许多尝试，如 1914 年他设计的一款新式礼服，由罗伯特绘制发表在法国知名刊物 LA 上。这款新礼服层叠的上衣与缠裹成锥体的裙体，都体现出他创新的愿望。此外，他还善于发现和鼓励新人，知名时装设计师布瓦列特和维奥涅特的发展与成功就与他有着重要关系。但由于他所热爱的华贵服装及样式已经日暮西山，他所崇尚的优雅生活也开始变味，于是他逐渐放弃了这一职业，淡出服装设计界。

总之，高级定制服是一个特殊的世界，有着一套自己的规则和表达方法。因为门槛高，规矩多，并受到成衣市场发展的影响，所以目前的高级定制服装店所存不多，许多设计师都已退出这个市场。

图 1 － 10　大衣　杜塞　1900 ~ 1905 年

图 1 － 11　晚礼服　杜塞　1903 年

图 1 － 12　秋冬礼服　杜塞　1902 年

3. 珍妮·帕昆

图 1 － 13　帕昆的商店　1908 年

1869 年，珍妮·帕昆（Jeanne Paquin，以下简称帕昆）出生于巴黎郊区的圣特丹尼斯，年少时在当地的一个裁缝店里打工，凭借娴熟的技巧受雇于巴黎一家知名的服饰店 Rouff。众所周知，帕昆的成功与她的丈夫伊西多尔·帕昆（Isidore Paquin）有着密切关系。伊西多尔是位富有而精明的商人，俩人在婚前就有非常好的合作关系。1891 年，在结婚前一个月，伊西多尔在巴黎正式开办了一家名为帕昆的时装店，该店提供包括套装、礼服、运动服等全面的服装设计服务，在二人的通力合作下，服装店红红火火地发展起来，在其鼎盛期，帕昆曾雇佣了超过 2000 个工人（图 1 － 13）。

1900 年，声名雀起的帕昆负责挑选巴黎世博会的参展作品。她独具慧眼，经过严格的组织与展示，为人们提供了一场极具时尚性的服装盛宴，从而使这次博览会成为现代服饰发展的重要历史转折点。期间，她也展出了自己的一些礼服作品，她所使用的一种非常女性化的蜡色受到了大家的喜爱与关注。1907 年，伊西多尔突然离世，帕昆在哥哥等人的加盟下继续发展他们的公司。1920 年，帕昆退出公司并在数年后嫁给了法国外交官 Jean Baptiste Noulens 从而淡出时尚界。虽然如此，帕昆的时尚帝国在多位设计师的支持下一直运营，直到 1954 年被沃斯合并。但由于各种原因，沃斯·帕昆在 1956 年被关闭。

图 1 － 14　礼服　帕昆　1911 年

总体来看，帕昆设计的服饰并没有突破紧身胸衣的束缚，但是其精致的设计和百变的造型使她在那个时代独树一帜，成为可以与布瓦列特相抗衡的有力竞争者。帕昆非常注重面料等相关材料的选用，通过分层、混合各种原料使服装表面产生不同色调、不同纹理效果的微妙变化。同时也非常重视细微处的精致装饰与点缀，无数品种的发着光的亮片、珠子，精致的贴花、蕾丝等都能使她的作品脱颖而出（图 1 － 14）。帕昆的独特之处还在于她对多元化风格的崇尚与运用（图 1 － 15）。她经常戏剧性地将各种元素进行组合，如 1912 年，她设计的一款外套就融入了 18 世纪歌剧表演服的一些元素。奢华的皮草也是帕昆经常使用的装饰面料，无论是大面积的使用还是边角的细部装饰都使 20 世纪初期的女装更为华丽、时尚。

图 1 － 15　帕昆设计的扇子

1905 年，帕昆开创了著名的“帝国风格”系列女装，在造型上打破了 A 型与 S 型的传统模式，显得更为自然和随意，对布瓦列特革命性新女装的出现起到了承上启下的重要作用。实际上，所谓的帝国风格服饰主要是以法国帝国时期（1804 ～ 1814 年）的样式为蓝本，经常使用纵横交错的串珠做装饰。在造型和裁剪手段上颇有古希腊遗风，缝合的边缘明显可见针眼之间所透漏出的缝隙。

在专业能力之外，帕昆的成功还源于她独到的经营方式和营销策略。首先，她是首位在国外建立分店的服饰设计师。1896 年，她与几个英国合伙人在伦敦开设分店，随后在纽约、马德里等地也开设了自己的店铺。这对于其品牌的宣传与推广有着重要作用，当然也在一定程度上将时尚从巴黎推向世界各地，建立了一种全球化的经营理念与国际扩张的概念。其次，帕昆运用了多种行之有效的品牌推销方式和策略，在那个时代可谓是技高一筹。帕昆美丽、时尚、聪明而富有魅力，她本人就是其作品的最好宣传手段。19 世纪末期，年轻的帕昆为推广自己设计的胸衣亲自做广告宣传。帕昆善于交际，建立了发达的人际关系和客户群。而这些人大多都是各个领域具有相当知名度的公众人物，如名演员、皇室成员、商业大亨的家眷等，比如在 1910 年，她就获得了比利时利奥波德二世的订单。而这些名人对于时尚的影响和引导能力是不可忽视的。

图 1 － 16　春夏礼服　帕昆　1912 年

此外，帕昆还开创了许多商业广告形式。她让一些年轻女子如演员等穿着她新设计的服饰在歌剧和赛马前进行表演。1913 年，她还在伦敦宫殿每周一下午举办的“探戈茶会”上进行探戈舞服的展示。1914 年，帕昆的春季展示踏上了美国之旅，在纽约、费城、波士顿、芝加哥等地巡回展示，她那些戴深紫色和粉色假发的模特震惊了公众（图 1 － 16）。同时，帕昆还经常在各种时尚期刊宣传自己的作品，至今我们还可以看到许多手绘或摄影的精美图片（图 1 － 17）。

帕昆以富有想象力的设计、精湛的工艺、丰富而多元化的艺术表现力成为 20 世纪初期才华横溢的设计师和艺术家（图 1 － 18、图 1 － 19）。1913 年，帕昆成为第一个获得法国军团荣誉勋章的女性，在 1917 年还被选为巴黎服饰设计协会的领袖。

图 1 － 17　帕昆新款设计　1908 年

图 1 － 18　帕昆礼服

图 1 － 19　帕昆香水

4. 紧身胸衣的终结者——保罗·布瓦列特

图 1 － 20　黑色羊毛绣花刺绣大衣　20 世纪初期

图 1 － 21　时尚礼服　布瓦列特　1911 年

“我坚信，服装界确实需要一位巨匠来领导，才能突破保守的格调（保罗·布瓦列特）。”事实如此，他的确是 20 世纪初期一位突破传统、终结紧身胸衣的巨人和改革者。

作为一位巴黎布料商的儿子，从小的耳濡目染使布瓦列特对时尚有着强烈的向往和热爱。年轻时，他曾在杜塞和沃斯兄弟的服装店的工作获益匪浅。虽然最初很多人都不看好成天异想天开的布瓦列特，作为师长的杜塞却极为欣赏他，并且鼓励他要大胆地“在社会的大海里游泳，千万不能溺死”。布瓦列特为杜塞设计的第一件作品——赤罗纱斗篷就卖出 400 多件，大获成功。这件作品正如布瓦列特所言“这件斗篷是一切悲伤与严酷的浪漫结局，人们应该意识到一种传统的结束。”

在杜塞的鼓励下，24 岁的布瓦列特在欧伯街 5 号开设了自己的时装店，长期对繁复女装的厌倦使他致力于女装新风尚的创造。在前人的启发下，布瓦列特运用减法的原则创造时尚新风貌，坚持“要把女性从紧身胸衣的独裁垄断中解放出来”。布瓦列特设计的服装将原来在腰部的支点移到肩膀，使整体造型形成一泻而下的流畅感（图 1 － 20）。布瓦列特的革新离不开一个重要人物——他的妻子丹尼斯。身材苗条、平胸、性格古典的丹尼斯是布瓦列特最好的模特，当她穿着丈夫设计的服饰出席各种活动时，时尚和美艳的形象让巴黎的女性羡慕不已。

作为世界上第一个现代意义的时装设计师，布瓦列特不但改变了服装的内部结构，他还提高了腰线、胸部位置，拉低衣领，从而创造了一种新的美学理念和形象。他改变了曲线统治欧洲服装的局面，使直线和矩形的造型流行起来，从而开启了 20 世纪现代造型线的序幕，所以将他视为现代时装第一人也是名至实归的。

布瓦列特的另一个重要革新是系统性地把异域文化尤其是东方风尚带入欧洲时尚界。世纪之初，来自俄罗斯的芭蕾舞剧《天方夜谭》在巴黎上演，充满东方神秘文化的演出服给予人们无限冲击。这种异域文化给布瓦列特以新的灵感，他很快设计出一系列以东方服饰为元素的新时装。例如他设计的一款名为“孔子”的女外套，宽松舒适，很受巴黎女性欢迎。当他的模特穿着东方服饰携带佩刀出现在晚宴上时，全场震惊了。他还把自己的妻子打扮成波斯皇后的造型，大量珠饰的束腰外衣，伊斯兰风格的鞋子，加上穆斯林式的头巾，使得波斯风尚迅速成为当时最流行的风尚（图 1 － 21）。1911 年，布瓦列特设计了裙裤“灯笼裤”，与他的束腰外衣非常和谐（图 1 － 22）。1913 年，他更是将束腰外衣轮廓极端化，设计了远离身体的所谓“灯罩”外衣，更是突出了柱形轮廓线（图 1 － 23）。

借鉴古老的东方文化，布瓦列特还设计了一种极端的裙子——蹒跚裙。这种裙子臀部宽大，裙长及踝，下摆大幅内敛，以至于穿者无法迈出三英寸的步伐，更无法跨上马车。时髦女子甚至用布条绑住自己的双腿以适应这种时尚，正如布瓦列特所言“我把女性身体解放出来了，但却束缚了她们的腿”。尽管这种款式在行动时有诸多不便，但由于造型时尚，并恰好适应南美传来的探戈舞，故风靡一时。在色彩上，受东方文化的影响，布瓦列特也打破传统，开始大量使用红色、绿色、蓝色等鲜明的色彩。此外，华丽的面料、奢华的刺绣也成为其作品的鲜明特征。他还将各种羽毛饰品用于服饰中并在欧洲流行起来，而带羽毛的帽子成为当时时尚妇女必备的配饰。

图 1 － 22　束腰外衣　布瓦列特　1913 年

布瓦列特喜欢用夸张的方式宣传自己的作品，他曾经亲自带领数个模特到英国、德国、俄罗斯等地宣传自己的作品。这些美丽的模特穿着蓝色哔叽制服，外披黄格子呢斗篷，头戴标有字母“P”的帽子，所到之处均是人头攒动，争相观望。此外，布瓦列特还经常举办戏剧表演式的服装主题晚会，1911 年他举办的名为“一千零一夜”的时装晚会就非常有影响力。晚会的舞台布景充分显示出丰富的东方韵味，他还要求与会的三百多名宾客都穿上东方风格的服饰，其中他为妻子丹尼斯亲自定做的鸵鸟毛饰的大帽子则大放光彩。

与许多设计师不同，布瓦列特认识到艺术在服饰设计中的重要性，正如他所说“我是一名艺术家，而不是裁缝”，他认为艺术与时尚不可分割。布瓦列特与同时期的许多艺术家都有合作，这对于他的许多作品都有重要影响，他在自己的回忆录中曾写道：“我一直很喜欢画家，感觉与他们平起平坐。在我看来，我们秉持相同的工艺，他们是我的伙伴。”在他的各种合作中，与拉乌尔 · 杜飞的关系保持得最为持久。杜飞是一名画家，也是一名优秀的纺织品设计师，布瓦列特在“香格里拉外衣”“布瓦列特晚宴服”等的设计中都使用了杜飞设计的面料。

第一次世界大战前，布瓦列特达到了他设计生涯中最辉煌的时期。战争结束后，已时过境迁，但他没有反思自己，反而想通过大规模的公共活动来挽回顾客。布瓦列特经常举办各种音乐会、舞会，还常赠送龙虾大餐、珍珠项链等。他把希望寄托在 1925 年巴黎举办的工业和装饰艺术展览会，他在停泊在塞纳桥边的平板船上举办酒会，展示作品，一直持续到 1929 年，但收效甚微。布瓦列特这些行为开支庞大，最终导致他完全破产。1944 年，一代大师布瓦列特在巴黎的慈善医院去世。

图 1 － 23　新型内衣结构下的外套　布瓦列特　1912 年

5. 现代胸衣

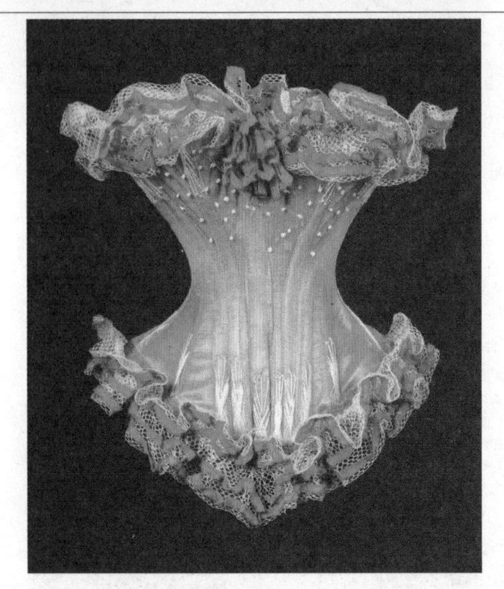

图 1 － 24　束身胸衣　1890 年

虽然工业革命持续发展了一百多年，维多利亚时期的女性依然保持着非常传统的衣着方式。紧身胸衣作为一种束腰丰乳的造型工具一直扮演着非常重要的角色（图 1 － 24）。女性要先穿上较为肥大的一套内衣，上身长达大腿，下身为过膝的花边长内裤。硬挺的束身胸衣一般要在背部系合，所以都需要别人的帮忙才能完成。此外，女人们还要穿上各种硬挺材料制作而成的衬裙，早期甚至还有用钢条等金属制作而成的撑架。在 19 世纪 70 ～ 90 年代，西方女性流行臀垫式样，即将服饰装饰的重点放在臀部。围腰式撑架呈半月型固定在后腰上，并在其上装饰蝴蝶结、穗饰等，所以那个时代的女性应该是欧洲历史上臀部翘得最高的女人。修拉著名的作品《大碗岛星期天的下午》就表现了那个时期人们的着装风格，臀部高高上翘的女性，长裙拖曳，打着小伞，而男士大多穿着三件套、戴着窄边礼帽，享受午后惬意的阳光。

19 世纪后期，随着现代主义的发展和女性解放运动的兴起，女装融入了一些男性化的成分，变得简洁起来。作为服饰的重要组成部分，内衣的设计也随着时代的发展与时俱进。现代意义的组合内衣出现于 19 世纪中后期的样式，很大程度上取代了以前笨重繁复的长衬裙，其造型一直向简短、活泼的方向发展。19 世纪的组合内衣做工精美，通常是由轻巧的棉织物制作而成，而 20 世纪最初几年往往采用丝绸等质地的面料，并装饰以精美花边和刺绣。1905 年，利昂娜为组合内衣做的广告就备受好评，但是这种形式在 20 世纪 20 年代受到了胸罩等更多种类内衣的挑战。后来，组合内衣渐渐丧失了内衣本身原有的价值，而主要是用于获取温暖等实用目的（图 1 － 25）。

图 1 － 25　女人的内衣　法国　1890 年

紧身胸衣的改革是 20 世纪初时尚界的一件大事，而且在一定程度上直接影响或决定了人们的着装体系和风格。1900 年左右，萨若特对传统的胸衣进行改良，将其上部边缘从乳房中部移到乳房下围，从此乳房彻底摆脱了原有的压迫得以自由正常发育，女性的呼吸也变得正常起来，所以被称为“健康胸衣”。同时萨若特还大胆地采取了收紧腹部的剪裁，打破了以往只收腰部不顾腹部的传统造型，由此创造出 20 世纪初经典的 S 型女装。

随着布瓦列特等人摒弃紧身胸衣，新式的内衣开始出现。具体的时间和发明者尚存争议，但胸罩在 19 世纪 20 年代前就开始普遍使用了。第一次使用胸罩这一词汇应该是 1904 年查尔斯 · 德 · 毕维斯公司所做的广告文案，而专利是在 1905 年由加布里埃尔华申请的。与传统的胸衣相比，胸罩更深受广大女性的喜爱。1910 年，纽约时报称赞胸罩说："它比格外僵硬的紧身胸衣更舒适，人们挑选的余地和品种也更多。"这种优势使得胸罩迅速流行起来。

据悉，美国的第一件专利胸罩是一个叫杰布可丝的女孩发明的。她在参加一次舞会时用两条手帕加上一条粉色丝带做成一件类似胸罩的内衣，这种自然凸现的乳房引来众人的羡慕（图 1 － 26）。随后她在 1914 年以克瑞斯克斯比（Caresse Cresby）的名字申请了专利，这就是所谓的"无背式胸罩"。后来华纳兄弟紧身胸衣公司以 1500 美元购买其专利进行生产销售，利润丰厚。1916 年，英国杂志《女士》评论说："法国和美国的女士们都戴它们，所以我们也应该这样。"

但是，早期的胸罩缺乏一定的弹性和支撑力。在 20 世纪 20 年代流行平胸消瘦美的年代，这种缺点似乎可以被忽略。但到了 20 世纪 30 年代，人们开始开发更实用与性感的胸罩。1935 年，华纳兄弟公司率先推出 A 到 D 型不同罩杯的胸罩，为胸罩的造型与尺寸建立了一个相对规范的标准。而胸罩真正的黄金年代始于 1938 年美国杜邦公司发明了弹性纤维之后，这种富有弹力的材料成为胸罩发展的有力支撑。即便在第二次世界大战期间，追求美的女性们也突破种种限制，利用废旧降落伞开发制作各种胸罩和内衣。

图 1 － 26　现代内衣　1908 ~ 1910 年

第二次世界大战结束后，美国人迅速推出全新的人造丝胸罩系列，并开发了十字交叉、回旋织法制造类似乳房造型的圆锥形罩杯。这种俗称"鱼雷"的胸罩使女人的乳房得到真实体现，像蓄势待发的鱼雷一样，性感十足。而侍女胸罩造型公司也在 1949 年成功地推出圆形织法的"轻歌（Chansonette）"，其造型特征又被称为"子弹胸罩"，从此，这种"子弹胸罩"风靡世界 30 多年，创下了近亿件的销售纪录。自此，胸罩作为主流的内衣形式风风火火地发展起来，并且经常将性感作为其主要的宣传点。1992 年 1 月的《时尚》杂志就宣称"把乳沟露出来，让胸罩游走在走光边缘最能展现新女性的魅力。"同年 2 月的《珂梦波丹》也以《胸罩就是要给人看》一文直接游说女人"别害羞，露出乳沟正在流行"。

1994 年，美国生产的魔术胸罩在纽约首次登场，并在当年风行全球。超级名模们穿着这种能够改变乳房形状的胸罩亮相于各种广告宣传，以丰满为美的浪潮到来。人们争相购买这种誉为神奇的新式内衣，甚至还出现了使用防弹运钞车运送货品的场景，胸罩行业也一跃成为年营业额达 30 亿美元的大产业。

今天的女性无疑是幸福的，远离紧身胸衣的束缚，现代、舒适而性感的内衣让现代女性变得更加美丽、自信。

6. 时尚配件

图 1 － 27　布瓦列特设计的帽子

图 1 － 28　蝙蝠帽　1916 ~ 1918 年

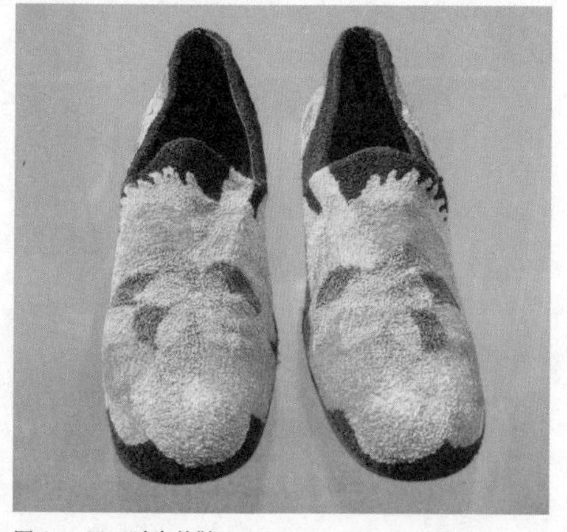

图 1 － 29　时尚美鞋

对于西方女性而言，服装的概念比中国的要复杂得多。衣服不是作为主体的组成部分，帽子、鞋子、手袋、首饰、小伞等都是不可或缺的，而且往往作为点睛之笔与服装相配套。所以说，时尚的发展不单指服装，也包括与时俱进的各种配饰。

帽子作为服饰的重要部分表现出一种更为鲜明的时代性。在 S 型服装流行的年代，与之相搭配的帽子多体现出宽、大、高等特点。其中著名设计师露西尔设计的“露西尔帽”在上层社会的女性中最为流行。这种帽子帽檐宽大，装饰着夸张的羽毛，非常适合于衬托 S 型的体态。20 世纪初期，在非洲上演的歌剧《风流寡妇》中，因女主角经常佩戴这种帽子而广为流传，故也称作“风流寡妇帽”。此外，在世纪之初被誉为“执政内阁式”的帽子也很流行。

随着 S 型服装的退幕，服装革新家布瓦列特也将目光转向帽子领域。他设计了无数新颖时尚的帽子，而且大都带有浓郁的异域风情。布瓦列特曾提到在英国的一次旅游经历：“博物馆陈列着许多来自印度的艺术品，其中有不少印度男人的头巾，有的镶嵌着宝石，有的插着漂亮的羽毛，也有一些非常简朴的样式。突然的灵感让我觉得研究这些头巾应该很有价值，再深入了解之后拍电报叫公司主任前来加以模仿。我们花了几天的时间完成了工作，一个月后，巴黎就开始流行这种头巾了。”可以说在布瓦列特的推动和影响下包含东方元素的装饰有宝石或羽毛的头巾类帽饰在第一次世界大战前占有相当的市场（图 1 － 27）。

随着战争的爆发，华丽而奢华的风格被摈弃，简朴实用的帽子开始流行起来。残酷的战争剥夺了无数人的生命，黑色、灰色等相对沉重的色彩被广泛使用。图 1 － 28 中这件制作于 1916 年左右的蝙蝠帽就是一件非常具有时代性的作品。在西方文化中，蝙蝠被认为是黑夜和死亡的象征，所以并不是人们所喜爱的题材。但 20 世纪 10 年代后期，蝙蝠竟然成了一种流行元素，这大概与战争中人们普遍的哀伤有关。这顶帽子造型简单，以丝绒和人造毛皮为基本材质，五只精美的蝙蝠环绕地装饰在向上翻起的帽子边缘，浓重的黑色与装饰图案表明它大概是哀悼所用。

西方女性向来就有穿高跟鞋的习惯，20 世纪之初的鞋子多为皮质，头部较尖，高跟较宽厚，高约 5cm。随着各种室外运动的兴起，也出现了很多方便舒适的款式。1905 年，加斯顿 · 拉格诺设计了一款系带的马丁鞋，大受欢迎，并成为服饰发展过程中的一个经典之作。在布瓦列特风行的年代，他也将其艺术风格融入他的鞋子设计，一些装饰着亮片、东方图案或造型的鞋子开始流行，他甚至在材料和造型上也模仿东方人的穿着习惯，设计出一些平跟布面的新式鞋子（图1－29）。战争爆发后，人们的生活方式有了巨大改变，日益独立的女性对鞋子的实用性越来越重视。在款式上，她们更喜欢那些装饰少、裁剪利落的产品。在材料上，皮革、帆布和华达呢最为常见，将各种材料交错组合或表现皮革反面的绒面也很常见，金属扣饰大为流行。

像鞋子一样，手袋也超越了其功能性而成为许多女性必备的服装配饰。20世纪初期特别流行串珠手袋，一般用交叉的吻扣开合。美丽小巧的串珠经常表现出花朵、蝴蝶等图案，也有许多怀旧风格的场景，比如古老的欧洲城堡等（图1－30）。说到箱包，不得不提路易·威登这个品牌。1854年，路易·威登在巴黎开设了自己的首家店铺，设计、制作和销售各种品类的箱包。创始人路易·威登以前是为名流贵族出游时收拾行李的，他深深体会到原有箱包的诸多弊端。在深思熟虑之后，他设计了具有革命意义的平顶方形皮衣箱，并在此基础上推出了一系列实用而美观的箱包作品。1896年，路易·威登的儿子乔治用父亲姓名的首写字母L和V配合花朵图案，设计出知名的交织字母粗帆布的样式，既美观大方，又不易被竞争对手抄袭模仿（图1－31）。

图1－30　手袋　1920年

图1－31　路易·威登　1906年

在首饰设计领域，世纪之交最有影响力的莫过于拉利克和卡地亚。拉利克曾在巴黎珠宝商路易·阿维卡的店铺做学徒，在新艺术运动流行的年代，他成为巴黎时尚界最前卫的首饰设计师。他的作品经常以怪异而新颖的造型取胜，而且还能充分地体现珠宝的美。作为一位著名的玻璃设计师，他还经常利用貌似珠宝的乳色玻璃进行创作，由此满足了更多追求时尚的人们（图1－32）。

1847年，路易·法兰克斯·卡地亚（Louise Francois Cartier）创立卡地亚，后传给儿子艾佛德，并在1899年入住巴黎和平街13号，自此，卡地亚精品店成为各国皇室贵族出行必往之地，所以卡地亚也被誉为“皇帝的珠宝商”。1904年，卡地亚设计了有史以来的第一只腕表桑托斯，这种易携带结实耐用的腕表迅速发展起来，原来流行的怀表逐渐退出历史舞台。

卡地亚的风格领导潮流，大胆创新，追求卓越，它的产品包括钟表、珠宝首饰、皮具、香水等。1909年，皮埃尔·卡地亚收购了著名的希望之星，一颗重45.52克拉的罕见蓝色钻石。1910年，他将设计完成的希望之星卖给了Evalyn Walsh Mclean，这个配有灿烂钻石链的巨大宝石对她产生了巨大吸引力，电影《泰坦尼克号》中所说的海洋之星就是以这条项链为蓝本。

图1－32　珠宝设计　拉利克　1897年

7. 女权运动与服饰变化

图 1 － 33　艾米莱·潘克赫斯特　英国政治活动家

世界女性解放运动起源于欧美国家，它的发展与工业革命的进步息息相关。当人类社会进入 19 世纪后，经济的飞速发展使得封建社会文化对人们精神的束缚逐渐放松。在这种背景下，因女性要求在家庭中具有同男子相等地位的呼声越来越高，女权运动开始萌芽。经过不断的斗争，欧洲妇女首先赢得了地方议会的选举权。伴随着第二次工业革命的发展，20 世纪初期，欧洲女权运动在欧美国家广泛展开。第一次世界大战的爆发，使得更多的女性走向更广泛的工作岗位，她们越来越独立，对平等权的向往也变得更为激烈。所以第一次世界大战前后是女权运动的重要时期，在许多国家，女性陆续获得了法律所承认的许多平等权利。

在这个过程非常值得一提的是英国著名的女权运动家艾米莱。虽然英国素来崇尚“女性优先”的绅士风度，并认为女王掌权可以国运隆昌，但英国女性的选举权却来之不易。最初，运动都是以和平方式进行的，1903 年，艾米莱组织成立“女子社会政治联盟”，她们通过一系列比较激进的方式如示威游行、破坏财物，甚至绝食和自杀等，主张行动胜过言辞，并提出“要行动，不要空话”的口号（图 1 － 33）。艾米莱在她的演讲中高喊：“我们已使政府面对这样的抉择，要么把妇女处死，要么赋予她们选举权”。这个瘦弱的女人勇气惊人，是不屈不挠的战士，曾被投入监狱 14 次。1928 年，在她去世前一个月，政府通过法案，女性赢得了和男子同等的选举权。这场运动震撼了英国乃至世界，英国妇女社会政治联盟成为最引人注目的女权运动组织。2009 年，“大英百科”评选近百年影响世界的十大事件，艾米莱领导的争取妇女选举权运动被排在首位。

面对人类文化意识的巨大变化，服饰界也必然产生强烈回应。拥有更多独立意识的女人们也想穿上舒适合体的服装，因为坚硬的紧身胸衣、拖沓的长裙、繁琐的装饰严重限制了她们的身体自由。追求与男性平等的意识使她们越来越多地将男装的一些元素运用到女装设计中。第一次世界大战的爆发使很多妇女第一次获得离家谋生的机会，在经济上也有了更多的支配权。年轻一代开始迫切地追求各种新的、叛逆的生活方式和着装风格。所以，20 世纪 10 年代是女装大简化的时期，简洁成为当时服饰的最大亮点（图 1 － 34）。裙子也变得越来越短，到 1917 年左右，裙子的下摆终于提高到了小腿的下部。原先统一天下的黑色羊毛袜被抛弃一旁，黄色、肉色等色彩丰富而富有弹性的丝袜大量涌现。

图 1 － 34　女士散步服　1905 年

午茶装的兴起也源于女权运动的影响，早在紧身胸衣的 S 型轮廓线时代，较为舒适的午茶装就开始兴起。据说喝下午茶的习惯起源于英国贝德福公爵夫人，她在传统的晚餐前百无聊赖，就邀请几位女友一起在午后时间享用茶点。一时间，喝下午茶成为当时上层社会名媛仕女的习惯。与正式繁复的正装和晚礼服不同，午茶装更为舒适自由。一般采用轻柔软薄的雪纺绸等面料，注重花边、蕾丝等的装饰，领口低，长袖，没有紧身胸衣的束缚使它广受欢迎。

随着女权运动的深入，年轻时尚的妇女们要求更多的权利和自由，她们开车，在公共场所抽烟、跳舞，还要求参加各种体育运动。在20世纪初期，跳舞已经成为一种时尚，大胆奔放的“探戈”“查尔斯顿舞”，新式奇怪的“兔子舞”“火鸡舞”等都是女人们的最爱。旋转的舞步飘荡着缩短了的裙摆，若隐若现的大腿预示着新一轮时装浪潮的到来。很多女人还把丈夫们的衬衫、外套等翻出来据为己有。曾风行一时的S型体态备受嘲弄。女人们开始有意地用宽大的直线型的服装遮盖她们的体态，一个新的时代到来了。

图1－35　约瑟夫·莱耶德科于1907年为杂志《科里尔》绘制的《吉布森少女》

无论是骑车还是打球、滑冰，女人们对于服装设计的要求越来越高。1900年巴黎奥运会上出现的女子网球运动员还是一副严谨的贵族相：长袖、立领、束腰长裙。到了1912年斯德哥尔摩奥运会，选手们的着装则变为短袖加长裙的模式，而裙子离地已有两英寸。1910年一件式泳装开始流行，女子游泳在1912年前首次成为奥运会项目。约瑟夫·克里斯蒂安·莱耶德科为时尚杂志《吉布森女郎》表现出当时大众理想中的女性形象。画面中的女子身穿短袖衣裙，一人肩扛高尔夫杆，一人手拿网球拍，意气风发。大胆、健康、热情而富有朝气的吉布森女郎代表了当时女性的新形象（图1－35）。

女性长裤的发展和普及，与妇女解放的程度相一致。19世纪末期，美国女权运动倡导者阿米莉亚·布鲁默积极参与了女服的改革，设计出了布鲁默灯笼裤等。这种类似裙裤的服装方便简洁，很适合骑自行车等室外活动。但直到20世纪初期，女人穿长裤仍然被认为是不检点。由于自行车的日益普及，禁止女人穿长裤的拿破仑法典做出了让步。1909年政府发布了一通命令，特批女子在骑自行车和骑马时可以穿裤装。在一定程度上，长裤不再是便捷与否的问题了，而成为一个涉及女性权利的政治问题。

志于参政的女人穿起了裤装。1920年，香奈儿首次将长裤运用于时装，震惊世界，自此女人可以穿长裤的观念才开始提上日程。但实际上，女性长裤被社会真正确定为正式服装还推迟了相当长的时间，而且在许多国家和地区，女性公开穿裤装还是被禁止的（图1－36）。

图1－36　时尚杂志封面　乔治·拉帕绘　1921年

8. 第一次世界大战与服饰

图 1 － 37　黑色蝙蝠帽　1916 ~ 1918 年

第一次世界大战（1914 ~ 1918 年）的爆发是人类历史中的重大事件，对于时尚界来讲也是一个重要的转折时期，它在根本上扭转了欧洲人奢华享乐的生活观念和时尚态度。为了应付战争，生产战争所需要的必需品，许多服饰所用的原材料受到严格限制，甚至缺乏供应。而且战争的深入对原来的上流社会产生直接而深刻的影响，经济困窘的人们对于服饰的要求变得更为简单、实用。短、小、紧成为当时服饰的特点，就连人们日常所穿的衬衫也越来越小，与提高的腰线和松弛的皮带一起形成了一种木板箍桶的轮廓，被戏称为“圆桶形”，欧洲各国还推出一系列“任何时候都可以穿的服装”，一件衣服可以应付所有的场合和活动，这些衣服造型简单而宽松，造型似是而非，便宜而实用。

战争迫使大量男性入伍参战，越来越多的女性走向工作岗位，其中有很多职业如修路、冶铁等都是劳动强度极高的。所以对于这些肩负重任的女性来讲，传统的时尚早已变得遥远而不切实际，实用和方便成为很多女性对服饰的最大要求。战争期间，巴黎几乎所有的高级服装店都停止经营，而适应大批量生产的加工方式如女装批发等初步形成。服装生产线也出现分工，奠定了现代成衣工业生产模式。在现代主义、理性主义等设计思潮和美学观念的影响下机械的、几何的、方便的服饰风格成为主流。

在色彩设计上，残酷的战争和失去亲人的苦痛使得中性色彩开始流行，尤其是黑色。身穿黑色丧服的将士遗孀在欧洲街道上随处所见，时装杂志《巴黎风格》还专题介绍过一些典雅的丧服款式，如高领、款摆、长裙、戴面纱的帽子等。总之，无论是出于沉重的心情，还是为了达到耐脏等的实用目的，黑色、灰色等在战争期间成为主色调（图 1 － 37、图 1 － 38）。

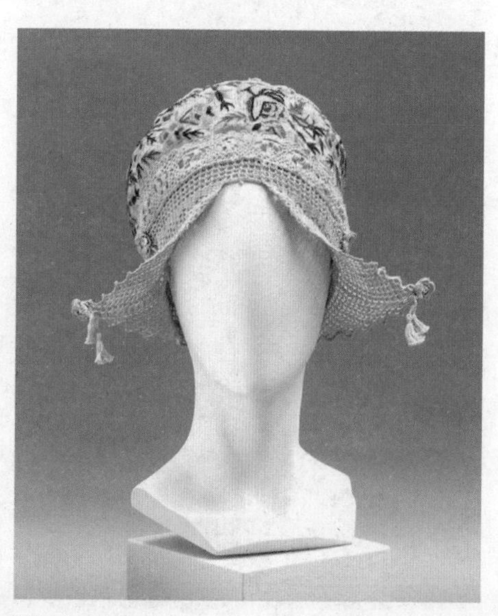

图 1 － 38　帽子　1915 年

第一次世界大战期间，许多女性还亲自穿上军装入伍，军服的许多元素也开始进入女性的日常着装。由此，产生了许多军队制服式的设计款式。与战前上紧下松，上短下长的服装相比，军式制服的上衣相对较长，位置达到臀部，搭配系带的高靴也显得更精神和帅气。军用色彩，军用面料如斜纹毕叽、灯芯绒等成为时髦。翻领而有腰身的制服备受推荐，插手口袋，双排扣也成为流行制服的重要元素。从一定程度上说，这些军式制服是合乎时代精神的，但是随着战争的结束也很快消亡。

战争期间，那些需要仔细熨烫、整理和保存的传统服装已经难以维持。即便是有钱人，穿着新时装招摇过市也是不合时宜的，所以精致、高等变得不那么重要，人们也不再关心此类的时尚。在现实面前，大家的穿着习惯有了很大改变，人们更多地考虑如何设计出更为随意和方便的服装（图 1 － 39）。此时出现了一种非常流行的服装，被称为“水手装”。这种宽松的女服在当时极受欢迎，搭配起来也很随意方便。下面可以穿裙子，也可以穿长裤。结构上，“水手装”结束了以往的背带式，领口一般为大翻领，而多采用套头式的穿着方式，穿和脱都很方便。

对于男装而言，由于大多男性都要参战，所以很难对此时的男装进行归纳总结，不过战时他们所穿的制服无疑是独特而最具时代性的。19 世纪末期，防雨型的面料成为服饰工业发展中的一项重大技术突破。虽然皮革、橡胶等也有良好的防水作用，但这些材料昂贵而不实用。20 世纪初期，防水布和毕达呢以其防水性高、价格低廉、抵御风寒等优点引起人们关注。最开始，一些户外运动爱好者、探险者们开始大量穿着这些材料制成的服装。1914 年，哈雷戴维森开始设计能适应各种严酷条件的摩托车手服装，它沿袭了西装的基本样式，进一步将新型防水型服装在业内推广开来。在第一次世界大战期间，各种防水型的服装无疑是最受广大官兵追捧的，因为这样一来他们就可以有效地抵御不良环境中的潮湿与寒冷。上百年的实践证明，用防水型面料制作军服无疑是具有非常意义的，所以至今它仍然是非常重要的军用材料。

第一次世界大战结束了，人们的生活观念和衣着方式也从根本上发生了变化，大部分女性不愿意放弃穿着自由的权利，休闲、娱乐、便捷的性能开始占据主导地位。露出脚面与小腿的裙子依然流行，而且新的风尚即将到来。1919 年，在巴黎出现了三家具有国际影响意义的时装店，即香奈儿、莫里纽克斯和让 · 巴铎，这三家时装店成为战后时装设计的中心，并推动了世界服饰设计的发展（图 1 － 40）。

图 1 － 39　卡罗特姐妹　珍珠缎纹晚　1916 ~ 1917 年

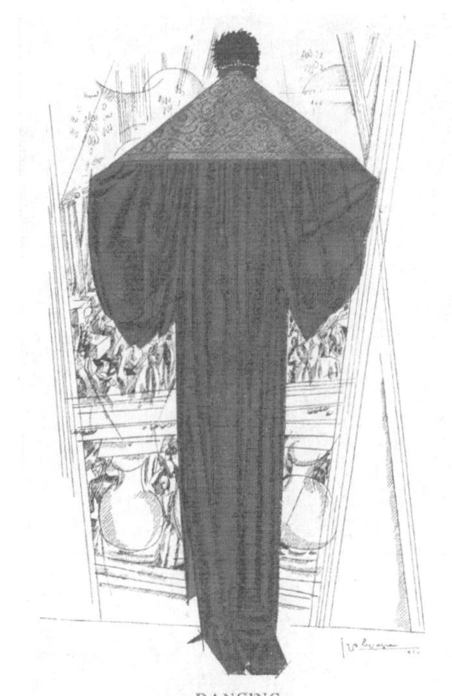

图 1 － 40　舞动的晚礼服 保罗 · 波烈

9. 马里亚诺·福图尼

图 1 － 41　礼服与外套　福图尼　约 1920 年

图 1 － 42　晨衣　福图尼　1930 年

1871 年，马里亚诺 · 福图尼（Mariano Fortury）出生于西班牙的格拉纳达，他的父亲也是一位艺术家，但其父过早去世，17 岁的福图尼随母亲搬到了意大利的威尼斯。早期，福图尼主要学习绘画，有着深厚的艺术审美基础。后来兴趣广泛的福图尼从事过许多职业，如摄影、室内设计、产品设计、印刷等。其中他设计的一组用于欧洲剧院的灯光系统还获得了专利，而他设计的许多灯具至今还在使用。几年前在巴塞罗那知名建筑设计师安东尼 · 高迪的米拉之家曾举办过一个福图尼艺术设计回顾展，展览分 11 个部分，详细而全面地展示了他的多才多艺，勇于创新。

或许是源于对戏剧的热爱，或是纯粹追求美的个性，福图尼开始把目光投向时尚界，从而将创新精神带入 20 世纪初的服饰界。福图尼首先对各种面料与相关的图案设计产生了极大兴趣，他也尝试用各种方法来设计和印染纺织艺术品。在意大利时，他将金属类油墨通过手工印刷到复古的面料上，如天鹅绒、丝绸等，从而产生了一种锦缎般的华贵纹理，而这种手法在他日后的设计中也颇为常见。1906 年，福图尼设计出著名的“克诺索斯”真丝围巾，这是专门为剧院表演舞蹈的演员量身定做的。轻薄的纱丽配以简洁、立体式的花纹，成为现代服饰与面料设计中的经典。

在 1900 年的巴黎世界博览会上，曾专门介绍一种新型的休闲服饰，主要用在家庭性质的私密场所穿着，类似于午茶装。宽松而又奢华的风格受到当时上流社会女性的极大欢迎，其中表现最出色的就是福图尼的作品。与其他受时尚影响巨大的设计师不同，福图尼的服饰设计一直都是感性的。他不喜欢紧身胸衣等的束缚，而是努力寻求自然、健康的女性形态美（图 1 － 41）。他尽量摈弃繁杂的装饰与配件，努力寻求更纯净、更经典的风格。这种品性或风格的坚持使福图尼在与布瓦列特等一样，福图尼也受到了多元文化因素的影响。但不同之处在于，福图尼不是拿来主义，而是在设计的细微之处隐约表现出来，许多外来文化如春风细雨般完美地与他的设计融为一体。福图尼常用的丝绒面料被认为是文艺复兴时期最高贵的面料，采用金属颜料进行印染的灵感也来自 16 世纪的意大利（图 1 － 42）。许多面料图案也来自古老的拜占庭、非洲、东方文明，至于服装样式与裁剪方法也离不开外来文明的启迪。比如他所设计的一款和服外套，主要由浅棕色的天鹅绒构成，衬里是玫红色的丝绸罗缎。宽松合体的样式像是日本的传统民族服装和服，其主体印花图案蝴蝶、葵花等也有明显的日本风格。

1909 年，福图尼推出他设计的德尔佛斯礼服裙，而且在此后的几十年里他没有像其他服装设计师定期引入新的风尚，而是设计这种本质上相同而细节部位略有变化的服装（图 1 － 43）。德尔佛斯礼服的设计灵感来源于古希腊宽松和自由的女装形式，其造型就像古希腊的“奇顿”束腹外衣，从肩部一直垂到脚面，没有任何复杂的变化与装饰。这种礼服完全放弃了紧身胸衣，使穿着者更加舒适自由。自然富于弹性的礼服没有特别的尺寸，类似于今天的均码服装，穿者可通过领口的抽绳和腰带来控制其具体形态。1912 年，福图尼在巴黎开设店面，1929 年，在纽约开设店面，专门销售他的礼服裙。

图 1 － 43　德尔佛斯礼服　福图尼

打褶工艺是德尔佛斯礼服最引人瞩目之处，至今仍具有极大的神秘性。每件衣服由四片构成，以圆柱形缝在一起。为了实现某种程度上永久性的褶，应该是在织物湿的状态下进行加热定形。该过程一直秘不宣人，唯一的参考是 1909 年福图尼为其打褶工艺申请专利时所拍的一些图像。虽然，德尔佛斯礼服的褶不变形，但为了更好地保持其形态，福图尼鼓励大家将礼服放在公司特定的一个带有扭曲线圈的圆盒中。

德尔佛斯礼服的尊贵之处还在于其纯手工缝制的品性，福图尼将每一件礼服都视为艺术品。凭借对色彩和印刷工艺的独到理解，福图尼总是在工友的帮助下亲自印染。德尔佛斯礼服的颜色一般都是纯色的，但通过染料叠加等手法使得面料表面产生细微而丰富的色调变化，产生类似于宝石般的光泽。1910 年，福图尼为其印染工艺申请了专利。1949 年福图尼去世后，他独特的打褶工艺也失传了，但是德尔佛斯礼服以其优良品性和独特魅力流传至今。2009 年，模特沃德诺娃身穿一套粉红色的德尔佛斯礼服出席宴会，惊艳四座。

德尔佛斯礼服大都采用上等的真丝面料，虽然华贵但轻飘飘的，所以采用何种方式保持其下坠并与身体贴合就变得很重要。福图尼总是使用尼斯附近一家名为穆拉诺玻璃厂生产的玻璃珠，比如在礼服底端用一排小玻璃珠垂坠，既美观又实用。另外他还将有孔的威尼斯玻璃珠串在一条丝线上，缝在德尔佛斯礼服的侧缝。由上到下串联的珠饰使单色无装饰的礼服变得生动起来，同时又起到让面料拖坠和贴合的作用（图 1 － 44）。

图 1 － 44　德尔佛斯礼服细节

福图尼的重要贡献还在于他的作品启发了新一代的服饰设计师。某种程度上，布瓦列特的许多改革也与他息息相关。1976 年美国设计师玛丽 · 麦克法登（Mary Mcfadden）重新制作了一件德尔佛斯礼服，以此向福图尼的完美作品致敬，同时强调了那些永恒的经典。其后的三宅一生、山本耀司等也受到了福图尼极简风格的影响。

10. 男装

图 1 － 45 晨衣 1905 ~ 1915 年

图 1 － 46 羊毛三件套 1910 ~ 1920 年

整体而言，男装给人的印象似乎都是单调而缺乏变化的，但实际上男人们对服饰也有很多要求，只不过在社会礼仪、生活环境等的制约中形成了相对统一的模式。19 世纪末 20 世纪初，欧洲主流的男士服装大致形成了晨衣、礼服、休闲装的基本模式，在什么场合穿什么样的衣服对于男人来讲同样也很重要。

所谓晨衣类似于如今的睡袍或家居服，主要是绅士们在家里穿着的服装。与严肃正经的正装式礼服相比，晨衣体现出一种宽松与随意性，它可以让穿者的身体和精神完全放松。晨衣的造型并不固定，多采用丝绸或人造丝，一般是宽、大且长的袍子，中间系腰带，男人们穿着它在家里自由穿梭、读书、办公、吃饭甚至睡觉都可以。在天气寒冷的季节，晨衣又有着保暖的作用。在色彩上，晨衣也不同于西装礼服，往往采用丰富而鲜明的色彩搭配，经常印有装饰性的各种图案，而来自亚洲或中东地区的相关元素非常明显。图 1 － 45 的这件晨衣就很有代表性，宽松的造型，天马行空的装饰图案。

20 世纪初，欧美男士在出席正式场合时都必须穿深色西服和浅色衬衫（一般是白色）。具有上百年历史的双排扣礼服是最常见的正装类型，这种礼服的上衣较长，通常可到膝盖，腰部微收，双排纽扣，宽松长裤，经常采用坚实耐用的羊毛布料。在内部结构上，一般是由上衣、马甲、裤子构成，所以也有“三件套”这一专称（图 1 － 46）。为了突出腰部和肩部，男人们开始大量地使用垫肩，甚至有的男人会穿上紧身上衣来塑造体型。在日常生活中，男人们一般穿着较为简短休闲的便装，当然还要保持其西装革履的总体形象。

与这些比较正式的西服相配套的衬衣、领结或领带等也十分讲究。衬衣的材料一般为棉麻质地，要求挺括的造型感。领子分为立领和翻领两种：立领的前部有小折角，多用于正装，配以黑色或白色蝴蝶结；翻领主要用于便装，可以系各色领带。后来有人将欧洲人一直作为内衣穿着的衬衫穿在外面招摇过市，于是衬衫作为自由和民主意识的先行标志在世界范围内流行起来。在这种风尚之下出现了有名的假领子，例如知名的箭牌领和纽扣衬衫。箭牌领源于男式衬衫上一种经过上浆处理的可拆卸领子，它的优点在于方便拆洗，因为男士们的领子脏得太快了。第一次世界大战后，假领子风尚开始低迷，又重新与衬衣连接在一起。

相对统一的男装使得男人们更注重细节的处理。保持体面和稳重被视为成功男人的形象，通过裁剪、布料等方面的讲究，人们可以把一定的等级和品位区分出来，而领带等饰物的得体处理，也有非常重要的作用。

保罗·福塞尔先生在《格调》一书中曾这么讲过“以男式领结为例——系得端端正正，不偏不斜，效果就是中产阶级品位；如果它向旁边歪斜，似乎是由于漫不经心或不太在行，效果就是中上阶层；甚至领结系得足够笨拙，无疑属于上层阶级。社交场合最糟糕的表现莫过于：当你应该显得不修边幅时却很整洁，或者当你看上去应该邋里邋遢的，你却一身笔挺。”

此外，帽子、发型、烟斗、手杖甚至胡子也都成为男人们改变形象的重要手段。1905 年，金·吉列申请专利生产的安全剃须刀因满足了广大男士的需求而广泛发展起来。英国国王爱德华七世就十分注重自己的仪表，而且对自己的胡须和发型也十分讲究，他始终被认为是那个时代最体面的绅士形象。第一次世界大战爆发后，传统的男装也受到了很大冲击，后摆长长的燕尾服不再流行。男人们出行一般都穿三粒或四粒扣的西装和爱德华时代特有的带丝绒领子的单排扣大衣（图 1 － 47）。

图 1 － 47　男装　1910 年

随着时代的发展和现代意识的渗透，男人们对休闲服和运动服有了越来越明确的需求。马裤这种传统的用于骑马的专有服饰通过各种变形组合发挥着更多的作用，马裤的造型为臀部肥大，从上而下依次减缩，下穿合体的高靴子。这种服装的特点是方便、舒适，可以用来进行各种室外休闲或体育运动，比如骑马、打高尔夫等。后来女装所推行的灯笼裤就是以马裤为参照设计开发出来的。

男人泳装的发展道路也是充满坎坷，虽然最早的男人们可以赤身裸体游泳，但随着合乎“公众场合中体面行为”等观念的流行，男人们赤裸游泳的压力越来越大。到 19 世纪中期，大多男人都穿着衣服游泳了，尽管他们都抱怨这种泳衣会“滑腻腻地浮在人的身体和腿上”。其原因一是大面积地覆盖躯体、手臂和大腿，另外主要是当时的泳装面料都是由一些厚厚的哔叽等制作而成。到 20 世纪初期，已经有人公开反对这种大面积覆盖的男性泳衣了，但是直到 20 世纪 30 年代左右，公众才真正接受了男人们只穿短裤游泳的现象。

中国在这个时候流行一种名为“中山装”的男装并在全世界产生深刻影响。据说该款服装是上海亨利服装店为孙中山先生量身定做的，其造型有点像军队的制服。早期的中山装还是比较繁琐的，上衣为立领，前门襟有九粒明扣、四个口袋，背面有后过肩、暗褶式背裤和半腰带造型。这些设计都有深刻寓意，象征着九大州、礼义廉耻、三民主义等，所以说中山装对于中国人而言并不是一件衣服那么简单。虽然时代变迁，中山服与最初的样式相比有了很多改良，但至今仍然是中国乃至全世界许多男人的最爱（图 1 － 48）。

图 1 － 48　孙中山与他的中山装

11. 时装画师

图 1 － 49　拉帕为《名利场》绘制的封面　1919 年

图 1 － 50　拉帕的时装图

随着照相技术和印刷业的发展，以宣传时尚为主题的时尚杂志或印刷品也成为 20 世纪初期的亮点。1892 年，闻名全球的杂志 *VOGUE* 在美国首次发行，从此，时尚杂志成为发布和引领潮流的重要载体，也标志着现代服饰产业的成熟发展。进入 20 世纪后，*VOGUE* 与 *BAZZAR* 等杂志一起，共同见证并推动着时尚的历史进程。虽然照相技术已经得到普及，但 20 世纪初期的各类时装印刷品还是经常采用手工绘制的插图或封面，由此产生了一大批以时装画和时装插图为生的艺术家。

实际上，时装画师这一职业早就存在，比如欧洲皇室就曾专门雇佣画师为他们表现时装效果，而一些知名的服装设计师也经常聘用画师为自己服务。只是随着社会进步和时装业的进一步成熟，时装画师更具有职业性和普遍性。在 20 世纪初期，最有知名度和影响力的时装画师莫过于二乔治，即乔治 · 拉帕和乔治 · 巴比尔。

拉帕 1887 年出生于法国巴黎，曾经就读于巴黎高等美术学院。毕业后在 Cormon 等人的工作室学习锻炼，与巴比尔等人都是非常好的朋友。1909 年，一个名叫加布里埃尔的女孩嫁给了他，同年他遇到了生命中的伯乐保罗 · 布瓦列特。当时的布瓦列特雄心壮志，在巴黎时尚界已经相当有名气，这段工作经历对于提升拉帕对时尚的认识和敏感性是非常有帮助的。1911 年，他绘制并发表了专门介绍布瓦列特服饰设计的图册，为自己赢得了广泛声誉。1912 年，他转投于让 · 巴铎的门下，为其介绍作品。同时，开始为巴黎吕西安 · 沃格尔出版的时尚公报《杜宪报刊》服务，一直持续到 1925 年。此外，他还是许多时尚杂志的自由插画师，包括《杜宪报刊》《时尚芭莎》《时尚》等。1916 年，《时尚》杂志英国版的第一期封面页是专门请他绘制的。

拉帕深受东方主义和芭蕾舞艺术的影响，曼妙、缠绕而生机勃勃的曲线有着 20 世纪初期新艺术运动的典型特征。而随着装饰艺术运动的兴起，现代感的几何形开始占据他的画面，颜色也变得更加鲜艳明亮。他笔下的女性时尚而前卫，具有很大的煽动性。1919 年他为《名利场》杂志绘制的封面描绘了一对青年男女对烟的场景，冉冉升起的烟雾令人印象深刻，而在当时，抽烟的女性无疑是另类而前卫的（图 1 － 49）。在画师之外，他还经常设计相关的海报和书籍，影响范围更大。1923 年，拉帕还为莫里斯 · 梅特林克的戏剧《蓝色的鸟》设计和制作服装。直到 20 世纪 30 年代末期，拉帕在时尚画师领域一直有着主导性的地位（图 1 － 50）。正如《时尚》杂志中所说：

“拉帕影响了整个 20 世纪 20 年代，他创造性地绘制了杂志中那些细腻、诙谐、时尚的小插图，令人惊讶（图 1 － 51）。”即使是在第二次世界大战期间，他依然为许多时尚杂志绘制插画。战争结束后，他开始致力于相关的广告与出版工作。

巴比尔也是 20 世纪初期法国伟大的时装插画师。他优雅的装饰艺术画风和富有东方韵味的巴黎时尚女性至今还让人津津乐道(图 1 － 52）。1882 年，巴比尔生于法国南特，从小的耳濡目染让他对时尚有着很大兴趣。1911 年，巴比尔开办了他的第一次个人展览并取得成功，逐渐成为高级时装插图、戏剧、舞蹈服装设计等方向的专业画师。此后 20 多年中，以巴比尔为首领的绰号“骑士”的艺术家团体以时尚而华丽的举止和穿衣风格在巴黎产生巨大影响（图 1 － 53）。

与同时代的许多时尚画师不同，他表现的不仅仅是一个个时尚的青年男女，而是故意营造出一种情节性的叙事性画面，所以他的很多作品更像是一些戏剧表演的瞬间。此外，他还善于使用对比的手法让画面更富有艺术效果，比如背景颜色与主体形象色彩的强烈对比，留白的处理等（图 1 － 54）。天赋与努力让巴比尔成为法国许多知名时尚杂志的主要插画师，而他也是当时的会员类时尚杂志《贵夫人》的主要编辑。《贵夫人》是一种限定客户的奢华杂志，每期印制 1279 份，其中文字部分大都是一些文学性的警句、诗歌、时尚笔记等，每年 100 法郎的订阅价也让许多人望而却步。

此外，巴比尔还涉猎到其他的许多领域，如珠宝首饰业、玻璃和壁纸设计等，他还经常在一些刊物上发表自己撰写的一些文章。在 20 世纪 20 年代中期，他曾与福尔特设计女神游乐厅的布景和服装。他在相关杂志上发表的一些时装设计样式也取得了时装主流设计界的认同，遗憾的是，1932 年他在事业的顶峰时期不幸去世。

图 1 － 51　拉帕时装插图

SORTILÈGES

图 1 － 52　巴比尔时装插图

图 1 － 53　巴比尔时装插图

图 1 － 54　巴比尔　1924 ~ 1925 年

女男孩时代

（约 1920 ～ 1929 年）

第一次世界大战的爆发使得越来越多的女性走向工作岗位，从而获得了更高的社会地位，而经济的独立也让她们有了更多的话语权。女权运动也在战后取得了可喜成绩，长期处于从属地位的女性终于认识到自己同样拥有选择和自由的权利。可可·香奈儿无疑是20世纪20年代风格的化身，她首先提出女性服饰应以自己的舒适为出发点，而不是取悦男性以博得宠爱为目的。表现在服饰设计上主要有两种倾向，一方面是以简洁实用为核心，女性职业装应运而生，与传统那些束缚身体的紧身衣和繁琐装饰彻底告别；另一方面要刻意地模糊性别，女人们把以前引以为傲的丰乳细腰掩盖起来，直线式的造型成为主流。与此同时，她们剪掉了性感的波浪式长发，而流行一种男孩式的“BOBO”发型，形成了Flapper风潮。

战争带来了伤痛，也在某种程度上滋生了及时享乐的人生观，人们提出了“为今日而活”的新口号。而且由于电器和汽车时代的到来，生活节奏加快，人们真切地感受到世界在不断变小。风靡一时的爵士乐和充满活力的查尔斯顿舞即是时代的产物，也更加坚实地塑造了喧嚣快乐的20世纪20年代。年轻人成天泡在各种舞会、宴会和夜总会，开怀畅饮，纸醉金迷，被人称为“放荡不羁的一代”。

开放的生活方式、自身价值的认识加上男性数量的相对减少，使得性解放的潮流开始蔓延，于是一种充满诱惑甚至于放荡的女性形象出现在人们面前，透明半透明的面料、跳动流畅的珠子流苏以及大胆暴露的款式大行其道。为了更具有吸引力，精心修饰的妆容变得极为重要，猩红的嘴唇、细而高挑的眉毛都是当时女性所追求的美。在配饰上也强调惊人的视觉效果，越夸张越好，假、大、多的配饰尤其是珍珠饰品最为流行。娱乐性十足的生活气息以及电影业的飞速发展使得偶像崇拜流行起来。在那个时代，最有号召力的时尚领袖莫过于娱乐明星了，她们的衣着打扮、生活方式往往都是当时最令人津津乐道的话题。泰德·巴拉、克拉拉·鲍、路易斯·瓦伦蒂诺等无疑是20世纪20年代的时尚象征。

1925年，工业与装饰艺术博览会在巴黎召开，这无疑是20世纪20年代全人类的一件大事，它集中展示了当时艺术设计界的新探索与新成就。其中的展品大致可分为两类，一方面是以简洁、明快、几何感十足的现代工业产品为主；另一方面又展示了多元文化影响下的装饰艺术风格设计。所以20世纪20年代的服饰虽然在造型上追求简洁、直线的现代感，但在面料、图案等的细节上却又是奢华而富有装饰性的，其中来自古代埃及的元素体现得最为极致。1922年底，霍华德·卡特发现了一处埃及当时保存最好的图坦卡蒙法老墓葬，影响巨大。纸草、莲花、埃及象形文字等视觉元素成为服饰设计的重要题材，而蓝色和金色也是典型的古埃及色彩，埃及之风如此之盛行，1923年2月7日的纽约时报的文章副标题就宣称：“世界各地的商人渴望埃及风格的手套、凉鞋和面料设计。”

体育运动对于20世纪20年代的人来说不仅是锻炼身体，更是一种值得炫耀的时尚行为，尤其是高尔夫球和网球一直为上层社会男士和女士所喜爱。苏珊娜·伦哥伦（Suzanne Lenglen）作为叱咤20世纪20年代的网球女明星具有非凡的号召力。当她第一次穿着露胳膊和小腿的运动服进入赛场时，让人无比震惊。报纸上以标题“网球场上的裸腿之战”来评论其时尚号召力。实际上整个20世纪20年代的服饰有着很明显的运动服气质，比如香奈儿的许多经典作品可以说是其中的代表，包括针织羊毛运动装等。

20世纪20年代的欧洲纸醉金迷，那个年代的女人大胆自由，但一切只是瞬间的美好。伴随着日益激化的各种矛盾，历史上第一次经济危机爆发，而更为残酷的第二次世界大战也接着爆发。

12. 风尚男装

图 2 － 1　男式流行服装　20 世纪 20 年代

20 世纪 20 年代是一个充满变革的年代。以爵士乐为代表的音乐行业蓬勃发展，轻佻而欢快的节奏拨动了每个人的心弦。大大小小、形式多样的夜总会、小酒吧如雨后春笋般大量涌现，这里也成为追求时尚的男人们的聚集之地，男性服饰变得现代和成熟起来。斯科特·菲茨杰拉德详细描绘了这个短暂欢愉的时代，并称之为“爵士时代”。

爵士乐实际上是源于非洲形成于美国的一种即兴表演式音乐，最早流行于沙龙、酒吧等场所。1927 年，美国电影《爵士歌王》的成功不仅标志着有声电影的诞生，而且也充分反映了爵士乐的影响力与流行度。当时最有名的爵士音乐家是路易斯·阿姆斯特朗（Louis Armstrorng）和艾灵顿公爵（Duke Ellington）。前者因娴熟的小号演奏技巧和即兴创新的表演形式而广受推崇，其沙哑的嗓音与性感的爵士乐一起摇摆出别样的风情，被称为“爵士乐之父”。

艾灵顿公爵意在展现非洲原始特色的“丛林风格”很受欢迎，他自创自演了无数歌曲，为多部电影制作配乐并在世界各地多次巡回演出。以他为首的“华盛顿人乐队”是当时最活跃最有影响力的爵士乐队。爵士乐的风行也使得爵士西装非常流行。与传统西装相比，爵士西装的剪裁更性感，肩膀略宽，腰线明显，扣子为三颗或四颗，经常采用的翻领设计在当时也很受追捧（图 2 － 1）。

此外，20 世纪 20 年代的男装在整体上体现了轻松、简化的特点。繁复的样式已经过时，低调的华丽成为男人们尽显风流的利器（图 2 － 2）。在温莎公爵等上流人士的带动下，简单轻松的短款西装替代了原先高腰窄肩的长礼服，燕尾服开始淡出时装舞台。20 世纪后期，西方更是出现了短款夹克式礼服，并开始流行一种裤管宽大的法兰绒长裤。这种兴起于英国名牌大学的裤子据说是为了掩盖穿在里面的灯笼裤，它那宽大的屁股口袋足以装下杜松子酒的扁平酒瓶，翻卷的裤口使它的造型更为奇特，被人称为“布袋裤”。人们甚至还用色彩丰富、质地优良的衬衫、西装等正式服装与其搭配，成为那个年代最引人注目的风景。

图 2 － 2　男士外套　1926 年

与西服配套的白领衬衫是 20 世纪 20 年代的标志性款式。而销量排名第一的箭领衬衫更是以一系列英俊潇洒的男模广告塑造出深入人心的“白领男人”形象。而当时的衬衫的极简款式没有领子，无领衬衫最开始是不能登大雅之堂的，但没过多久，人们便很快接受了这一新生事物。为了防止移动而产生不优雅的褶皱，有的领尖会留有两个用于固定领子的小洞。对于那些时尚男子来说，规矩与传统是不重要的，奢华而富于变化才是他们所关心的。

虽然受第一次世界大战死亡阴影的影响，许多人有着及时行乐的人生观，但相对富有的生活和极低的失业率也在很大程度上决定了人们的消费观。在菲兹杰拉德的小说《了不起的盖茨比》中，男主人公被定义为20年代时尚男子的代表。他巨大的衣橱中塞满了由专人挑选、购买、寄送的西装、衬衣和配饰。

但20世纪20年代最时髦的行为莫过于“汽车驾驶”了，最初依赖于手工制造的汽车价格非常昂贵难以普及。第一次世界大战后，随着福特汽车流水线的成熟，汽车这种原本高高在上的奢侈品逐渐在民众中得以普及，人们的着装也有了很大改变。首先，汽车的速度与早期四处透风的特性使得保暖成为新的服饰设计课题。斜纹软呢或皮革制成的外衣可以更好地抵御风寒，男士们还穿上了皮革护腿套裤，戴上了护目镜。其次，在诸多实用目的之外，一些时尚的配饰也开始流行。驾驶用手套因其实用性及装饰作用变得更加重要，并以同色系的丝质口袋巾相配。西服和衬衫的袖口也成了表现的中心，翻叠款式的西服袖口在当时十分普遍，衬衫袖口经常装饰以昂贵的宝石或象牙制品（图 2 － 3）。

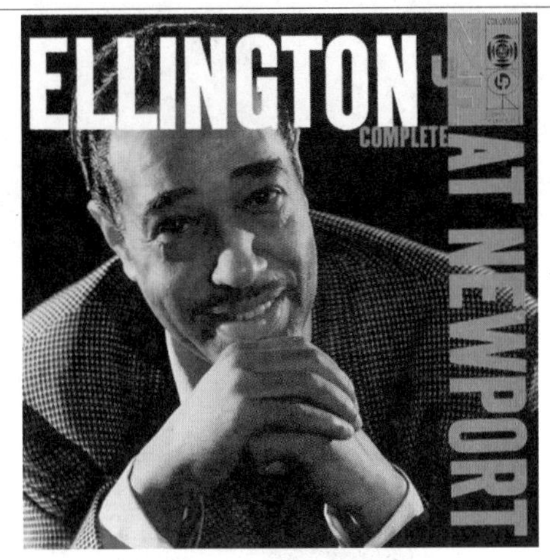

图 2 － 3　埃林顿公爵

偶像作用在20世纪20年代也很重要，除了传统的娱乐明星，黑帮老大阿尔 · 卡彭也塑造了堪为经典的造型。卡彭经常佩戴从厄瓜多尔定制的宽边软呢帽，以深色饰白条为多，成为流行一时的爵士帽（图 2 － 4）。他向左微微倾斜的帽檐和歪叼雪茄的造型成为电影人物着装的最好素材。卡彭的西服多为深色以显示他的权威，但细部的图案和人字纹、细条纹等使其与众不同，并被广泛模仿。在材料上，他还以细腻的丝绸替代传统的羊毛呢，制造出尖领样式的双排扣西服，背带式吊带裤也是他常用的装备。粗革皮鞋和双色皮鞋与正式礼服的搭配也在他的率领下流行起来。

图 2 － 4　男士帽子　20 世纪 20 年代

此外，鲁道夫 · 瓦伦蒂诺作为当时最受追捧的男明星也有很大的时尚影响力。这位帅气的混血青年挥金如土，纵情享乐。曾有人这样评论他：“如果有谁把钱带给瓦伦蒂诺，他可能只是去购买一个纯金的开瓶器而已。”对于服装，瓦伦蒂诺的要求就是奢华、时尚。他梳着油光闪亮的大背发，身穿双排三扣的西服，还将华丽的貂皮大衣、皮毛缝边的浴衣带入公众视野。与卡彭不同，他更喜欢没有丝绸围边的非正式的汉堡帽，驾驶着借来的劳斯莱斯参加各种时尚活动（图 2 － 5）。

图 2 － 5　男士条纹西服　20 世纪 20 年代

随着经济危机的爆发，男士们的性情和生活方式有了极大改变，他们不再留恋于各大舞会，而是回归讲究礼仪的传统，戴着白白的长手套，丝质礼帽，身穿燕尾服出席听证会。

13. “Flapper”风潮

图 2 － 6　20 世纪 20 年代的 Flapper 女孩

更多女性在经济上的独立以及女权运动的进一步发展，女性的自我意识和渴望平等并被社会认同的意识不断成熟。而科技的飞速发展，物质的极大丰盛以及娱乐业的蓬勃壮大更是给女人们的“叛变”奠定了必备的基础。束缚了上千年的女性终于获得了可喜的自由，无论是为了实用还是为了形式上与男性的平等，20 世纪 20 年代的女人们追求“女男孩”的柱状结构，瘦小苗条是众多女性的至高目标。一位摄影师曾评论说：“世纪初那种 S 形的理想体态，现在变成了直线而不受拘束的形态。我们选择女性时更注重健康和自信力，而不是传统的文弱恬静。年轻甚至男孩子气的脸型更受欢迎，因为大家不太喜欢成熟型的了，她们显得那么顽皮，具有挑战性，这在十年前真是不可想象！”

“女男孩”无疑可以代表这一代女性，而“Flapper”只是其中的一部分，她们不仅在外在造型上追求“女男孩”的效果，在言行举止、生活方式等方面也体现出更多的离经叛道。“Flapper”这个词的形象之处在于拍动，像是空中飞舞的蝴蝶翅膀一般，轻巧、灵动、不安分。曾有相关词典给其定义：“Flapper，是一个美丽的、有吸引力和些许标新立异的年轻人，是一个有点愚蠢的女孩，习惯于反叛长辈的戒律和告诫。”所以说“Flapper”是在女性刚刚独立的年代，人们抛弃传统淑女观念的束缚而展开的一场惊世骇俗的革命（图 2 － 6），它代表着 20 世纪 20 年代女性最鲜明的个性，更是一种文化符号，可以从以下几个方面来分析和展示。

首先，Flapper 要刻意模糊性别特征，要与男人们平起平坐。在早期，如第一次世界大战期间，女性的确没有更多的时间和精力来精心修饰她们的发型。所以她们会扎简单的马尾辫，甚至剪短自己的头发。到战争即将结束时，短发已经成了女士发型的主流。但在 20 世纪 20 年代，短发更多的是一种时尚、自信的象征，此时流行一种齐领的 BOB 发式，短和直是其最大特点。而后来出现了更短更夸张的发型，头发只是刚刚遮盖住女人的耳朵而已。搭配流行的钟形帽，的确有一种俏皮、女性的风韵（图 2 － 7）。

图 2 － 7　20 世纪 20 年代的 Flapper 女孩

平胸也是 Flapper 追求的理想，要把女性特征完全掩盖，强调一种完美的直线条身形，没有腰身与臀部的曲线，稍带曲线的身形都被认为是肥胖的象征。一方面，平胸与直线是当时女性用以刻意掩饰性别特征以追求形式上的平等的象征；另一方面，当然这在其后变得更为重要，就是 Flapper 认为丰满的胸部无疑会给人一种成熟的印象，而平胸却是青春与活力的象征。一位服装设计师就曾说：“我偏爱较小的乳房，因为它象征着青春。”所以为了青春永驻，为了达到平胸的效果，很多稍丰满的女性不得不用布条紧紧缠绕自己的胸部。当时市场上还流行一种瘦身胸罩，宣称：“时尚流行非常小的乳房，对丰满的女性而言，朱诺瘦胸胸罩不可或缺，它能将乳房压缩成完美形状和正确比例。”与此同时，肥大直管形的裙装流行，腰部下降或干脆消失，女性原来玲珑的体态被遮盖起来。

其次，Flapper 抛弃约束，开始放肆地抽烟、喝酒甚至吸毒，这些男性化的行为让她们的父母无比震惊。抽烟成为一种非常性感的行为，含着大烟管，云雾缭绕地与年轻的或已婚男子调情变得司空见惯。而喝酒甚至酗酒也不再是男性的专利，即便是 1920 年美国禁酒令颁布后，当地的女性依然喝酒买醉。有些年轻女子会把酒瓶塞在臀部口袋或大腿内侧，这无疑是那个纸醉金迷时代的最佳写照。

再次，Flapper 在身体解放的同时还追求精神上的平等与自由，开放与性也成为女士们标志性的语汇。现实是，第一次世界大战使得大批青年男子阵亡，更多的年轻女性都面临着没有人追求的窘境，她们不能坐以待毙，必须要打破传统，主动出击（图 2 － 8）。同时由于玛格丽特 · 桑格（Margaret Sanger）等人的努力与宣传，人们更多地了解了避孕及其重要性，性行为变得单纯而没有后顾之忧。同时，弗洛伊德关于性压抑理论的普及也让更多人认为性只是一种本能，应该放任自然。在多种因素的影响下，性解放的潮流开始兴盛。

Flapper 放纵自我，跟不同男人调情约会。为了增加自己的吸引力，她们穿得越来越透明，裙摆不断上升，在 20 世纪 20 年代后期缩短至膝盖附近（图 2 － 9）。大胆裸露的双腿充满活力，颜色丰富且精美刺绣的丝袜变得重要起来，接近肉色的丝袜开始风行。在材料上，透明和半透明的面料最受欢迎，并出现了服装设计上的“裸体暗示”。此外，Flapper 还以浓妆艳抹来宣扬自己，胭脂、粉、厚重眼影和口红非常流行。但客观地说，20 世纪 20 年代的妆容是非自然的，过于夸张的、苍白的脸庞，猩红的嘴唇，熊猫似的眼影让人震惊，但在当时这的确也是一件吸引男人目光的利器。

此外，Flapper 崇尚快节奏的生活，热衷于各种娱乐与社交活动。她们抽烟、喝酒，伴着最新的爵士乐曲尽情地跳着欢快的舞步。爵士乐的特点就是喧闹的声响和强烈的节奏感，非常适合 20 世纪 20 年代快节奏的生活风貌。欢快、摇摆与旋转的舞步充分显示出女性若隐若现的双腿，具有无比的视觉诱惑力。所以在裙装上，女人们喜欢用长长的流苏、闪亮的珠子进行装饰，这样会使她们跳动时更加迷人。

图 2 － 8　时尚杂志封面　20 世纪 20 年代

图 2 － 9　晚礼服　20 世纪 20 年代

14.20 世纪 20 年代的化身——香奈儿

图 2 － 10　香奈儿

“她穿的服装体现出她的奋斗精神，而她的成功也标志着整个西方文明世界女性地位的平等。”这是时尚评论家马奇加兰对香奈儿及其服饰的至高评价。从中我们可以看到时尚在女性解放运动中的重要作用，同时更能体会到香奈儿的价值与意义。正如香奈儿所言，女性穿衣并不是为了取悦男子，而是以自我舒适、自我感受为核心。让女人们开始相对自由地选择服饰装扮，笔者认为，这才是香奈儿在时尚发展史中真正的价值与意义（图 2 － 10）。

出生于法国南部的香奈儿自幼贫困，身世坎坷，在母亲过世后被送进一家孤儿院。她曾这样形容她的人生“我的一生不过是一段无限延展的童年。我害怕孤独，却生活在彻底的孤独之中。孤独磨炼了我的性格，让我拥有了暴躁、冷酷、傲慢的灵魂和强健的身体。”从一个不知名的裁缝女工，到一个影响时尚走向的大师不能不说是一个成功的奇迹。曾经梦想成为一名明星的香奈儿曾在酒吧表演，并赢得了“Coco”的别号，现在它已经是香奈儿品牌的一个重要识别标志。

1910 年，香奈儿在情人的帮助下在法国巴黎的康邦街 21 号开设了一家“女帽”店。她一直厌烦装饰着各种花边、羽毛的帽子，设计出许多简洁大方的款式，其中以硬草帽和圆顶宽边的钟形帽最受欢迎。随着香奈儿在时尚界迅速扬名，她很快于 1913 年在法国的杜威尔开设了第一家服饰店。当时还是布瓦列特的时代，香奈儿以方便实用的针织运动装为时尚界注入一种新的活力。此后，她一直坚持“要让妇女从头到脚摆脱矫饰”的理念，逐渐形成了简单而舒适的个性风格（图 2 － 11）。第一次世界大战的爆发使得越来越多的女性开始向香奈儿的风格靠拢，1923 年，香奈儿推出了第一套堪称经典的套装，奠定了其在时尚界的地位。香奈儿的时代到来了，正如她所言：“某个世界即将逝去的同时，另一个世界正在诞生，我就在那个新的世界。机会已经来临了，而我也掌握住了，我和这个新的世界同时诞生。”

图 2 － 11　香奈儿礼服　1927 年

第二次世界大战对香奈儿的生意也有重创，只保留了一个商业点。1954 年，71 岁高龄的香奈儿宣布复出，在迪奥领导的“新风貌”中异军突起。香奈儿一直坚持其独特的设计理念，至今她的无领粗花呢套装依然是上层女士们的最爱。1971 年 1 月 10 日，这位风光无限的服装设计大师在巴黎利兹酒店的客房中孤独离世。

香奈儿的服装简单而优雅，她秉持“少就是多”的原则，以减少和单纯获得高雅的艺术效果。在造型上，她完全抛弃了“美好时代”那些夸张的装饰，直线与合体才是最重要的。她在 20 世纪 20 年代设计的香奈儿套装一直都是职业女性的最佳选择，基本造型包括开衫式外套、直筒裙和搭配的衬衫。在色彩上，香奈儿更喜欢一些中性色彩，单纯素雅的颜色使她的设计更显深沉而有格调。材质上香奈儿偏好法兰绒或羊毛针织布料，从而创造出一种低调、极简的优雅。1926 年，香奈儿用黑色绉纱制作的“小黑裙”打破了人们对于“黑色服饰”的传统认识。这款裙子造型简单，斜裁的下摆富有动感，当剪着短发，身穿小黑裙的香奈儿在晚会上出现时，立即引起了轰动，美国《时尚》杂志还将其比喻为“时装中的福特 T 型车”。

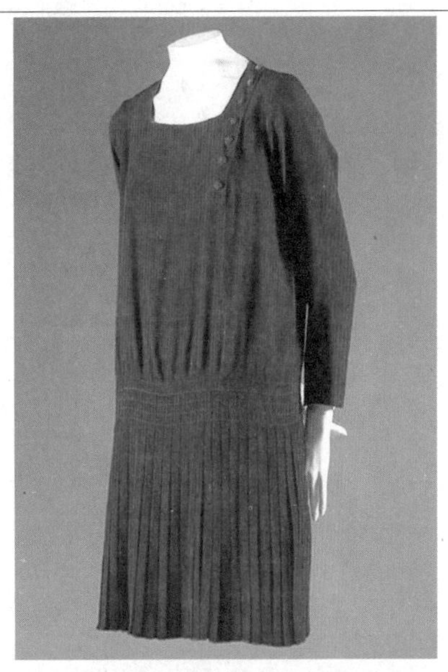

图 2 － 12　香奈儿上衣　1926 年

香奈儿认为服装要以舒适为核心目的，所以休闲风格是她所一直标榜的。她坚信服装不应该有严格的性别区分，率先将一些男装元素大量运用于女装设计。她不仅自己以裤装出行，还将裤子正式带入女性时装。她设计的 3/4 长的无腰毛呢外套，外形优美而又使穿着者更加自由舒适。香奈儿还引发了针织服装的热潮，设计出针织羊毛运动衫、平绒夹克等休闲舒适的服装，从而也有人将其视为“运动型服装之母”（图 2 － 12）。

或许是她的服装太具个性，香奈儿的时尚是系统化的整体造型设计，她经常要设计创作与服装相配套的配饰如帽子、首饰、围巾甚至扣子等。其中最经典的莫过于以她名字命名的“香奈儿套装”，她甚至自称只有这一种样式，其他的都是在此基础上变化组合而来（图 2 － 13）。经典的“香奈儿套装”似乎有男性西服和军装的影子，追求直线美的外套是一个四四方方的无领箱式造型，其简洁高雅的外观奠定了职业女性装的基础。1928 年，香奈儿还推出了一款软呢斜纹套装，并提出针织上衣、打褶裙子、三角披巾的穿着风格。

图 2 － 13　香奈儿套装　1938 年

针对她的服装，香奈儿设计了一系列的配饰与之相统一，如闪亮夸张的珍珠项链、镀金带饰、华丽的袖口、双色鞋、搭肩包等。而相关的完美“整体造型”都可以通过香奈儿遗存的一些图像一览无余。其中香奈儿叼着香烟，身穿小黑裙，头戴宽檐礼帽的形象最得人心，手腕上宽大扁平的手镯，耳垂上圆扣形的耳环和胸前大小不同达数层的珍珠项链使得她更显高雅。在经济萧条的 1932 年，她还推出了一款精美的“Les Bijoux de Diamants”珠宝系列。

关于香奈儿，给人印象深刻的还有她的香水。她并不坚持纯粹的自然香，认为人工的一些香精更有魅力和持久力。1921 年，她与友人研发的香奈儿 5 号问世，并取得了空前成功（图 2 － 14）。在第二次世界大战期间，香奈儿香水也有很好的销量，许多军人将其买给家中的妻子或女友作礼物。香奈儿香水的命名似乎都很抽象，在去世前一年她还推出了香水 19 号。

图 2 － 14　香奈儿 5 号

15. 新裙装

图 2 － 15 晚礼服 1925 ~ 1927 年

图 2 － 16 新裙装 1923 年

处于两次世界大战之间的 20 世纪 20 年代与众不同，特殊的时代背景造就了时尚史上一番独特的风景，女性的裙装也有着其他时代所不可比拟的靓丽。在时光飞逝近百年后的今天，人们又开始将目光投向 20 世纪那个遥远的年代。从 T 型台上的时装展示到现实中的诸多明星也将 20 世纪 20 年代的风情再次带入人们的视线。2013 年重新翻拍的《了不起的盖茨比》似乎又把人们带回 20 世纪 20 年代，奢华、躁动而又充满活力。那个年代刚冲出昔日樊笼的新女性充满自信，她们要改变，要创新，要与众不同。作为女性服饰的主体，各式各样的裙装开始大量涌现，无论是造型还是装饰与以往甚至以后都有明显的不同。

首先是造型特点。新时代的女性想要裸露更多身体来表达自由，并让自己更具诱惑力，因此，无袖设计的裙装和上衣开始流行。无袖上衣加半腰裙的搭配在当时很流行，这样自然下垂的体态可以很自然地打造出下落的腰线，而不需要腰带等的装饰。为了更性感，女人们还穿上了吊带 V 领形式的裙装，因为这种造型可以更好地将美丽的锁骨和肩胛骨呈现出来。对于以瘦为美的女性来说，V 领与吊带的组合是最具诱惑力的。长度过膝的裙摆也富有 20 世纪 20 年代的感觉，以往被长裙掩盖的双腿终于可以自由呼吸了。女人们抛弃了以前单调的黑色长袜，穿上了轻柔而颜色丰富的丝袜。她们穿着这种最新潮的服饰跳着欢快的查尔斯顿舞，旋转的裙摆将她们瘦长跳跃的小腿展现出来，别具风情（图 2 － 15）。

为了完全摆脱以往 S 型体态的束缚，20 世纪 20 年代的女人们别出心裁。她们人为地将腰线降低，从而刻意地将纤细的腰肢掩盖起来（图 2 － 16）。臀部上方的腰线使穿者没有了束腰裙的不适，但缺点就是显得腿比较短，所以搭配一双较高的鞋子就显得非常有必要。同时，腰带作为一种装饰配件也变得重要起来。一方面，腰带可以突显整体的造型感；另一方面，它可以与胸衣呼应产生比较理想的效果。腰带一般为布、皮等材质，通过扣扣等方式系合。当时还流行一种较宽的腰带，松松地系在胯上，有点睛之笔的功效。在降低腰围的基础上，20 世纪 20 年代还流行无腰围的裙子，如直筒型、宽松式等造型。这些裙装完全抛弃了腰线的限制，强调直线美、自由美。所谓直筒式就是从上而下宽窄大致相同，胸部、腰部、臀部呈现直线体态，没有明显的起伏变化。除了直筒裙，还有其他许多造型各异的宽松式女裙，其中略大而富于变化的裙摆较为常见，不规则的、锯齿形的下摆最为流行。1922 年，玛德琳 · 维奥涅特设计了一款礼服裙，裙子为肩带式 V 领造型，由上至下没有明显腰线，下摆为大锯齿形，与衣裙上长条形的 V 形线条相呼应。

实际上，20 世纪 20 年代还有相当一部分女裙保持着传统的风貌，优雅而曲线明显的长裙也很有市场，只不过在影响力和知名度上不如女男孩式的服装。20 世纪 20 年代末期，比较宽大的造型再度流行于晚会之中，也奠定了以后正式晚礼服以长裙为主的风格。

图 2 － 17　新礼服　1927 年

其次，20 世纪 20 年代女裙的装饰也很有特点，在 Art Deco 的风潮中，夸张而亮丽的许多时髦元素得到充分展现，流苏、亮片、羽毛等都非常具有代表性。层层叠叠的长流苏精细地装饰着造型惊艳的裙装，无论是肩部还是裙摆，密集的流苏都会在举手投足之间产生别样的动感。大量亮片的装饰也使那个年代的裙装更为迷人闪耀（图 2 － 17）。1926 年曾有一篇文章这样描述："闪闪的亮片，给伦敦宴会一个闪闪发光的效果。但宴会之后却需要大量时间来清扫那些掉在地板上的亮片。"而更令人意想不到的是一位女演员在退出舞台时，她因由许多金属亮片点缀的白色长裙接触到磨损的带电导线而被电晕，随后去世了。这个案例虽然比较极端，但也从另一个角度反映出美丽的代价。羽毛也是当时不可或缺的装饰元素，其中被染色的鸵鸟羽毛最受欢迎。因为它足够招摇，柔软的造型与当时棱角分明的女装形成鲜明对比。金色、绿色、蓝色等亮丽的色彩巧妙地混合在一起，有着经久不衰的魅力。

最后，虽然 20 世纪 20 年代的女裙崇尚简洁的外观，但一直秉持着内在的品质与奢华。面料一般都是轻柔而华丽的丝织品，即便是秋冬季的服装也经常采用真丝与羊毛的混纺布料，这是 20 世纪 30 年代女装所不可比拟的。以香奈儿为代表的针织女裙也是 20 世纪 20 年代的经典，舒适而隐含奢华。精美的印花、刺绣和串珠也是当时女裙的一大亮点。此时时装品质的礼裙完全是手工刺绣的，并用绣花工具来固定微小的珠子、亮片、玻璃珠等。在 1925 年，纽约时报的一篇文章详细地描述了一条绣有中国凤鸟图案的裙子，并说中国艺术以其独到的吸引力成为现在流行时装设计灵感的源泉。

在图案设计上，设计师们也经常借用一些带有神秘感的异域元素，如土耳其、中国、埃及、希腊元素等。1922 年，香奈儿设计的一款无袖长裙就非常具有代表性。它虽然没有针织衫的影响力，但也充分反映出香奈儿服饰的品质与时代性。这件长裙有着 20 世纪 20 年代的经典特征，无袖、腰线下降、丝质乔纱、全部采用手工缝制而成。浑身装饰以玻璃珠和金线刺绣而成图案，这些几何造型的纹饰有着明显的奥斯曼帝国风格（图 2 － 18）。

图 2 － 18　晚礼服局部　香奈儿　1922 年

16. 招摇的配饰

图 2 － 19　香奈儿胸针　1928 年

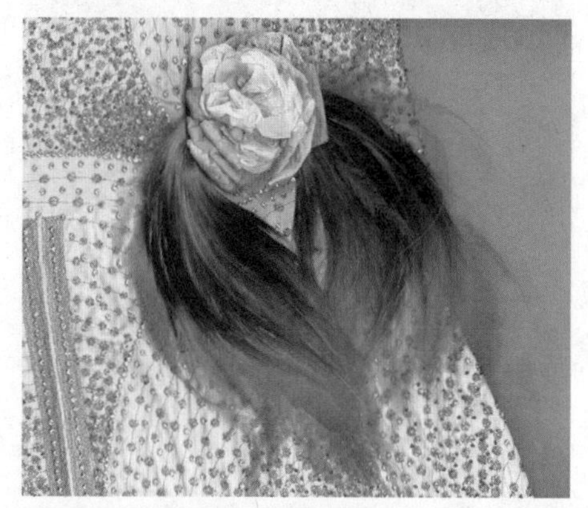

图 2 － 20　服饰细节　1925 年

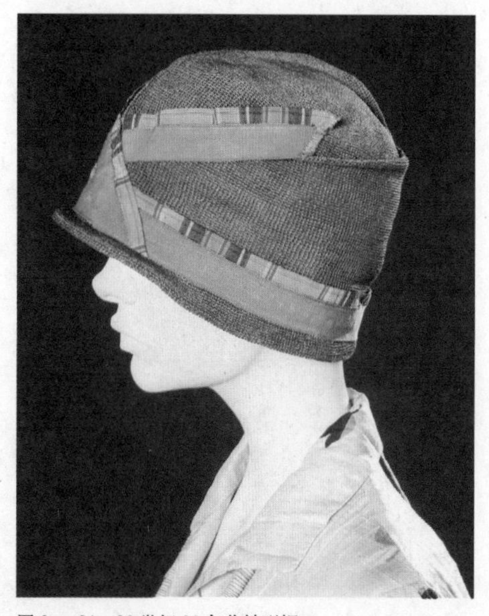

图 2 － 21　20 世纪 20 年代钟形帽

配饰是 20 世纪 20 年代风格的另一重要元素，独特、夸张和奢华是其共同特点。首饰作为一种必备的装饰与点缀品一直伴随着服装业的发展，既有它的独立性又在某种程度上与相应的服装相配套。当时的首饰设计和它独立风行的服装一样也有着与众不同的表现，总体上呈现出长、宽、大、多、假的趋势。当时，香奈儿的作用是毋庸置疑的，亲自参与首饰的设计之中，用以搭配她的高级时装系列。这种模式确保了客户在服装与配饰上的协调美丽，同时这些较为便宜的产品也让那些不太富裕的消费者领略到高级时装的魅力，因为她们可以只购买一条项链或一瓶香水而不用花大价钱去买一套礼服。大约在 1924 年，香奈儿设计了一对黑白色人造珍珠耳环，引起人们注意。不久，她就推出了时尚的假珍珠项链，围绕脖颈数圈最长可达腹部的珍珠项链迅速走红，也颠覆了人们以往对珠宝的认识。这时强调的是惊人的视觉效果，引人瞩目才是关键，是否货真价实倒是次要的（图 2 － 19）。

在假珍珠的风潮中，仿真的黄金与宝石饰品也开始流行。人们用玻璃、塑料及一些非贵重金属来设计精致的珠宝，夸张、靓丽而便宜。1923 年，纽约时报指出：最近的服装装饰品商店呈现出让人迷惑的局面，充满用其他廉价材料制成的项链、吊坠、耳环、手镯和胸针（图 2 － 20）。20 世纪 20 年代，香奈儿设计的宽手镯也是很经典的款式，这种开合自由的手镯以其宽大厚重成为时尚女士点缀手腕的至宝。同时她还设计了风行至今的马耳他十字架形饰品，如超大的十字胸针、十字架项链坠等，这些作品经常用仿珍珠、玻璃、镀金金属等制作而成。虽然材质比较廉价，但逼真的效果、精致的做工及其时尚的设计也使其价值不菲。香奈儿的继任者拉格菲尔德后来还设计了一款以白炽灯泡为主要元素的项链，并在 2011 年设计了同系列的灯泡高跟鞋，很好地诠释了香奈儿的设计精神。

在整体造型的需求之下，钟形帽成为 20 年代最流行的女帽形式。它最大的特点是流线而紧身，最适合当时的新发型“BOB”，并被认为是“前所未有如此精确的帽子与发型组合（图 2 － 21）”。钟形帽有着明显的流线型，非常适合于当时女性纤细直筒的身形。早期的钟形帽线条明显，为拉长的钟形，很少或根本没有边缘，会遮盖眉毛和头发。随着发展，钟形帽的轮廓逐渐平缓，不对称或曲折的帽檐塑造了一种变体的钟形，有了一种中庸和讨人喜欢的样式。为了显示其轮廓线，钟形帽的装饰比较少，甚至没有任何装饰，有的只是在其前面或侧面放置小的立体的花叶或珠宝。冬季，人们佩戴羊毛材质的钟形帽搭配羊毛外套，具有很好的保暖作用。在天气暖和时，她们就戴稻草等材质做成的钟形帽。此外，羽毛元素的夸张类帽子在20世纪20年代也很流行，羽毛的柔软线条与柱形轮廓相协调，而且它具有一种招摇的装饰效果（图2－22）。在欧美的各大相关博物馆，可以看到很多效果惊人的羽毛帽饰，这似乎与布瓦列特的风格有很大关系。有的帽子只是在后部、侧面等局部有较少的羽毛作点缀，也有大面积的羽毛装饰，使得羽毛成为视觉中心。受到装饰艺术运动的影响，一些异域风格的帽饰也很流行，其中缠绕式的印度头巾比较常见。

图2－22　晚礼服与羽毛扇

20世纪20年代的T型绑带鞋非常流行。20世纪20年代早期鞋子的前部多为尖形，之后逐渐变圆，鞋跟一般为五厘米左右，T型的绑带既美观又有固定脚面的作用。穿上它搭配以靓丽的短裙，非常适合于欢快轻松的查尔斯顿。因为要把脚和鞋完全显露出来，鞋子的精工细作也是非常有必要的。当时的晚装鞋，大多以丝绸锦缎、皮革等为主要材质，如宝石般柔滑的鞋面搭配着闪亮的水钻和金属配件，让鞋子显得高贵典雅。这种细腻的面料并不适合于室外行走，很容易沾染尘土或被撕裂，所以是专门为室内娱乐而设计的（图2－23）。

20世纪20年代，出现了一种新的材料嫘萦（Rayon，又称人造丝），这种材料有着真丝的质感，却很便宜，所以被广泛运用。很多女性以色彩丰富、柔软光滑的人造丝内衣取代了以前的棉质内衣，从而让更多买不起真丝内衣的消费者欣喜若狂。同样及膝的短裙让小腿的装饰成为重点，人造丝袜子变得非常流行，并且首次在时尚史上占据重要地位。

皮草也是20世纪20年代时尚与奢华的代表元素，很多时候皮草的使用不再是为了保暖，而只是为了装饰。所以，几乎每件秋冬季的衣服都会装饰以皮草，而且是越厚越好。1929年，华盛顿邮报的时尚记者就指出“作为大衣的毛皮领如此厚重，更突显了微小的贴身的钟形帽。”在所有皮草中，狐狸毛皮被认为是最时尚漂亮的，用黑狐搭配黑色面料成为当时最经典的款式。

1924年，布瓦列特设计了一款新式晚礼服，无袖圆领，正中有一长细V型开口，需搭配抹胸。质地为交织银丝的锦缎，自然交织的纹理与图案应造型而适合于每一个局部。裙摆过膝，下部装饰了一圈宽达数寸的黑白色皮草，厚重而奢华。对于那些不太富有的人来说，其他品种的皮草也很受欢迎。20世纪20年代风靡大学校园的浣熊毛皮大衣也很经典，虽然较为笨重，但它暖和而相对价廉，穿着浣熊大衣参加体育赛事或开车出行也是一种很时尚的做法。

图2－23　夏款鞋子　1922年

17. 神秘主义妆容

图 2 － 24　拉帕笔下的美女容妆

20 世纪 20 年代的女性发现，化妆可以让自己更具有吸引力，精致而鲜明的妆容可以为她们提供更多找寻工作和伴侣的机会。而在许多长辈看来，化妆似乎是妓女和荡妇的行径，对此深恶痛绝。实际上，欧洲一直也是有化妆传统的，只不过更多的只是使用脂粉罢了。以前上层社会的女子会将所有裸露的部位如脸、脖子、肩膀、手臂、胸脯等涂抹成白色，即便在今天人们仍然认为好的粉底对于妆容的效果是有决定作用的。尽管脂粉一直被广泛运用，但直到 19 世纪末期，那些颜色丰富的彩妆如口红、眼影等也只有青楼女子和戏子之流才敢使用。雅诗兰黛的创始人海伦娜 · 鲁宾斯坦 · 雅诗兰黛曾这样描述她的创业经历："当时化妆品只有在舞台上才能广泛使用，只有女演员才敢在公共场合用化妆品，而其他人只敢在脸上涂一层薄薄的香粉而已。除了戏剧界，很少有人了解化妆品。我从演员那里学到了许多宝贵的经验，也在私底下进行一些大胆的试验，并将此传授给一些大胆的顾客。她们为我做了良好宣传，我也知道人们不久就会克服这种对美的障碍。"

第一次世界大战之后，大量涌现的职业女子有了更多的经济独立与自由，对于美的追求也越发迫切。于是，雅诗兰黛的化妆品王国从发廊逐步延伸，并正式在百货商场设立了自己的化妆品专柜，一种现代意义的化妆品概念得以确立，专业的美容院也应运而生，美白、补水、拉皮、除皱等项目开始流行起来（图 2 － 24）。

装饰艺术运动对于古埃及的崇尚也影响到了当时女士们的妆容。古埃及一直有着化浓妆的传统，全身涂满金黄色的香油，象征着太阳光的照射，太阳穴和脚上则涂成深蓝色。眼睛还有深色眼线，从眼角一直向上延伸。眼睑上涂有深色的矿物质颜料类似于现在的眼影。脸颊涂以粉色，嘴唇上用鲜亮的红色来装点。这种古老的妆容给人的印象深刻而持久，对 20 世纪 20 年代的女性起到了一种示范作用（图 2 － 25）。

图 2 － 25　20 世纪 20 年代的时尚女性

与以前相同，20 世纪 20 年代的女人喜欢奶油白的肤色，所以会像许多前辈那样用各种质地的粉末把脸涂成白色。当时人们认为粉嫩的奶油色肤色就如同婴儿般，只扫一点点浅粉色腮红就很完美了。不过在这之中也有异类，比如时尚大师香奈儿，她认为当时流行的那种白皙的脸庞是病态的，像是被成天关在屋里不见阳光的家庭妇女。她主张一种自然的健康美，经常去海滨晒太阳使皮肤变得黝黑，而这种小麦色也很快得到了更多时尚人士的欢迎。时装设计师让 · 巴图也设计了很多海滩休闲装，并在 1924 年推出了世界第一款防晒油，可以更好地保护皮肤。

图 2 － 26　20 世纪 20 年代的时尚男女

口红以前一直处于化妆盒的底部，一般用盒等盛放，颜色比较单调，使用起来也不太方便，而且在妆容上也处于比较次要的位置。1910 年，法国人发明了方便携带的管状口红。女士们可以把它放在手袋中随时补妆，非常方便。而且这种工业化批量生产的口红颜色丰富，可以搭配不同的服装在不同的场合使用。到 20 世纪 20 年代，口红终于流行起来，成为时尚女士们必备的化妆品之一。猩红、饱满而鲜亮的嘴唇在惨白的脸庞上更加显眼。1927 年，著名女明星克拉拉·鲍在电影《它》中扮演了一个风流女郎，其中她凭借着宛若丘比特之心的朱唇开创了一个新的化妆时代，被人们纷纷效仿。1928 年蜜丝佛陀发明并推出了其第一款唇彩，从此，女人们又多了一件方便实用的化妆品，从而让那个年代女性的嘴唇更加完美丰润。

眼部浓妆也是 20 世纪 20 年代妆容的主要特点，首先要在眼眶周围画上黑色的眼线，眼影通常是烟熏妆，防水的睫毛油也在此时流行起来。而且为了更好地突出又长又翘的睫毛，很多人会戴上浓浓的假睫毛。当时俄罗斯的移民把小珠子睫毛饰带到巴黎，顶端装饰小珠子的假睫毛也变得非常流行。当时很多女性为了营造弯而长的柳叶眉，会先把自己的眉毛拔光，然后再用眉笔画上细长的眉线，像日本的艺妓一样。与此同时，彩色指甲油也被更多女子所赏识使用，从此她们双手与双脚的指甲都开始被涂上缤纷的色彩，成为重要的妆容手段（图 2 － 26）。

20 世纪 20 年代的发型也以前所未有的短发风靡一时，其中手指卷状的波浪发型与光滑顺直的 BOB 最为常见（图 2 － 27）。男式的发型侧偏分到一侧，用润发油向后梳理，打造出衣冠楚楚的整洁面容。虽然大量女性都喜欢时尚的各类短发，但社会旧习俗和观念却是排斥和反对的，而且男人们对此也很有意见，有医生还警告说，裸露的颈部可能会导致严重的疾病，并且是不道德的。1924 年的一篇文章还描述了一些因为剪短发而引起的家庭危机。其中一位芝加哥的丈夫状告妻子把头发剪成了 BOB 式的短发。当时法官只能说：“因为妇女有投票权，她们肯定也有权利选择自己的发型。”精巧的短发使得相关的饰品也变得简单起来，当时非常流行各种小发卡，其中比较经典的造型就是用一排小发卡固定或点缀刘海的发尾，或者用一个华丽的水晶发卡将刘海固定并盖住耳朵，看起来非常清新、俏皮。而与之相配套的钟形帽经常会遮盖眉毛，所以女士们不得不仰着头走路以防遮挡视线。如果是带檐的帽子，她们也经常故意斜戴着遮住一只眼睛。虽然会增添一些神秘感，但却只能挺直脊梁仰头前行了。

图 2 － 27　明星与时尚妆容

18. 电影偶像

图 2 － 28　影星克拉拉 · 鲍

资本主义的发展为人们创造和提供了越来越多的娱乐机会和方式。到 20 世纪初期，普通民众已经不是自娱自乐了，而是在不断享受别人制造的快乐，大家由以前的参与者变成简单的观众。电影的发明与普及无疑为更广大民众提供了一种廉价而新鲜的休闲娱乐方式。1895 年，法国里昂照相器材厂厂主卢米埃尔兄弟发明了一种可以连续放映图像的装置，并在巴黎放映了世界上第一部电影《工厂大门》。很快，发明大王爱迪生也推出了改良版的放映机并于 1896 年在纽约举行了美国电影的首映。到 20 世纪初期，电影已经迅速发展起来。1905 年，美国匹兹堡的一条街道上首次出现“五分钱电影院”，虽然票价很低，但因为有蜂拥而至的观众，因此利润依然可观。很快“五分钱电影院”以惊人的速度不断增加，到 1910 年年收入达到了九千多万美元。

即便在第一次世界大战期间，电影业也没有停止其发展的脚步。一方面是人们想通过看电影新闻片获取最新的战争消息；另一方面看电影可以成为逃避苦闷现实，感受片刻欢愉的最好方式。一大批浪漫的、戏剧的、豪华的影片纷纷面世。1916 年，单是美国就有了两万家电影院，而新兴的好莱坞也逐渐成了世界电影之都，当时，各国所放映的电影中，大多都来自好莱坞。

到了 20 世纪 20 年代，影片的质量已经有了很大提高，看电影成为人们最常见的休闲方式。更多的人走进了电影院，为适应更高层次精英们的需要，以美国为首的众多国家专门修建了多家豪华型的电影院。在拍摄设计和技术方面，20 世纪 20 年代也有了系统性的全面发展，建立了电影摄影棚系统，为后来的发展建立了典范。但 20 世纪 20 年代基本还都是无声电影，也就是所谓的“默片”。当时无数观众拥挤在银幕前，旁边一般要有专门的解说来叙述故事情节。所以对于此时的电影来说，漂亮的扮相、夸张的肢体动作以及戏剧性的故事情节都是极为重要的。

电影业的发展催生了一批收入丰厚、锦衣玉食的电影明星，她们前卫而时尚，迅速成为人们心目中的偶像（图 2 － 28）。几乎所有人都会刻意模仿那些明星们的服装打扮和言谈举止，所以她们也在某种程度上主导了 20 世纪 20 年代的流行文化。当时的电影大都鼓吹享乐主义的人生态度，营造出神秘的、异域的或奢华的生活环境，女主角多是性感、活泼、满不在乎的年轻美女。

图 2–29　影星克拉拉 · 鲍

被称为“好莱坞第一个坏女孩”的泰德 · 巴拉是第一个以美色著称的电影明星。她在 1917 年主演了名片《埃及艳后》，不仅展示了一位性感、艳丽而又聪慧的女王，同时又将神秘的埃及文化全面带给观众，助长了当时埃及风格服饰的兴盛。第二次她主演的《莎乐美》又是一部标榜性解放与新女性的电影。她那涂抹了深色眼影的大眼睛，性感的嘴唇以及时尚风情的服饰成为大家当时最关注的话题之一。

克拉拉·鲍是20世纪20年代备受关注和争议的一位性感女星。童年的贫困以及一系列的家庭问题使得她的诸多行为与众不同。母亲对她职业的不认同，醉鬼父亲对她的骚扰都使她的情感备受煎熬。有关克拉拉酗酒、滥用药物和私生活不检点的传言困扰着制片方，并获得了“每天都会惹麻烦的克拉拉”的名声。即便如此，克拉拉以开放、野性、大胆的摩登女郎形象成为当时许多女孩的榜样。1927年，克拉拉主演的电影《它》迅速走红，她也因此被称为“它女郎”，而“它”也成为性感的代名词。一头用指甲花染色的蓬乱红发是克拉拉的标志之一，也促使了这种染发剂的流行，她那经典的“心”状唇形也成为20世纪20年代最受追捧的妆容（图2－29）。

图2－30　电影明星布鲁克斯

布鲁克斯是名副其实的爵士女郎，以扮演放荡堕落的角色而闻名。布鲁克斯的黑色短发是她的标志，成为当时女性争相模仿的时尚发型。1929年她主演了《潘多拉的盒子》和《流浪女日记》，标志着其事业达到顶峰。而她天真的性感、美丽的容颜使她成为20世纪20年代外表傲慢、奇装异服和放荡不羁少女的象征。作为新时代女性，布鲁克斯还积极参与各种社会活动，倡导妇女的独立解放，成为当时女性发挥公共作用的代表（图2－30）。

值得一提的还有约瑟芬·贝克，这位来自纽约的黑人姑娘，大胆而充满非洲的野性美。1925年她开始在香榭丽舍的剧院里表演，获得成功。在服饰上，经常将非洲的元素运用其中，喜欢珍珠项链、镶珠宝的帽子、带有装饰艺术风格的耳环。她最有名的是在“疯狂牧羊女”剧院中的香蕉演出服，全身除了一条用香蕉围成的半裙，什么都没穿。她是第一位出现在主流电影中的非裔美国女演员，被人们称为“古铜色的维纳斯”“黑珍珠”等。

当然说到影响力，查理·卓别林无疑是意义更为深远的。虽然他与时尚并无太大关联，但他的喜剧却是默片时代最能触及人心灵的良药。人们在他的电影中得到共鸣、开心与安慰。战争的伤痛、生活的种种不如意似乎都可以在他的电影中得到缓解。卓别林的经典造型就是一个外表不羁、内心却充满绅士风度的落魄者。窄小的衣服，肥大的裤子和大头鞋，自然就产生了一种喜剧效果（图2－31）。

图2－31　《计程车上的私奔》　卓别林　1915年

19. 珍妮·郎万

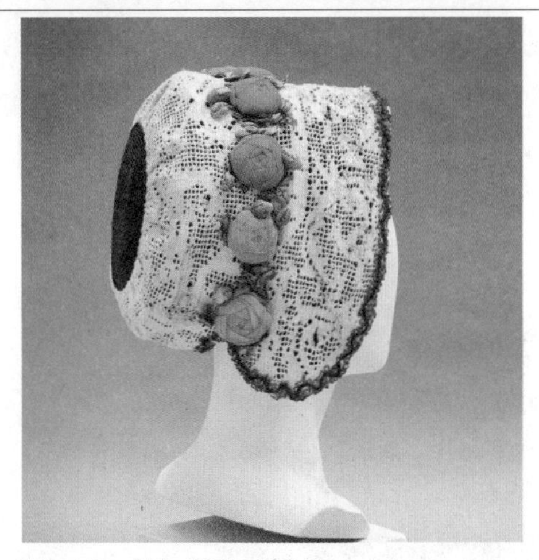

图 2 － 32　帽子　朗万　1913 年

珍妮·郎万（Jeanne Lanvin）出生于法国的布列塔尼，十几岁就开始在巴黎的帽子店做学徒。1889 年，二十岁出头的郎万在巴黎开设自己的帽子店，这家店后来成为著名的“郎万浪漫屋”。跨越百年，一直经营到现在，也是巴黎高级时装店中现存唯一最古老的时装店。郎万设计的帽子精致而时尚感十足，现存的一件 1913 年的一款圆顶花饰带帽檐帽即是一件不可多得的艺术品。与 S 型时的宽檐帽子相比，这款帽子更显精巧。帽子上部中央位置装饰了半圈立体雪纺玫瑰花，鲜艳而有浪漫气质（图 2 － 32）。

1895 年，郎万嫁给意大利一贵族，并在两年后生下一女儿。当时的童装不过是成人服装的缩小版而已，也没有过多的人关注这个领域。郎万以其女为模特设计出一系列时尚而又充满童趣的童装。成功地吸引了帽子店的许多顾客，她们也要求郎万为自己的孩子设计服装。针对这种需求，郎万在 1908 年成立了童装部。从现存的一些手绘图可以看出，郎万设计的女童装有着一些时尚女装的造型元素，但又根据儿童的特点有诸多个性化设计。裙摆多在膝盖左右，造型比较宽松，下摆较大利于儿童自由活动。纹饰简单而又充满童趣，经常用翩翩的蝴蝶作装饰纹样，布料也多为棉麻毛等天然的质地（图 2 － 33）。

图 2 － 33　手绘丝绸童装　朗万　1925 年

1909 年，郎万加入了德拉缝纫协会，并开始了自己的高级女装定制事业。她经常为母亲和女儿进行配套的服饰设计，类似于现在的母女装。20 世纪 20 年代，郎万通过对 18 世纪巴尼尔裙的改良，创造了有名的“特色礼服”系列。独特的造型加上塔夫绸、天鹅绒、雪纺以及金属蕾丝等面料，名利双收。1922 年，插画家保罗·艾里波（Poul Iribe）为郎万母女创作了一幅二人身穿“特色礼服”的作品，使这个系列更加深入人心，并自此作为时装屋的标志出现在郎万的服饰标签和香水瓶上（图 2 － 34）。

郎万的服饰注重色彩的创新与使用，并在巴黎郊外专门开设印染厂。她曾从中世纪教堂的玻璃花窗中获得灵感创造了著名的“郎万蓝”。精致奢华的布料与饰品也是郎万所严格要求的，她使用的许多绸缎都是从东方进口的，并对蕾丝、亮片、珠子、金属线、贝壳等装饰品也有标准。为了确保其工艺的精良，郎万特别成立了刺绣、贴花和珠饰等工作室，手工的精细制作确保了定制服的品质。在 20 世纪 20 年代，郎万已雇佣了一千多名员工，并在世界各地开设了七家分店，生意蒸蒸日上。

在 20 世纪 30 年代，郎万还设计了睡衣式晚礼服、带帽披肩式礼服和女式绣花裙等经典系列作品，从中仍然可以看到18、19世纪风格与异域元素的影响。当时的一些时尚明星包括各国的公主皇后们，如玛丽·皮克福德、玛琳·黛德琳等都是她的忠实顾客。

在1925年的法国巴黎工业与装饰艺术博览会上，郎万以完美的作品获得了公众的极高赞誉，从此事业更是飞速发展。1926年，郎万还开设了男装设计部门，开启了高级时装店经营男装的先河，这样郎万时装成为当时唯一一个可以为全家人提供服务的时装设计公司。1939年，郎万设计了一款银灰色真丝塔夫绸晚礼服，挂脖的吊带形式让它更能彰显女性的柔美与性感。长长的腰线勾勒出女性完美的腰形，两层叠加的大裙摆似乎有着维多利亚初期女装的风尚。精致的金属亮片、刺绣与粉红色珠饰更显示出完美品位。郎万一直从事高级时装定制，直到1982年才开始生产成衣系列，并在1992年暂停其定制系列（图2－35）。

郎万在设计服装的同时还推出了一系列经典的香水，流传至今。她将自己的名字与余香绵长的香水相结合，一直坚持精致优雅的设计风格。1925年，郎万开发了第一款香水“我的罪恶”，至今八十多年间，已经推出了30余款香水，成为真正的香水王国。1927年，郎万从其女儿的音乐中获得灵感，推出了著名的“琴音”香水，成就了郎万的经典之香。爱是这款香水的灵魂与主题，紫色心形的图案充满了爱的味道。香水瓶颈上金色的结婚指环以及郎万母女牵手起舞的标志都表达出浓浓的亲情与爱（图2－36）。香水的包装是由阿玛德·阿尔伯特·瑞塔设计的，他曾经为郎万设计过巴黎的一处公寓，也为她的时装店做过设计，并曾帮助郎万管理其运动系列与装饰部门。当然“琴音”的成功不仅在于它的包装设计，它原创的现代芬芳花香也是传世经典。所以直到今天，它仍然名列世界十大香水之中，曾经是丽塔·海华斯和戴安娜王妃的最爱。

1936年，郎万以其突出表现荣获电影制片商Sacha Guitry颁发的法国最高荣誉Legiond Honeur，并被称为“法国优雅大使”。时至今日，郎万的服饰与香水仍是巴黎时尚界最负盛誉的名牌之一。当然在20世纪80～90年代巴黎服装业停滞期间，郎万也面临着巨大危机。现在郎万的首席设计师是阿尔伯·艾伯茨，这位时尚界大名鼎鼎的小胖子力挽狂澜，让这个法国老牌子重获新生，也真正实现了他上任始初的名言“唤醒睡美人郎万”。2007年，阿尔伯被《时代》杂志评为“全球最有影响力的100位人物”之一，并被美国版《时尚》杂志总编安娜·温特赞为“当今世界三大顶级时装设计师之一”。

图2－34　朗万香水

图2－35　晚礼服　1939年

图2－36　朗万标志

20. 让·帕图

图 2 － 37　礼服　帕图　1925 年

图 2 － 38　丝绸雪纺长衫　帕图　1935 年

让·帕图（Jean Patou）与他的竞争对手香奈儿一样，很早就认识到女性对于摆脱束缚、解放身体的需求，设计开发了一系列新颖舒适的休闲风格的服饰。他的装扮一贯优雅、潇洒，五官端正，声音低沉而坚定，经常面带微笑，被美国人赞为“欧洲最优雅的人”。

帕图出生于一个富裕的资产阶级家庭，家族从事豪华皮革制造业。1907 年，年轻的帕图进入叔叔工厂开始了他迈向时尚界的第一步。经过几年的实践积累，帕图在巴黎开设了他的第一家服装店——马森帕瑞，不久卖掉这家店又开设了以自己名字命名的店铺。帕图的作品品性优良，逐步得到了国际社会的认可，第一次世界大战前曾有美国买家认购了他新推出的整个系列。

第一次世界大战结束，1919 年帕图时装屋重新开业。帕图虽然没有结过婚，但他与许多女人都有交往，包括布鲁克斯、皇室成员等。他用自己的设计装扮着这些迷人的女人，同时这些人也成为其作品最好的展示模特。1936 年，帕图不幸去世，但他的时装屋在其亲友的帮助下继续发展。虽然他的高级时装业务在 20 世纪 80 年代被关闭，但相关的香水却一直流传至今。

帕图的服装提倡简单、舒适与良好的功能性，但又非常追求细节上的完美。精美的刺绣、讲究的面料加上纯手工的元素造就了他高贵典雅、新颖独特的个性风格（图 2 － 37）。在颜色的使用上，帕图也非常有个性，通过与印染厂合作，他打造出许多有着自己烙印的色彩，从而成为欧洲第一个拥有专属色彩的服装设计师。有一点是大家公认的，即“米色”是帕图最知名、使用得最广泛的颜色，而这种色系用于休闲运动风格是再合适不过了。1930 年，美国人报道了帕图的最新颜色：“帕图曾经给予黑色第一的位置，现在又开始推广深黄绿色。他知道许多女性对绿色抱有迷信的眼光，认为绿色是不幸的源泉，所以专门咨询了某些算命人士，确定融入黄色的绿色是幸运色。”从这段话中我们既能看到帕图对色彩设计的重视，也能感受得到他对于市场需求的灵活态度（图 2 － 38）。

在从事高级定制的同时，帕图也较早认识到成衣市场的可能性与魅力。他成为首批推出成衣系列的设计师之一，他的作品经常是系统性的款式，并设计了不同尺寸、不同价格以供顾客选择。这种方式也标志着时装业发展的新方向，并成为现在所知道的“服装品牌概念”的前身，而他将设计师首字母组合而成的服装标志也为品牌形象设计提供了一种新的尝试。

帕图的服饰设计很有个性，崇尚自由的美国人对此非常喜欢。为了更适应美国的市场，帕图曾数次前往美国实地考察，在了解目标市场的基础上获得更多新思路。1925 年，他还在纽约之行中专门聘请了六位本地美女模特随他回巴黎，这种高调的行为使美国人对他的作品更有亲切感，对他的市场开拓和成功获利也大有裨益。此后，这种模式也被更多法国时尚界人士采用。

帕图设计的核心理念就是运动和休闲，他认为功能合理的服饰更能展示穿戴者的魅力。他曾经说过："现代女性倡导一种积极的生活，因此，设计师必须相应地设计她的穿着，以最简单的方式保持她们的魅力和女人味。"所以将运动与休闲元素融入服饰设计或多或少都体现在帕图的作品中，即便是出席正式宴会的许多礼服也不例外（图 2 – 39）。在 20 世纪 20 年代，帕图设计出一系列"时尚运动服"，比如百褶短裙、开襟羊毛衫等。受到毕加索、布拉克等立体派艺术家的影响，他还设计出风靡一时的"立体主义"风格毛衫，同时推出了相配套的裙子、围巾、帽子等，其业务和市场不断扩大（图 2 – 40）。为了提高生产效率，获得更多利润，帕图将机械化引入针织行业。1925 年，他在巴黎 Saint Ilorentin 街开设了一家"乐运动"的服饰精品店，还根据运动项目分为不同的展示空间，包括航空、骑马、垂钓、网球、高尔夫、游艇等。网球女运动员苏珊 · 朗格伦无疑是 20 世纪 20 年代青春与健康的象征。帕图为她量身定做的运动服也因此成为当时最流行的一种时尚。针织上衣与百褶裙的搭配也因此成为女网球运动服的原型。此外，帕图在多威尔和比亚里茨还成立了泳装专卖店，而他与纺染厂合作研发的抗收缩和防褪色的泳装面料也成为了与他人竞争的利器。在 1932 年左右，帕图还推出了第一套针织泳装，并通过刺绣、现代艺术等多种方式进行装饰处理。

在经济低迷的 20 世纪 30 年代，帕图推出了由亨利 · 阿玛斯（Henri Almeras）制作的香水"喜悦"。这是一款以玫瑰和茉莉为主调的重味香水。从 1935 年推出至今畅销全世界，并在 2000 年击败"香奈儿 5 号"被评为"世纪香水"。在"喜悦"之前，帕图也曾经发布了许多其他的香水，其中也有用来纪念一些特别活动，如庆祝同名法国远洋渡轮的"诺曼底"和庆祝法国第一个带薪假期的"旅游"等香水，在当时都有很大影响力。而且，这个制香的过程从未中断过，延续至今，1972 年，帕图品牌还推出了知名的"1000"香水。在八十多年的实践中，该公司共推出了 35 款香水。

图 2 – 39　碎花丝绸礼服　帕图　1931 年

图 2 – 40　丝绸开衫和裙子　1927 年

21. 百货商场

图 2 - 41 乐蓬马歇广告

今天人们的购物渠道多种多样，无论在数量还是品类上都远远超过以往，而网络与电商的发展更是让人们见多识广。但无论时代怎么变迁，百货商场在日常的生活中都扮演着重要角色。尤其对于时尚的女士而言，逛街购物似乎是必不可少的环节。20 世纪初期，经济的发展、商业的繁荣为现代意义上百货商场的发展奠定了必备基础。第一次世界大战后，消费主义的兴盛使得这个新兴而现代的事物风生水起。许多世界知名的百货商场就是在此时发展成熟起来的。

追根溯源，许多大型百货商场的前身都是干货店、布料店或精品店。所谓“干货店”是因为它们出售的大都是不需要特殊温度和湿度条件的物品，包括各种布料、纺织品、羽毛、丝袜、领带等，也会零售一些廉价的首饰和小摆件。此外，也有一些店铺会设计和出售自己的礼服或为顾客提供镶边、美饰等服务。

自由有限公司是 19 世纪后期伦敦一家非常有名的“干货店”，创始人阿瑟 · 乐森比是位热爱艺术的商人，有着异于常人的天赋，他根据时尚潮流从中东和日本等地大量进口货品。这些充满异域风格的古玩、瓷器、纺织品很受欢迎。除了销售进口纺织品，自由公司也设计和制作自己的面料，并命名为“自由艺术面料”。其最大的特点就是自然元素的应用，例如精美的孔雀羽毛图案就很独特。艺术性的图案设计加上柔软而悬垂性良好的品质使其面料畅销至今。1884 年，在著名设计师戈德温的率领下，公司建立了服装部门，设计和制作了许多模仿古希腊、中世纪风格的礼服。古希腊的女装自由舒适，是对抗紧身胸衣的最好工具。1910 年，自由有限公司设计并销售的一件粉红色的丝缎晚装就是一件抛弃传统束缚的礼服，并具有非常理想的销售业绩，可以说是一次非常好的尝试与改革。

在商业竞争与更高利润的推动下，从 19 世纪中后期开始，这些“干货店”开始与其他专门零售商合并，最终形成现代意义上的百货商场。一些公司还重金聘请顶尖的建筑师在各大城市设计和建造风格奢华的旗舰店。与传统单纯的“干货店”相比，百货商场在同一个场所集中分类销售品目繁多的商品，确保了高额的利润回报。在商品的展示上，百货商场也越来越专业，富丽堂皇的设计给人们一种贵族生活之感，精心设计和展示的商品陈列琳琅满目而富有无比的吸引力(图 2 - 41）。20 世纪初，电灯开始广泛运用于玻璃橱窗，由此开启了橱窗购物的新时代。

图 2 - 42 乐蓬马歇百货公司

此外，早期的许多百货商场还经常举办一些时尚展览或演出，并通过一些艺术性的活动宣传当季时装尤其是高级定制时装。这种现象首先出现在没有高级时装沙龙的美国。到了第二次世界大战前后，在大型商场开辟专区进行时装汇演或设置专业服装设计师的工作室等成为一种标准化的行为。百货商场的配套设施也使其魅力大增，餐厅、休息室、美容美发以及一些娱乐设施等都为人们提供了更多方便，也从某种程度上促进了更多消费的产生。20 世纪 50 年代，百货商场开始施行信用卡和定金预购政策，进一步促使其繁荣发展，舒适而奢华的环境让人们流连忘返。不过无论是以前的干货店还是后来的百货商场，有一点是毋庸置疑的，它们都有着集市般的氛围，因此成为重要的社交场所，是人们维系关系的重要纽带。

20 世纪 20 年代，百货商场已经发展成熟，并出现了诸多知名品牌。1924 年，萨克斯第五大道精品百货店开业，出售最高品质的服装与珠宝，为顾客提供专业服务，并成为高品位的代名词。在这个发展过程中，阿达姆 · 吉姆有着重要作用。阿达姆在 1925 年巴黎世博会后对他的旗舰店进行豪华装修，打造高贵而具有艺术性的品牌风格。在巡游世界的过程中，精心挑选经典品牌，使其店铺在时尚界遥遥领先。同时，他还开创了旅游与购物一体化的新模式，在各大旅游城市开设分店，逐渐发展成一个全国性的连锁百货。萨克斯第五大道一直保持其良好的发展态势，直至今天仍是奢侈品消费的重要去处。

乐蓬马歇百货位于巴黎第七区色佛尔街 24 号，其原意指“好市场”，创始于 1838 年，后被布希科夫妇收购。在现代经营理念的支持下，乐蓬马歇迅速成为欧洲最知名的百货商场之一（图 2 － 42）。1910 年，在布希科夫人的倡导下，开设了陆腾西亚酒店，至今仍是左岸最豪华的大酒店。为了更好地组织和开展各种活动，乐蓬马歇的楼顶设有一个一千个座位的大厅，成为时尚聚会的最佳场所。1984 年，路易威登购买了乐蓬马歇，从此开始了它新的发展历程。

马歇尔菲尔德公司是美国一家成功而颇具创新性的百货商店，其创始人马歇尔 · 菲尔德也是从一家“干货店”打工而开始他的创业生涯。1892 年，马歇尔菲尔德公司的地标工程开始修建，彩色玻璃马赛克构成的蒂法尼式屋顶格外耀眼，此后这个 12 层的高楼成为芝加哥最重要的商业建筑之一（图 2 － 43）。马歇尔提出的零售政策彻底改变了百货世界，他公开标示货物价格，从而结束了讨价还价的收费方式。此外，他提出“给这位女士她想要的东西”的口号，主张全价退货。他还首先在商场内提供用餐服务，并成为第一家制作一个新娘注册表，既有效率又极大地提高了知名度。到 20 世纪初期，商场的年销售额高达 60 万美元，并逐步在纽约、伦敦、巴黎、东京等地开设分店（图 2 － 44）。

图 2 － 43　马歇尔菲尔德公司　1908 年

图 2 － 44　马歇尔菲尔德公司　1960 年

严肃与回归
（约 1930 ～ 1945 年）

20 世纪 20 年代是一个纸醉金迷的年代，也是一个透支消费的年代。1929 年，美国华尔街的投资泡沫崩溃，可怕的连锁反应接踵而来。银行倒闭，工人失业，全世界都开始萧条。对于追逐时尚，爱慕奢华的时装界而言，这的确是场灾难，许多时装店都被迫关闭。似乎一夜之间，人们就感受到世事无常。尤其是 20 世纪 20 年代那些女士们瞬间变得理性，人们不再想用外在的男孩式的造型来武装自己，而是不约而同地回归典雅的女性化装扮，展现女性曲线美的裙装又开始流行起来。正常的腰线，逐渐变长的裙子成为 20 世纪 30 年代典雅风格的代表。

20 世纪 30 年代也是现代主义设计的重要发展时期，同时崇尚异域风格的装饰艺术设计运动也在某种程度上点缀着人们的生活。机械化的生产方式，简洁明了的几何造型以及对新型材料、技术的运用都是极具时代感的共性。20 世纪 30 年代纽约的克莱斯勒大厦和帝国大厦就是非常具有装饰性的摩天大楼，它们的建造当时似乎也给人们树立了一种信心。而以柯布西埃、荷兰风格派、德国包豪斯等大师们的探索又给人们一种全新的设计观念，比如对实用、简洁几何造型、廉价、大众化等的追求。经济的不景气、生活的困窘让人们倍感失望和忐忑。放弃昂贵高级订制服的人们对精神层面的享受更加重视，时尚杂志、电影、广播等都成为其生活必需品。人们从杂志或电影中那些精致奢华的影像中获得了一丝安慰。当时的零售大王“Sears Roebuck”公司一语中的：“20 世纪 30 年代是一个精神至上的时代，流行追忆似水年华。”所以在经济危机阴影笼罩的 20 世纪 30 年代，电影业却异军突起地发展起来，无论是漂亮精致的葛丽泰 · 嘉宝，聪明可爱的秀兰 · 邓波儿，还是沃尔特 · 迪斯尼先生的动画卡通形象都为困境中的人们带去了难得的欢乐。婀娜的长裙成为新宠，其中玛德琳 · 维奥涅特推出的一系列斜裁悬垂式女裙成为此时的经典之作。而露背式的礼服形式也成为 20 世纪 30 年代最重要的创新与时尚。披肩和斗篷是颇具维多利亚时代气息的造型元素。这种实用又包裹的造型给当时的时尚人士增添了一份神秘与安全感。同时，简洁实用的两件式套装也越发流行起来，用衬衫、V 领羊毛衫或夹克搭配包裹裙成为外出的正式形象。艾尔萨 · 夏帕瑞丽的宽肩造型让女人们的套装显得更为严肃，而她大胆使用拉链的设计也让拉链从鞋子和户外夹克中释放出来，在时尚的舞台中发挥更多作用。囊中羞涩使得无法支付高级服装的人们将目光放在了相关配饰的装点上，帽子、手套等都成为当时时尚的亮点。简洁的露出前额的贝雷帽风行，各种富有几何造型感的帽子也开始大量出现。夏帕瑞丽设计的一系列超现实风格的帽子更是具有非凡冲击性，而她大力倡导的维多利亚风格的发网也随处可见。新兴材料尼龙因其轻柔、高韧性、不易变形等优点被迅速运用于服饰设计，成为内衣、袜子、运动衣的理想材料。在 1939 年巴黎的春季博览会上，沙漏式内衣的出现似乎让人们又回到了紧身年代。

此时，男式西装企图构建一个高大的形象，垫肩、锥形袖子以及 V 领的造型更显示出宽广的肩膀。1935 年，罗斯福新政使经济得以复苏，伦敦的服装设计师由此推出了高质量高品位的西装，被称为伦敦悬垂式西装，成为当时成功者的选择。1931 年，男性时尚杂志《服饰艺术》开办，其目的是给男人们注入时尚意识，并成为美国中产阶级男性的时尚圣经。同时期的美国流行一种朴实的劳动布，西部牛仔成为人们向往的一种潇洒装扮，从此“美式风格”开始在时尚舞台上扮演重要角色。

第二次世界大战爆发后，服装开始在战争的阴影下艰难发展。随着战争的深入，各国都相应地出台了服饰业的相关规定。窄、短、小等成为这一时期服装的特点，而对于热爱时尚的人来说，通过旧物改造的方式也依然保持着优雅。1942 年，褒曼主演的《卡萨布兰卡》风靡全球，她那端庄而又富有风韵的造型健康、自然、朴实，成为当时最经典的时代形象。战争也使得帅气而实用的军式服装开始普遍流行，当女人们穿上军用夹克、半截裙时立刻就被这种特殊的感觉迷住了。那些硬朗的线条、夸张的铜扣、拉链和口袋都让柔弱的女性身体散发出奇异的光彩。而艾森豪威尔夹克也因其坚实耐磨、款式独特而在欧美风靡一时。1945 年，历时 6 年的第二次世界大战终于结束，一个新的时代到来了。

22. 女神再现

图 3 － 1　维奥涅特的女神装

图 3 － 2　婚礼服　伊丽莎白 · 霍伊斯　1934 年

1929 年经济危机的爆发，全世界都随之萧条，人们的生活态度和衣着品位也有了巨大改变。第二次世界大战前现代主义设计及观念的流行与普及让人们对美和艺术有了全新的认识，新兴交通工具和生活用具充斥着人们的生活，各种风格的摩天大楼拔地而起，一种完全现代的节奏和方式正在流行。在多种因素的影响下，20 世纪 30 年代的女人们既成熟又理性，她们抛弃了 20 世纪 20 年代的“假小子”风格，用优雅而现代的方式回归传统的女人味，并为战后“新面貌”的出现奠定基础。从这个意义上讲，20 世纪 30 年代有着承上启下的重要作用。

裙装作为最能展现女性风采的衣着在 20 世纪 30 年代演绎着自己的传奇。腰线回归，裙摆变长，典雅苗条等都是其普遍的造型特点。虽然经济的不景气对服装设计影响极大，实用成为重要的设计原则，但在这种大萧条的背景中，毕竟还存在不少有能力或愿意消费奢华服饰的群体，包括那些劳酬极高的电影明星们。这些人成为“女神再现”的巨大推动力，服装设计师们也通过多种努力吸引和诱惑着那些热爱时尚的人们。设计师 Paul　Lribe 曾提出一个极具煽动性的口号——捍卫奢华，以此游说那些口袋比较丰满的人维持法国传统的高贵消费，并宣称法国就意味着奢华与时尚，捍卫这些高贵产业也是一种爱国。

所谓“女神”主要是指古希腊的神话人物，自然、高贵、飘逸的长裙是其服饰特点。在这里，“女神回归”即是指当时人们模仿女神装扮的现实，也是指此类风格裙装的流行时尚。这个术语主要源于玛德琳 · 维奥涅特，她在 20 世纪 30 年代聘请俄国贵族 George　Hoyningen　Huene 为其拍摄新作品。Huene 用古典主义的构图与色调拍出了一系列影响巨大的照片。模特们身穿长裙像神庙壁画上的古希腊浮雕一般飘在半空中，裙角、衣袂与挽纱在风中飘逸，犹如女神飞天，从此“女神”的形象深入人心，她是高贵、典雅与奢华的象征，让 20 世纪 30 年代的女人心向往之（图 3 － 1）。

“复古”是女神系列的重要原则。虽然玛德琳相关作品的灵感来源于古希腊的神话人物，但实际上与古希腊女性所穿的“希顿”有密切关联，因为这些神话人物大多也是现实生活中人物的写照。希腊女装最大的特点就是宽松、自由、合体，而单纯的颜色，丰富的造型又能体现穿着者的优雅与高贵。设计师们通过斜裁、围裹、悬垂等手法依据女人的身形进行设计，突出腰线，臀部内收，裙摆展开长及小腿或地面，将女人天生的自然体态衬托得更为迷人。而胸罩的发展与流行也让女人们的胸部自然呈现并更加丰满，平胸瞬间成为过去时（图

3 － 2）。

在造型上，女神系列的衣裙要足够长，20 世纪 20 年代被提高的裙摆一再下降，直到拖至地面。此外，大裙摆也是女神系列的重要标志，宽大的裙摆使女人们行走时更容易产生一种飘逸感。希腊风格的百褶长裙在当时最为流行，葛雷夫人的许多作品就有这种造型特点。葛雷夫人擅长用具有垂感的布料做出自然的褶皱效果，像古希腊的雕塑一般，被誉为“布料的雕塑大师”。蓬松的帽袖也是很浪漫的一种时尚元素，在一些层叠式的裙子中较为常见。不过这种源于 16 世纪的服装款式比较难以驾驭，一不小心就会体现出一种过于丰满的感觉。

图 3 － 3　利用天鹅绒悬垂性的礼服　20 世纪 30 年代

高调性感的露背礼服无疑是女神系列的招牌。这种 20 世纪 30 年代新创的造型将女性颈部、肩部、背部的美充分展现出来，有一种含蓄的性感。大多的露背礼服都是前高后低，有的甚至开叉至腰部。这种礼服形式是 20 世纪 30 年代最重要的创新与时尚，前胸较高，露背近腰的形式充分暴露出女性新的性感地带，即她们的肩胛骨和背部。也有交叉领、挂脖领等造型，总的来说，风流性感的体态是其共同的目标。为了搭配这类裙子，当时的胸罩做成托举式的杯型，更能凸显出细腰丰乳的体态。

20 世纪 30 年代中期还出现了无带胸罩以满足女人们对露背礼服的渴望。大面积外露的后背也让各类披肩开始盛行，即便是在暖和的天气，女人们也喜欢披上轻柔飘逸的披肩以营造出一种似透非透的性感。当然在众多品类的披肩中，奢华而又保暖的皮草尤其是银狐披肩极受欢迎。而皮草也成为那个年代女人身份与品位的象征，哪怕只是作为局部的装饰。

为了营造飘逸而高贵的效果，女神系列多采用质地优良的丝绸、雪纺纱等面料。在现实条件的制约下，许多人还不得不寻找一些便宜的替代品如人造丝绸。玛德琳非常重视布料的质地，经常从中国进口高档的绸缎，这种材料更适合于贴身设计，如同人的第二层皮肤一样，行走时随风飘曳，足够性感。另一方面，玛德琳独特的斜裁手法与布面纹理成 45° 的剪裁，不仅利于面料纹理达到更理想的悬垂效果，而且也营造出微妙而富有流动性的纹理变化（图 3 － 3）。

此外，精美的蕾丝、花边等也是女神系列经常可见的元素，在物质条件不太丰裕的年代，抛开其实用价值，这些材料还有着极大的心理炫耀与安慰价值。毫无疑问，从某种程度上说，身穿全蕾丝裙装无疑也是奢华和上流社会地位的标志。

23. 运动与健康

图 3 － 4　海滩装　Tina Leser　1940 年

20 世纪 20 年代的女孩以瘦为美，为了达到更苗条的效果，她们必须时刻控制自己的饮食。热衷于抽烟、喝酒、跳舞的她们经常在各种宴会中周旋，生活很不规律。此时的人们对健康是无暇顾及的，都在及时享乐中挥霍着自己。进入 20 世纪 30 年代，现实中的坎坷让人们充分认识到生命的脆弱与可贵，人们对健康越来越重视。整个社会都倡导运动与休闲，健康红润的脸庞与内在的修养成为美的重要标志。在这种环境中，度假成为一种时尚的生活和休闲方式。外出度假有着旅游的成分，可以放松紧张的神经，在优美的环境中获得满足，这对健康而言是很重要的。其次，度假需要有钱有时间，在某种程度上，这也是一种炫耀和标志。再次，便捷的交通，发达的道路系统都使度假的流行成为可能，而带薪假期或相关的一些休假政策也给人们提供了方便。

度假作为一种重要的生活方式在服饰界也迅速得到响应，并导致一类新的服装的产生，除了春、夏、秋、冬四季的服饰，度假成为第五个“季节”。当然它并不是一个季节，而是根据其具体行为特点而产生的一些特殊要求。与其他的服饰相比，度假服应该以轻松、时尚为标准，类似于现在的休闲服装。不同之处在于，当时人们最流行的度假方式是到海滩游泳和晒日光浴，所以鲜艳的颜色、引人注目的图案和造型就显得很重要。而当人们看到这些服饰时，自然而然就会联想到沙滩、阳光和大海（图 3 － 4）。

图 3 － 5　《时尚》杂志封面　1930 年

从 20 世纪 20 年代末期开始，原来不能登大雅之堂的睡衣堂而皇之地在海滩上兴盛起来，并从此成为海滩度假的重要服装。实际上，大多数人也不可能真的把睡衣穿出去，这只不过是外观上的相似，因为这种服装方便于穿脱。真正的夜间睡衣多是真丝绸缎并饰有美丽的花边的，而海滩或休闲式的“睡衣”造型质朴，多用亚麻、人造丝等制成。视觉上的相似性的确也造成了一些混乱。1931 年，纽约时报的文章就建议在购买时一定要小心区分，否则就会很丢人。两件式海滩休闲服在此时也比较流行，一般都是上衣加长裤的造型。无袖大领式的宽松上衣比较多见，在领口处多有蕾丝等装饰，长度合适，多塞进裤子里，拉长的比例更体现出穿着者的高挑。裤装在海滩上已经不足为怪，多长及脚面，一般比较肥，下部多制作为喇叭式或裙摆式，走起路来摇曳生姿。大的遮阳帽成为当时海滩出行的必备物品，很多帽檐都宽过肩膀，也是一种有效的防晒办法。1930 年 1 月《时尚》杂志的封面就是以奔跑在海边的青年女子为主题，充分反映出这种度假方式的流行，而其身边的狼狗也说明了海滩度假的时尚与品位(图 3 － 5)。

在休闲与度假的同时，游泳自然也是非常重要的项目，泳衣在此时得以迅速发展。肩带或套脖式的领口取代了以前的半袖和长袖造型。下摆也变得越来越短。当时一件式紧身露背的泽西布泳装比较流行，大胆的造型预示着一个革新时代的到来，被人们称作“前比基尼时代”。此外，上衣加短裤的分体泳装也比较常见。1937 年 7 月《时尚》杂志的封面就是一位身穿新式泳装的年轻女子。虽然只是一个比较含蓄的背部远景，但从中也能感受到在当时泳装已经无比时尚。此时的人们不再用有色眼镜去看那些裸露的身体，它们已经成为健康与阳光的象征（图 3 － 6）。另外，游泳作为一种特殊的运动方式是不需要造型各异的帽子的，所以在海边不戴帽子也变得正常起来。太阳镜有保护眼睛以免受到阳光刺激的功能，所以也成为一种度假装备，而且合适的太阳镜更能增添一份吸引力与神秘感。

图 3 － 6　明星加德纳

图 3 － 7　明星海华斯

除了度假，20 世纪 30 年代的人们也非常重视日常的运动与锻炼，大量运动俱乐部纷纷涌现，自行车、网球、高尔夫球、滑雪等运动依然是颇受欢迎的（图 3 － 7）。20 世纪 30 年代初期出现在网球比赛中的短裤装备引起了极大反响，简单方便的网球装被各大媒体争相报道，女性运动服开始流行。1930 年，英国开始健康而美丽的女足联赛，并提出口号：“运动是生命，能促进心灵和身体健康。”香奈儿较早地感受到这一发展方向，开始设计和销售花呢类女子运动衫。这种毛衫款式宽松，吸汗性能良好，搭配短裙或裤子都比较协调。

尼龙作为一种新兴材料也被广泛运用于运动装设计。1927 年，华莱士 · 卡罗瑟斯博士开始研究新的聚合物，并最终发现了聚酰胺。1938 年，杜邦公司用这种材料制作袜子，商业效果非常好，并逐渐被人称为尼龙。尼龙轻柔，强度高，韧性好，能织造出不同重量的纱线，所制衣物也不需要特殊熨烫，比较容易晾干，所以得到广泛运用，在对弹性、舒适性等要求比较高的运动衣系列的应用中更是如鱼得水，至今仍是非常重要的材料（图 3 － 8）。

图 3 － 8　《时尚》杂志封面　1940 年

滑雪服是比较特殊的一种服饰类型，特殊的环境与运动模式使其对于防水、防风、抵御严寒等都有严格的要求。外衣肯定不能是吸水性能较好的棉质材料，较强的运动性也需要更具有弹性的布料，所以 20 世纪 30 年代的滑雪服多采用特殊的尼龙类材料。在造型上，滑雪服有连体与两件式两种，但无论是哪一种，宽松与相对的自由是必要的，裤脚扎紧的马裤经过改良成为当时最流行的滑雪装备之一。此外，相配套的围巾、帽子、手套等也有非常重要的实用价值。

24. 艾尔莎·夏帕瑞丽

图 3 － 9 夏帕瑞丽的美少女上衣

图 3 － 10 晚礼服 夏帕瑞丽与达利合作 1938 年

作为香奈儿曾经最大的竞争对手，艾尔莎·夏帕瑞丽（Elsa Schiaparelli）在 20 世纪初期的时尚界无疑是相当有影响力的。她最大的魅力在于不受约束、天马行空的设计，在于其深厚的艺术功底与丰富的想象力，她的许多作品像是不食人间烟火的艺术品。出生于罗马的夏帕瑞丽家境殷实，有着许多显赫的亲戚，她的父亲是学识渊博的东方语言学教授。她早期出版的诗集 *Arethsa* 也很受好评。不过与其他贵族小姐不同，夏帕瑞丽个性很强，这与她日后的职业似乎也有密切关系。为了逃婚，夏帕瑞丽来到了伦敦，并不顾父母反对嫁给了威廉·克罗。短暂的婚姻结束后，1922 年她带着女儿搬到了巴黎。

夏帕瑞丽天生热爱艺术，与达达主义画家弗郎西斯·比卡比亚的旅途偶遇让她很快就融入巴黎的现代艺术圈，布瓦列特在此时成为她的服饰设计的启蒙老师。她为其密友设计的几款衣服吸引了布瓦列特的注意，他鼓励和教导这位年轻的女子勇敢地去开创自己的服饰世界。在夏帕瑞丽日后的设计中，也可以明显看到这种影响，大胆而鲜艳的色彩，富有装饰性的图案造型等(图 3 － 9)。经过几年的探索和积累后，1927 年，夏帕瑞丽开设了自己的工作室，并推出了她的第一个服装系列。其主要产品都是一些手工编织的毛衫，之所以引起极大反响在于她在其中运用了视错觉的艺术手段。胸前编织的蝴蝶结造型，令人错以为是系在脖子上的围巾。12 月 15 日，美国《时尚》杂志专门介绍这个服装系列，并称其为“艺术杰作”。此后，夏帕瑞丽的毛衫系列和运动装产品得以全面发展，她还提出了“设计适合工作的服装”的口号。到 1932 年，她已经有四百多名员工，每年生产七八百件服装。

宽肩设计是夏帕瑞丽重要的创作之一，她用紧身的线条取代了 20 世纪 20 年代的直线造型，裙子长度降至小腿。为了强调肩部，经常使用垫肩，并装饰以羽毛、精美刺绣等。为了配合肩部，她还设计过抓皱处理似羊腿的袖型。平直挺括的肩部与收紧的臀部让女性显得更挺拔，据说这一灵感源于伦敦禁卫军的制服。美国时装杂志《哈珀市场》曾称赞其是“最具想象力的创造”。著名影星玛琳·黛德琳曾穿着她设计的男性化宽肩西装光彩照人，从而使该服装迅速流行起来，并逐渐成为第二次世界大战前女装的主流风格。

长期与现代艺术家的交往使得夏帕瑞丽的服装设计尤其是礼服设计更加天马行空。许多知名艺术家如杜尚、达利等都曾与她合作完成作品（图 3 － 10）。她也有意地聘用一些杰出的艺术家、摄影师参与创作。这种创作方式让夏帕瑞丽获益颇丰，由此推出一系列知名作品，如 1935 年的“停、看、听”，1937 年的“音乐”“巴黎”，1938 年的“十二生肖”“异教徒”“马戏团”，1939 年的“神曲”等，一切作品都充满了艺术家的想象力。

夏帕瑞丽非常注重图案与布料的关系设计。她将现代艺术大师的画作、土著黑人的图腾、文身等印刷在面料上，通过合理剪裁给人以新奇的视觉感受。在与毕加索交往时，她认为综合立体主义非常有意思，就将报纸作为一种图案与纺织品结合，设计出报纸纹样的服饰（图 3 － 11）。1937 年，夏帕瑞丽在推出其夏季系列时，邀请达利为其长裙手绘一只香芹点缀的大龙虾。温莎公爵夫人（辛普森夫人）当即买下了这款长裙，并因此成就了夏帕瑞丽的经典之作。

图 3 － 11　拼贴式设计　夏帕瑞丽　1940 年

与那些新奇而充满艺术性的服装相比，夏帕瑞丽的相关饰品设计同样惊人，并充满趣味。纽扣这种以往被忽视的细节在她的手中变得更富有生命力和人情味。1938 年，她推出了“马戏团”和“自然”等服装系列。“马戏团”以开襟短上衣和直筒长裤为特色，装饰着骏马、大象、杂技演员等图案。衣扣也设计成相关的造型，如演员、甘草糖棒、直立的马匹等。在“自然”系列中，她则采用了小草、树叶、昆虫和野花等造型的纽扣，别具一格。夏帕瑞丽还推动了拉链在服装上的广泛运用。1930 年，她首先在沙滩装外套上使用拉链口袋，并在几年后用在裙子上。拉链的使用不仅可以方便穿和脱，更有着重要的装饰作用。她将色彩鲜艳的拉链大胆地用在化纤等面料制作而成的衣服上，开始了时尚史上的“金属牙趋势”。

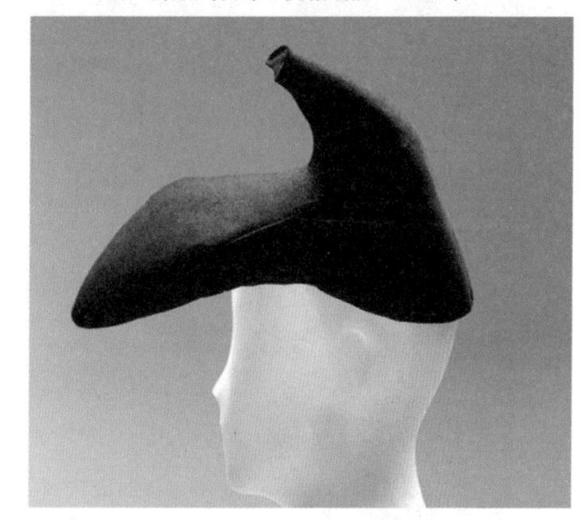

图 3 － 12　高跟鞋帽子　夏帕瑞丽　1937 ~ 1938 年

夏帕瑞丽的帽子同样也有不俗表现，水果篮、水煮蛋、羊排等一些离奇的题材都被运用在她设计的帽子中。而更离奇的莫过于高跟鞋造型的帽子了，这顶倒扣在头上的高跟鞋成为 20 世纪 30 年代最离奇的设计作品之一（图 3 － 12）。与香奈儿一样，夏帕瑞丽也进行配套的首饰设计，并专门聘请别人为她设计饰品。1938 年，异教徒系列中项圈状的透明项链是她最具代表性的一件饰品。由彩色昆虫排列而成的项圈漂亮而怪异，因外面覆盖以透明的塑料，所以容易让人感觉像是无数昆虫在脖颈上爬行（图 3 － 13）。

图 3 － 13　项圈　夏帕瑞丽　1938 ~ 1939 年

在色彩上，夏帕瑞丽喜欢使用一些醒目的色彩，如罂粟红、松石绿、蓝色风信子等，但最有名的还是她“令人震惊的粉红色”。其名来自于她在 1936 年的香水“震惊”。香水瓶为沙漏型的蜂腰人体造型，据说其灵感来源于著名演员梅 · 维斯特性感撩人的胸部。在 1947 年，夏帕瑞丽还推出了惊艳的粉红裙，成为战后新面貌的重要成员。

25. 玛德琳·维奥涅特

图 3 － 14　露背礼服　维奥涅特　1936 ~ 1938 年

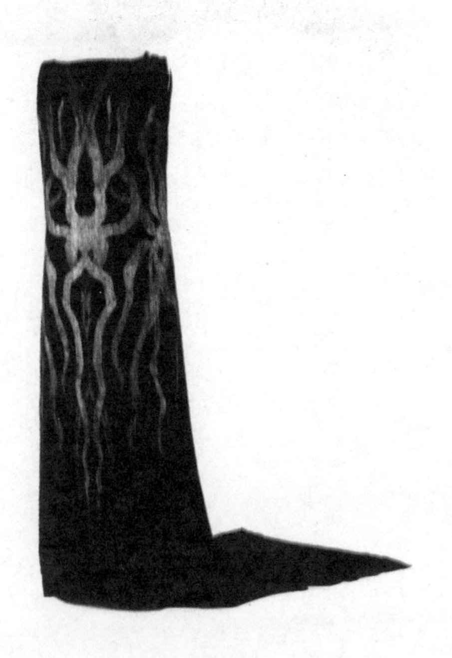

图 3 － 15　黑色雪花线装饰晚礼服　1924 年

玛德琳·维奥涅特(Madeleine Vionnet)是 20 世纪初期著名的时装设计师，以简洁而合体的设计闻名。从某种意义上而言，维奥涅特就意味着高品位，她的名字等同于高级时尚。正如她所言：“品位就是一种感觉，能区分什么是美丽的，哪些仅仅是空架子，还有什么是丑的。这是由母亲传给女儿的。但有些人并不需要接受再教育，她们的品位是天生的，我想我就是其中之一。”时光飞逝，无论潮流怎样变化，依然不时从 T 型台上的华服中感受到这位时尚天才的影子。美国知名女装设计师 Zac Posen 曾说：“我的大学生活几乎都泡在纽约时装博物馆，那里有玛德琳·维奥涅特的作品收藏。每一天我要干的事情就是一遍一遍研究她的设计。”

1876 年 6 月，维奥涅特出生于法国的奥贝尔威利耶，三岁时母亲便去世了。贫困的家境迫使她十多岁便开始在裁缝店做帮工。18 岁时匆忙结合的婚姻随着第一个孩子的夭折而很快结束，她只身前往伦敦打拼。1900 年，维奥涅特重返巴黎，先后受聘于卡罗特姊妹和杜塞门下。她后来曾回忆说：“卡罗特·葛贝教会我如何制造一辆劳斯莱斯，如果没有她，我只能制造福特汽车了。”而在杜塞公司工作期间，她发明了著名的斜裁法。1912 年，日益成熟的维奥涅特离开了杜塞，开设了自己的服装店。第二次世界大战迫使她一度停业，直到 1918 年之后才重新开业，因此开始了她作为一个服装大师的设计生涯。

维奥涅特与同时代的许多设计师一样，强调女性身体的自然曲线，反对紧身束形，雕塑女性身体轮廓的方式。她的很多衣服都是基于一些简单的几何形状，如方形、圆形或矩形。她最关注的是服装形式与身体的关系，认为“衣服并不是挂在身上，而是需要迎合身材曲线。它必须陪伴着穿戴者，当她微笑时，衣服也会和她一起微笑。”和填充、扭曲女人身体的设计相比，她的衣服以自然呈现曼妙体态而闻名。为了更好地设计作品，维奥涅特放弃了传统的二维设计图纸，而喜欢使用 36cm 大小的人体模型。先在这个约为真人四分之一大小的木制模型上摆弄和剪裁，然后才放大到真人尺寸。使用这种方法，她能够更细致、准确地把握服装的最佳效果。

维奥涅特的许多灵感来自于古代希腊艺术，服装在身体周围自由浮动，在不暴露肌肤的前提下，依然勾勒出迷人的身材，散发出致命的诱惑。此外，维奥涅特还创造出名噪一时的露背式晚礼服，斜裁的技法、精致的面料都使其作品异于常人（图 3 － 14）。在具体造型上，她还推出了垂褶领、交叉挂脖领以及斜角花瓣式长裙等新颖款式，让同行们望尘莫及。当时的许多明星人物如珍妮·哈和葛特鲁德·劳伦斯都是她的粉丝，并因此成为性感女神的代表。

作为一个天才的服装设计师，维奥涅特敏锐地发现斜裁的纺织品更能贴合和呼应人体曲线，让人倍感舒适，并有利于潜在的运动。斜裁虽然只是一种裁剪手法，但它在根本上造就了一种全新的女装结构。有人甚至认为维奥涅特的礼服结构复杂，要揭示她的制衣技巧就必须要拆开服饰的针线（图 3 － 15）。所谓斜裁是采用 45° 对角裁剪的方式，充分利用面料本身的伸缩性和柔韧性，使衣服自然垂坠。这种斜裁手法的最难之处在于边缘的处理。维奥涅特经常用菱形和三角形相结合处理裙摆，并通过抽纱法、缝补法、刺绣、贴边垂饰等方法来修饰和美化边缘。因为良好的张力和弹性，她的许多礼服都没有拉链，仅仅利用斜纹本身的张力就能穿脱（图 3 － 16）。工艺制作的独特性与高难度使维奥涅特的礼服成为精品。为了保护自己的技法，维奥涅特将其作品的前面、侧面和背面拍照记录，并在高级时装协会注册申请专利。

图 3 － 16　维奥涅特斜裁礼服

维奥涅特知道自己的创作实力在于裁衣，而不是表面设计，所以经常聘请其他艺术家进行服装的点缀与装饰设计。从 1919 ～ 1925 年，她曾与 Thayaht 密切合作，邀请他设计服装的外在装饰。1918 年，维奥涅特聘请了艺术家玛丽 · 路易斯等处理其刺绣图案。相对于其他人的作品而言，维奥涅特的斜裁礼服对于刺绣装饰有着独特要求。刺绣的针脚与方向要与斜裁纹理时刻保持协调，否则就会影响自然的悬垂效果。在流苏盛行的年代，她首次将成束的流苏独立固定在服装上，从而使其更能体现自身的流动感。为了达到理想的艺术效果，维奥涅特对于面料等也有着特殊要求。她喜欢使用各种轻柔贴身的面料，如双绉、华达呢、绸缎等，经常从东方定制专用面料。为适应她的立体剪裁，使礼服显得更飘逸感性，她要求更宽幅的面料（图 3 － 17）。1918 年，面料商比安奇尼 · 福瑞尔专门为她制作了罗丝吧绉纱，这是用丝和醋酸纤维混纺而成，也是世界上最早采用化学纤维的面料。

维奥涅特一生都致力于其服饰的优良品性，她的座右铭是“抄袭就是偷窃”。所以她从不画服装效果图，也不买媒体的账，当然这对于其服饰的发展也是有弊端的。第二次世界大战的爆发迫使她在 1939 年关闭时装屋，但就是在这一年她获得了法国最高荣誉军团勋章。时过境迁，维奥涅特优雅、运动的原则却成为一种永恒的风格，对后来的许多服装设计大师如加里亚诺等都有巨大影响。法国时装大师阿瑟 · 阿拉亚对此曾说：“维奥涅特是一切的源泉，为我们的设计提供了基础。”

图 3 － 17　礼服　维奥涅特　1921 年

26. 细节造就女人

图 3-18　天鹅绒帽子　1930 ~ 1933 年

无论是 20 世纪 30 年代经济大萧条时期，还是之后爆发的第二次世界大战期间，女性大多囊中羞涩，很多女性买不起时尚的新衣服，因此，通过配件的更新换代既可满足她们追随时尚的需求，又不用花费太多的金钱。精心搭配的帽子、手套、手袋、丝巾和鞋子等起到了画龙点睛的妙用，并在一定程度上美化了那些相对简朴陈旧的服装。用小配件打开时髦衣柜，为困难时期提供了一种“道德升华”的方式。

帽子作为一种基本配置成为此时设计的新重点，夸张、个性而效果鲜明成为其主要的艺术特点。与 20 世纪 20 年代一统天下的钟形帽不同，20 世纪 30 年代的帽子似乎有着无穷的选择可能，贝雷帽、船形帽、软呢帽、拼盘和水手风格帽一应俱全。女性根据自己的衣着及品位从中选择最适合的款式。其中简洁优雅的贝雷帽最为流行，它们被巧妙地顶在头上，露出女性光洁的前额，有一种素净干练的美。因为受服装的制约较小，帽子的设计变得越发天马行空，人们将浪漫的历史主义与异域风格融入帽子设计，比如借鉴 18、19 世纪风格或是非洲文化。

1931 年的巴黎世博会向人们展示了法国殖民地的相关文化艺术，大受民众欢迎。美国的一位时尚记者在参观后这样形容：“你突然置身于遥远的殖民地——非洲丛林、吴哥宫殿、刚果的木屋、中国的寺庙。”这次世博会为巴黎的时装界提供了新动力，激发了新的柬埔寨、摩尔式马达加斯加图案的纺织品设计和珠宝设计。在 1931 年春天，巴黎女帽设计师 Agnes 设计了一款装饰了白色蕾丝的红色小帽，并将其命名为阿尔及利亚的同名城市。而另一位设计师布兰奇参考了法国殖民地马提尼克岛等地妇女所穿戴的头巾设计了一款红色天鹅绒帽子，精心缝合的褶皱营造出裹头的视觉效果（图 3 － 18）。第二次世界大战期间，头巾作为一种更实用的帽式变得日益突出。一方面可以保护发型；另一方面还为低调的战时装备提供了流行的色彩。而且在资源受到限制短缺的环境中，头巾帽是最容易拼凑设计的，甚至只是用一些废旧的布料就可以了。与夸张的造型相匹配，此时帽子的装饰也很突出。羽毛、蝴蝶结、珠片、人造花果甚至更多异想天开的元素在此时纷纷登场。帽子上盛开的鲜花成为当时一道亮丽的风景线，而花作为 20 世纪 30 年代一种非常流行的装饰素材，在许多领域都有非凡表现（图 3 － 19）。人们把立体的花饰佩戴在肩上、胸前或腰际，装点着这个经济低迷的时代。1935 年，一篇时尚文章就曾报道：“今天巴黎普遍流行戴花，有真实的也有手工制作的。”

图 3 － 19　《时尚》杂志封面　1940 年

此时最有名的帽子设计师应该是巴黎的艾格尼丝（Agnes）。

1917 年，艾格尼丝开设了自己的帽子沙龙，她善于将古代的一些元素运用于帽子设计，总能带来惊喜（图 3 － 20）。1925 年，她设计的一款钟形帽，通体装饰着金银叶，成为当时广告女神的“头饰”。1936 年，艾格尼丝进行大胆变革，设计了“印度教头巾式贝雷帽”，著名影星黛德琳的佩戴使其名声大震。第二次世界大战期间，虽然各国对服饰都有着严格的限制，但作为装饰配件的帽子还是有着相对的自由。1941 年，她曾这样形容在战时物资短缺时如何利用聪明才智来制造帽子:“如果我们觉得不够摩登,可以将稻草当作丝绸或异国情调来设计。”

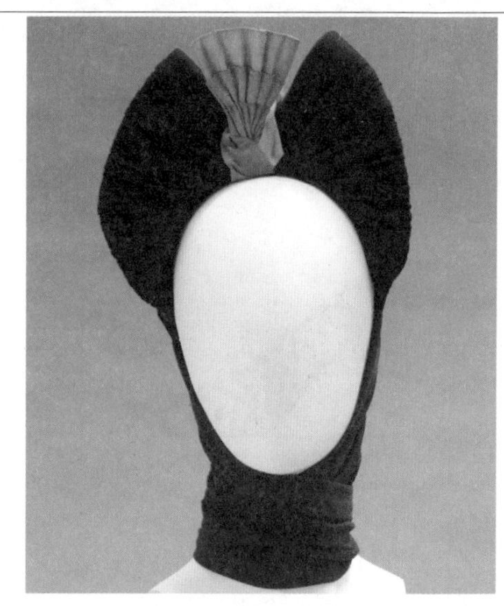

图 3 － 20　Agnes 头巾　1940 ~ 1942 年

手套也是非常重要的装备。在 20 世纪 30 年代，无论是白天还是晚上，手套都有着极高的使用率。与其他配饰相比，手套有着更高的实用性，可起到保暖等作用，同时它又有很高的装饰价值。人们白天一般戴白色的短手套,而夜晚则需要长长的手套来搭配各种晚礼服。第二次世界大战期间，许多原材料如皮革和丝绸受到严格限制，女人们不得不小心地保存战前的手套或制作一些棉质手套来维持传统。20 世纪 30 年代露背式礼服的盛行，使得披肩变得更加重要。在各色披肩中，皮草尤其是狐狸披肩最为讲究。同时，大翻领套装的流行也让颈部装饰变得重要起来。各种装饰品如围巾、泡泡花结等都成为当时的经典。20 世纪 30 年代，世界知名品牌赫曼斯设计并推出了第一款方形女用围巾，至今仍然是社会名流追逐的藏品。

20 世纪 30 年代流行中跟圆头型女鞋，凉鞋大受欢迎，尤其是性感的编织类凉鞋。与迷人的丝绸斜裁礼服搭配，更具有一种别样的风情。值得一提的是，在菲格拉慕等人的努力下，恨天高首度问世。新材料尼龙拉开了女人们的腿上革命，由尼龙制作而成的丝袜成为 20 世纪 30 年代最受追捧的时尚明星之一。据说仅 1939 年这一年，美国人就抢掉了 640 万双尼龙袜。她们用一种橡胶松紧带将色彩丰富的透明丝袜高高地吊在大腿上，还故意地让别人看到小腿肚上的线缝。第二次世界大战期间，尼龙的紧缺还使许多爱美的女人用化妆品在腿后画上一条袜线来虚拟丝袜的效果（图 3 － 21）。

图 3 － 21　《时尚》杂志封面　1941 年

在妆容上，20 世纪 30 年代的女性追求一种自然和健康的肤色。以前细长弯曲的柳叶眉变成浓黑大方的眉形，光洁的前额给人一种一丝不苟的感觉。鲜艳的口红与缤纷的指甲油也成为重点，吕西安 · 勒隆口红因其优良品性成为时尚女性的必需品（图 3 － 22）。发型上，长发开始流行，古典精致的金色卷发成为女人们的最爱。战争期间，出于方便和实用的考虑，头巾或发网成为长发女郎的重要配饰。

图 3 － 22　勒隆口红　1935 ~ 1942 年

27. 塞尔瓦拉·菲拉格慕

图 3 – 23　半高跟鞋　菲格拉慕　1929 年

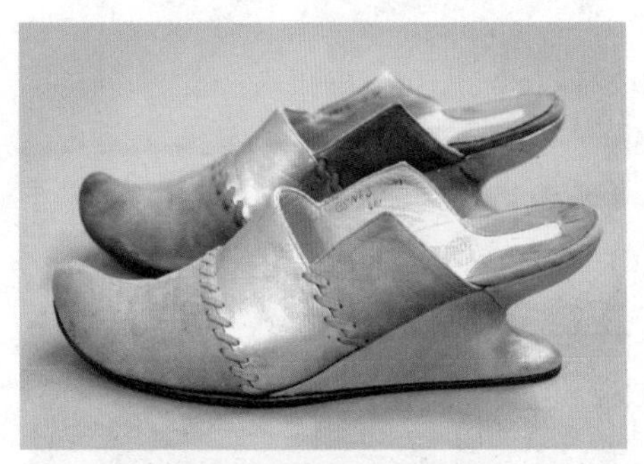

图 3 – 24　皮拖鞋　菲格拉慕　1944 ~ 1945 年

图 3 – 25　高跟鞋　菲格拉慕　1930 ~ 1932 年

塞尔瓦拉·菲拉格慕（Salvatore Ferragamo）是 20 世纪最有影响力的鞋履设计师之一，被誉为“明星鞋匠”。九岁时的菲拉格慕制作了他的第一双鞋子就受到了极大关注。虽然鞋匠在当时被普遍认为是一种过于卑微的职业，深爱此行的菲拉格慕还是说服父亲让他在那不勒斯开始其制鞋的学徒生涯。一年后，菲拉格慕在其父母家中开办了自己的第一家小店，并为其母亲手工制作了一双精美的皮鞋。

1914 年，菲拉格慕随哥哥移民到波士顿，在一家鞋靴厂工作。不久，他说服哥哥搬到加利福尼亚，然后到了好莱坞。正是在这里，菲拉格慕开始走向成功。他量身定做的鞋子很快成为当时名人们的珍贵物品，并长期为电影演员做定制鞋。1927 年，菲拉格慕回到意大利，并定居佛罗伦萨。1937 年，菲拉格慕购买了历史悠久的 13 世纪宫殿 Spini Feroni 作为工作间和陈列室。1949 年，菲拉格慕与 Wanda Milleti 结婚，在他去世后，其妻率领其子女们继续并发扬其事业。如今，菲拉格慕成为国际上最负盛名的奢侈品牌之一，拥有遍及全球五十多个国家的四百多个门店，制造和销售鞋子、手袋、丝巾、服装、首饰、香水等诸多产品。

菲拉格慕的事业与电影一直息息相关，始终有一些固定客户。从丽莲·吉什的第一部无声电影大片到玛丽莲·梦露在《七年之痒》地铁口的经典形象都有他作品的身影，而他在 1939 年版的《绿野仙踪》中为多萝西设计的红色宝石鞋也成为其经典之作。据说嘉宝在一次光顾他的佛罗伦萨总店时，一次性购买了七十双鞋子，其他诸多女明星如艾娃·加德纳、奥黛丽·赫本，索菲亚·罗兰等都是他作品的忠实粉丝。究竟是什么原因让那么多的名人对菲拉格慕的作品如此厚爱？

首先，菲拉格慕的鞋子是高品质的象征，即使在机械化生产时代，很多产品也都是手工缝制而成。从设计到材料，各个环节都有严格标准。在具体制作中，每名技术人员只负责一个工序，既保证了效率也在某种程度上预防了被剽窃的可能。而对于那些量身定制的鞋子来说，它们不仅意味着高品质，更因其独一无二而成为身份地位的象征。1956 年，菲拉格慕为一名澳大利亚顾客设计了一款由 18K 黄金制作的凉鞋，这双鞋通体金光闪闪，工艺精湛，后跟上还雕刻着精美的浮雕图案。这双举世无双的金属鞋子同样也申请了专利权。

在品位创造的同时，菲拉格慕非常注重鞋子的合体与舒适性。为了设计和制造良好功能的鞋子，他曾专门到南加州大学研读人体解剖结构，并学习相关的化学和数学课程，了解不同材料的性能以利于皮肤接触舒适。1925 年，菲拉格慕就提出了“人体的重量像铅垂线一样垂直落在足弓之上”。他认为通过科学设计，完全可以将时尚性与舒适性良好结合。为了确保产品的良好功能，菲拉格慕还开发了一个足部解剖模型系统，并创建了许多熟客的个人脚模。

其次，菲拉格慕的作品新颖、优雅而时尚，成为引领潮流的经典。他一直被认为是一位富有远见、充满创造力的制鞋天才。1929年，他从埃及考古发现中获得灵感，设计了一款几何形排列的半高跟鞋，并申请了专利（图 3 － 23）。菲拉格慕善于将多元的文化元素用于其设计创作，富有神秘感。在材料上，菲拉格慕善于突破，用过一切可用材料进行创作。尤其在经济危机与第二次世界大战期间，皮革等原材料的短缺让他更多地注意到一些传统的天然材料（图 3 － 24）。到 1936 年，他的作品中已使用到蕾丝、麻、纤维树脂、软木等多种材料，他甚至还尝试用过鱼皮（图 3 － 25、图 3 － 26）。1947 年，菲拉格慕推出其标志性作品——隐形凉鞋。这款鞋子的脚面部分由透明尼龙线勾制而成，远看像空无一物，由此得名并使菲拉格慕赢得了时尚界的奥斯卡奖。

除了材料，菲拉格慕对于鞋子的造型设计极为重视。1936 年，他设计出知名的松木松糕鞋，厚厚的凹陷的软木跟既漂亮又实用。对此，菲拉格慕形容“穿上松木鞋的腿就像是骑在座垫上一样。”1938 年他设计的金色皮面软木跟松糕鞋，高高的由七种颜色层叠而成的鞋跟像彩虹一样耀眼（图 3–27）。第二次世界大战后，菲拉格慕推出了流线型矮胖的楔形跟，创造了他所谓的“F 脚跟”。这种鞋跟是一个雕塑般的楔形，后部有着流线状的弯曲造型（图 3–28）。

崇尚个性的菲拉格慕在色彩上也打破常规。即便是传统的皮革，也不仅是基本的棕色和黑色，而采用一些更为丰富和生动的色彩。1930 年，菲拉格慕设计了一款色彩错落有致的系带高跟鞋。这款鞋子的鞋跟与底部还保持着传统的黑色，而鞋面则由饱和度极高的黄色、玫红、黑色等不规则的色块构成，有如异域文化的面具色块。这种独特的色彩计划似乎贯穿了他一生的设计，每一件作品都似乎有其专门而独特的色彩表现。

1957 年，他出版了自传《梦想的鞋匠》，那时他已经设计了超过两万款鞋子，并申请注册了 350 项专利。菲拉格慕无疑是与众不同的，虽然他在 1960 年就过早离世，但他的影响永存，他的精品永存。正是这位出身贫困的意大利男孩将一种原本低微的职业升华到一个奢华的层次，将人们以前并不太注重的服装配件首先推到时尚的前沿。

图 3 － 25　蕾丝高跟鞋　菲格拉慕　20 世纪 30 年代中期

图 3 － 26　白色丝缎高跟鞋　1957 年

图 3 － 27　松糕底凉鞋　1938 年

图 3 － 28　紫色绒面皮鞋　1948 ～ 1950 年

28. 爱德华·莫利纽克斯

图 3 － 29　晚礼服　莫利纽克斯　1949 年

图 3 － 30　晚礼服　莫利纽克斯　1935 年

1891 年 9 月 5 日，爱德华 · 莫利纽克斯（Edward Molyneux）出生于英国伦敦的汉普斯特德，他曾经在一家天主教的预科学校学习，因为父亲突然去世，16 岁时不得不辍学。最初，这位自幼喜欢艺术和绘画的年轻人用画笔支撑和养活着全家。很快，他作为一名素描能手受聘于伦敦一家杂志社，期间他的时尚女性画作引起露西尔夫人的注意。露西尔认为这个小伙子有着不同寻常的时尚敏感力，1910 年，她正式雇佣莫利纽克斯为其在伦敦的服装沙龙画素描稿，并很快提升他为自己的助理设计师。

第一次世界大战期间，莫利纽克斯入伍服役，曾担任过英国陆军上尉军衔。但也正是在战争中，他的一只眼睛失明了。带着伤病退伍回到露西尔的工作室，由于意见不合，他最终在 1919 年离开了露西尔并在巴黎开办了自己的服饰店。杰出的设计才能和敏锐的观察力使莫利纽克斯迅速走红，他成为当时为数不多的优秀女服男性设计师。正如历史学家加诺林 · 米布兰科的评价：“他的作品能让女性变成 20 世纪 20 ～ 30 年代完全合适的造型，只要她们愿意。”莫利纽克斯以简洁大方的服饰武装着那些欧洲王室成员和当红电影明星（图 3 － 29、图 3 － 30）。他与剧作家卡沃德是非常好的朋友，并与后来成为大师的迪奥和巴尔曼极为亲近。

1925 年，莫利纽克斯在蒙特卡纳开设分店，此后在 1927 年和 1932 年分别在戛纳和伦敦开设分店。第二次世界大战期间他将生意迁至伦敦，并担任伦敦时装设计师协会主席一职，直到 1946 年才又回到巴黎。除了服装，莫利纽克斯还推出自己设计的帽子、香水(图 3 － 31）。1950 年他离开了工作室，后来虽也有复出，但无法复兴当初的繁荣。1969 年，莫利纽克斯正式退休，但其沙龙在其表弟约翰 · 杜里斯的带领下一直延续到 1977 年。

莫利纽克斯非常喜欢绘画，并收藏有许多印象派、立体派大师们的杰作，其中包括毕加索、莫奈、马奈、雷诺阿等。实际上莫利纽克斯自己的画作也非常棒，他曾在巴黎、纽约等地的画廊举办过展览。温莎公爵和夫人购买过他的名作《瓶中的康乃馨》，葛丽泰 · 嘉宝买过他的《玻璃瓶中的玫瑰》。

莫利纽克斯的军人背景和伦敦口音让他在法国时装界显得更为独特。或许是受曾经军旅生涯的影响，他的许多作品虽然优雅却简单大方。与露西尔丰富的装饰细节相比较，莫利纽克斯摈弃一切多余的装饰，没有任何花哨、夸张和标新立异的成分。他设计的流线形的露背白色绸缎晚礼服，搭配以银狐披肩成为20世纪30年代优雅女性的象征。而他为好友诺尔的经典戏剧《私人生活》设计的戏服更为经典。剧中格鲁德·劳伦斯（Gertrude Lawrence）所穿的白色宽腿裤的起居服简洁自然，扣子和袖口等细微处的皮草处理显示出其隐含的奢华与品位。在20世纪30年代末期，莫利纽克斯曾尝试设计一种新式的造型以束小腰部，也就是迪奥后来所坚持的新外观。为莫利纽克斯工作过的巴尔曼给予其极高评价，说他是一贯的低调和保守，认为他创造了现代魅力，是优雅制服的代表。

在色彩上，莫利纽克斯也坚持简单原则，其礼服设计大都是单一的色彩系列计划，其中黑色、海军蓝、米色和灰色等都比较常见。1919年，他在巴黎开办的沙龙就是以灰色系进行装饰，配上古典风格的家具和灯具，营造出一种高雅的艺术氛围。1930年左右，莫利纽克斯设计了一款独特的蓝色披肩，他采用了公鸡的羽毛为主材料，层叠而错落有致地构成一件竖领披肩造型。通体染以蓝色，在光线等因素的影响下，有着丰富的视觉效果（图3 － 32）。

纵观莫利纽克斯的设计生涯，有一个特点非常明显，那就是极为强烈的时代感。他总能切合时代需求设计出最贴切的作品，也往往最能代表那个时代的风尚。在追求直线美的20世纪20年代，他的许多作品都是无袖低腰的柱状造型，在装饰上也采用羽毛、珠子、流苏等最为流行的元素。纽约大都会博物馆现藏有一件莫利纽克斯在1925年设计的一款低领无袖流苏及膝裙，丝绸、刺绣与闪闪的人造钻石呈现出高贵的气质，而裙摆处束状的长流苏更有着20世纪20年代舞会礼服的经典特征。

在20世纪30～40年代，莫利纽克斯也有不俗表现，其作品大致可以分为高档礼服与实用性服装两部分。他致力于休闲和实用的一些运动装和套装设计也非常有影响力。在第二次世界大战结束后的新外观时期，莫利纽克斯也有许多佳作，也获得了包括迪奥在内的许多大师的肯定（图3 － 33）。20世纪50年代初期，莫利纽克斯设计推出了一款抹胸式黑色礼服堪为经典。这件礼服通体黑色，仅在左腰部装饰以亮色系的带状结饰。由上而下层叠的环带状造型让其造型极富有变化，中间短裙式的造型将女性的细腰丰臀展示得更为得体。也正是由于这种特性，作者很难确定这位时尚大师到底应该归属哪个时代，因为他的一生似乎都在引领和创造传奇。

图3 － 31　刺绣帽子　莫利纽克斯　1923年

图3 － 32　公鸡羽毛披肩　莫利纽克斯　1930年

图3 － 33　礼服　莫利纽克斯　1939年

29. 曼波彻

图 3 － 34　晚礼服　曼波彻　1950 年

图 3 － 35　金属丝绸礼服　1937 年

相对于同时代的许多服装设计师而言，曼波彻（Main Roussean Bocher）没有做过学徒，在相关技能方面肯定是比较薄弱的，但对艺术与时尚的敏感度与高品位从另一方面弥补了他实践经验不足的缺陷。曼波彻出生于美国芝加哥伊利诺伊州，原名曼 · 卢梭 · 波彻，在 1930 年左右将名姓合一成为 Mainbocher。

曼波彻有着良好的艺术修养，曾就读于芝加哥的刘易斯研究所、芝加哥美术学院等多所知名院校，并在 1913 年左右跟随法国的 EA．泰勒学习绘画。第一次世界大战期间，曼波彻曾为纽约服装制造商 EL．迈耶工作过，他以优异的素描作品获得巴黎《时尚芭莎》赏识，开始为其画插图。1923 年左右，曼波彻成为法国版《时尚》杂志的编辑，最终成为主编。此时的曼波彻对于时尚已经有了相当认识，由此他做了个大胆决定。1929 年他离开了《时尚》杂志，开办了他的巴黎高级定制时装沙龙，并以曼波彻的名字接受订单。第二次世界大战爆发伊始，曼波彻将他的沙龙搬到了纽约。

曼波彻的服装建立在严格定制的基础之上，为了保持其作品的高端性与独特性，只有少数人才能参观他的藏品，而且还要付出高额入场费。据说曼波彻的沙龙非常华丽，装饰着斑马皮毛地毯，大面积镜子的使用有着很大的装饰与实用功能。美丽的瓷器、应季的鲜花装点出一种精致浪漫的氛围。每天下午三点，受邀客户会在他的沙龙中欣赏服装，从中选择自己大概喜欢的款式和类型，然后根据其具体要求经过数周的个性化设计制作才能完成（图 3 － 34）。

在材料的选择上，曼波彻也有自己的法则，他认为“适用性”才是设计成功的关键。曼波彻的第一个服装系列是白色或黑色图案的丝绸紧身斜裁礼服，后来又使用印花塔夫绸或绉。1932 年，他将男性服装的一些材料和元素如男人的衬衫面料、亚麻织物、格子图案等用于女服设计，推出纯棉礼服系列。这种形式与质地对比明显的设计让人出乎意料，立刻就在巴黎时尚界引起了轰动，并自此成为他的标志性风格之一。而且由于材料、做工等特性与高品质，曼波彻的服装虽然极为昂贵但寿命也很长。对此，曼波彻曾说过，“耐磨性是好衣服秘诀的一半”，所以他的许多作品都会被保存和穿着很多年（图 3 － 35）。

曼波彻的设计哲学是：“责任与挑战是要同时考虑设计和女人，女性看上去应该很漂亮，而不仅仅是时尚。”所以纵观曼波彻整个职业生涯，其审美和风格似乎一直没有太大变化。1959 年，《纽约时报》的一篇文章曾给出这样的评价：1940 ～ 1959 年，曼波彻的晚装除了领口略有改变，长度、轮廓几乎相同。这种说法虽然有点夸张，但的确也说明曼波彻的设计特点。

曼波彻认为同时代的香奈儿太平民，而夏帕瑞丽过于前卫，喜欢维奥涅特简洁的斜裁礼服。在他设计制作的许多礼服中，我们的确经常能领略到斜裁的魅力。曼波彻对于细节十分讲究，也有一些颇有个性的设计，比如羊腿袖、荷叶花边、精致的刺绣等。在经济危机与战争年代，他设计的串珠羊绒毛衫与宝石纽扣也让女人们的身体与内心都倍感温暖。而他在战时的许多创新，如围裙状魅力带装饰，亮片或珠子镶嵌的配件等都可以为平淡的服装增添光彩（图 3 － 36）。

图 3 － 36　礼服细节

1934 年，曼波彻推出了去骨露肩紧身胸衣，从根本上改变了 20 世纪 30 年代女装的腰部。1939 年，这款胸衣被霍斯特摄入镜头，成为当年的大事件之一，还获得了“曼波彻马甲”的别名。穿上这种胸衣可以更好地塑造优美的胸形、腰形和臀部，成为迪奥“新外观”沙漏形腰部的前身。但也有人批评和质疑时尚是不是又倒退到女性束缚身体的年代，比如主张自由舒适的香奈儿。

曼波彻认为他的衣服需要精良的珠宝与配饰，珍珠、发带、蝴蝶结、白手套等一些不太显眼的配件都可以作为完美补充。他的风格简单优雅，保守而富有女人味，从而吸引了一大批固定的、富有的时尚女性群体（图 3 － 37）。其中最有影响力的莫过于沃斯利 · 辛普森夫人。1937 年，他为其设计的结婚礼服可谓是 20 世纪 30 年代影响最大、被复制最多的款式之一。这件曳地长裙款式简洁，为了与辛普森蓝色的眼睛相匹配，衣裙采用了专门调制印染的蓝色，从此“沃利斯蓝”也成为服饰界的一个专用术语。Hamish Bowles 曾这样评价：“我对曼波彻的衣服是绝对疯狂的。我认为它们是如此微妙，细节又是如此平凡。它们能令人难以置信地回味起其特定的时间、地点、环境和生活方式。你可以真切地明白它为什么如此吸引辛普森这样的客户。”

图 3 － 37　鸡尾酒服　曼波彻　1955 年

除此之外，曼波彻还设计了一些度假类的休闲服饰，如裙子、泳衣和帽子等。第二次世界大战期间，他还免费为美国女子海军陆战队、美国红十字协会和女性童子军等设计过相关制服。曼波彻还为许多百老汇戏剧作品如《愉快的精神》和《音乐之声》设计过服装，这种方式也有利于宣扬他的声名。在 20 世纪 60 年代，时尚界发生了许多变化，曼波彻的设计似乎太过保守了，而他对于那个商业化的时尚世界也不太感兴趣。1964 年，曼波彻手下的一名员工还私自挪用了大量资金，加上日益高涨的房租促使曼波彻关闭了他的沙龙，退出时尚界。

30. 时尚摄影

图 3 － 38 《时代》杂志封面 1949 年

摄影的英文是 Photography，这个合成词的本意是“用光线绘图”，意思是把生活中稍纵即逝的事物保存为相对永久的视觉图像。目前世界上留存最早的一张照片应该是由法国人拍摄。摄影的诞生与发展离不开相关的机器设备，它经历了一个由低速向高速、由手工到自动化的过程，作为光学器械的照相机在其中起着举足轻重的作用。20 世纪 20 ～ 30 年代是相机发展的重要时期，期间德国的莱兹（莱卡的前身）、蔡司等公司研发出体积小、铝合金机身等双镜头或单镜头的光学照相机，既提高了摄影质量又有利于其普及发展。时尚摄影也因此轰轰烈烈地开展起来。

顾名思义，时尚摄影致力于展示服装及其他时尚物品，有着自己独特的艺术表现力与审美技巧。实际上，时尚摄影由来已久，1856 年，阿道夫 · 布朗就出版过一本专集，其中包含了 288 张拿破仑三世宫中的贵妇照，即弗吉尼亚 · 奥迪尼的照片。这些照片精致地展示了她诸多精美的服饰，从而也成为第一个时装模特。随着现代服装业及相关时尚杂志的发展，时尚图片的展示变得非常重要，成为当时最重要的宣传和广告方式。早期的许多杂志经常聘用专业的画师来进行时尚表现与创作，但这种方式有着很大的弊端，既耗时费力，选择性也小，效果也未必十分满意。而随着摄影技术、印刷业等的发展，时尚照片的使用和刊登开始流行。1911 年，摄影师爱德华 · 斯泰肯拍摄了保罗 · 布瓦列特的一些礼服作品，并刊登在《装饰艺术》杂志。对此，杰西 · 亚历山大这样评价：“这是现在被认为的第一个现代时尚摄影，也就是说，用摄影这种方式来传达服饰内在品质和良好外观，而不单单只是展示。”

图 3 － 39 赫尔穆特为 Elle 拍摄的作品 1969 年

在 20 世纪 20 ～ 30 年代，《时尚》和《时尚芭莎》成为当时时尚摄影的领头羊。其名下的知名摄影师有霍斯特 · P. 霍斯特、塞西尔 · 比特等。1936 年，马丁 · 慕卡西拍摄了第一张在沙滩上运动类型的照片，其时尚性立刻被感知，促使《时尚芭莎》马上将这种新风格引入其杂志，并从此成为一种重要的风格之一。可以说，相关的时尚杂志一直左右和影响着时尚摄影的发展。虽然模特的使用更有利于全面展示相关的服饰作品，但费用也很高，所以静物类摄影也逐渐发展起来，并成为零售商等市场营销与战略的重要组成部分。静物时尚是一种致力于没有模特的时尚拍摄，当然使用人造模特又是另外一种模式了。在战后的伦敦，约翰 · 弗伦奇还开创了适合新闻纸质类媒介的时装摄影，包括自然光线和较低的对比度等（图 3 － 38）。

李·米勒不仅是一位模特，也是一名优秀的时尚摄影师，在20世纪30～40年代是非常有名气的。1926年，米勒因五官精致，身材姣好而成为《时尚》杂志的模特，但天性爱动的米勒很快厌倦了这种看似光鲜的职业，投身到摄影技术的研究中。她曾跟随超现实主义摄影大师曼·雷学习摄影，期中还合作发明了一种新的曝光法，对20世纪摄影技术的发展有重要贡献。在她独立开业以后，诸多名家蜂拥而至，卓别林、玛琳等大牌明星都成为她的顾客。

从一定程度上说，第二次世界大战的爆发成全了不怕危险、敢于冒险的米勒。她不顾亲友劝阻，成为一名战地随行记者，并同时为《时尚》等杂志服务。米勒用超现实主义的方法记录了战争中发生的景象，她报道过诺曼底登陆、纳粹集中营，也拍摄了大量爱美的巴黎时尚女性。在特许进入希特勒公寓后，她还脱掉了衣服和鞋子进入希特勒的浴缸拍摄照片，从而震惊全世界。战后，米勒还在时尚圈工作了几年，后隐退于英国南部的农庄。1977年在离世前不久，她在日记中写道："我从未浪费过生命，哪怕一分钟。如果可以重活一次，我希望自己是更加自由的人，无论思想、身体还是感受。"

图3－40　赫尔穆特为YSL拍摄的作品　1979年

赫尔穆特·牛顿是服装史上以"性"为主题的一代时尚摄影大师，他曾经是法国版《时尚》杂志的专用摄影师，并为其他许多杂志如*Elle*、*Queen*、*Nova*等服务（图3－39）。他与著名服装设计师伊夫·圣·洛朗的良好合作在业内是人人皆知的典范（图3－40）。牛顿的作品大部分是黑白照片，这似乎与他的色盲很有关联。不过，黑白的纯净与绝对似乎更有利于展示其独特的作品风格，比如赤裸的女人等。他拍摄了许多情节性的舞台造型式作品，大多有一种古怪奇异的美。比如他拍摄的一张鳄鱼与女人的照片，横卧在鳄鱼口中的裸体女人既对比鲜明，又充满一种奇异残酷的美。

丽莎·佛萨格弗斯·佩恩自称为"一个好衣架"，她的确也是当时最有名气的时装模特之一。这位出生于瑞典的美人，身体修长，五官优雅，曾经多年的舞蹈与艺术修养使她具有异于常人的气质（图3－41）。丽萨对待工作非常认真，为了更好地展示服饰效果，她静心观赏和研究巴黎的女装与时尚女性，经常在镜子前反复练习。她甚至还学习摄影以保证最好的时尚效果。丽萨以其天分和敬业精神一直活跃在《时尚》《时尚芭莎》《生活》等诸多杂志的封面与内页，一直持续到40多岁。而她穿着吕西安·勒隆格纹大摆连衣裙舒展在埃菲尔铁塔上的照片也成为时尚摄影界的经典之作。

图3－41　名模Lisa　1950年

31. 好莱坞效应

图 3 – 42　玛琳·黛德琳

在经济危机与世界大战中，大部分民众都受到极大冲击，有的甚至沦落到衣食无着的地步。但就是在这个糟糕的时代，伴随着有声电影的兴起和录音技术的提高，美国的好莱坞却迎来了它的黄金时代。与现实生活相反，这一时期的许多电影可以称得上是极尽奢华。富有幻想的影片大受欢迎，通过看电影，人们既可以放松紧张的神经，暂时摆脱现实中的诸多烦恼，又能保持对未来美好生活的向往与信心。

与此同时，与现实中节俭之风相反的那些明星及其装扮就成了那个时代最时尚、最具有影响力的品牌了。人们纷纷效仿那些她们所崇拜的明星，从外在的哪怕一点相似中寻找自信。1957 年，乔治·奥威尔（George Orwell）曾写道："一个辍学的女孩找到一份没有前途的工作，囊中羞涩却衣着光鲜。穿着时髦的衣服站在大街上，在自己的白日梦里徘徊，以为自己是玛琳·黛德琳（图 3 – 42）。"而在战争期间，电影中那些窈窕美女还起到了安慰军心和鼓舞士气的作用。其中时髦、动人和性感的女明星最受欢迎。许多没有女朋友和妻子的军人还会将他喜欢的明星艳照藏在口袋或皮夹中以时时欣赏。政府也经常将一些美丽女郎的杂志和招贴供应前线，其中性感时尚的贝蒂·格瑞宝（Betty Grable）成为当时最受欢迎的招贴女郎之一。1944 年，贝蒂还为此主演了一部电影《招贴女郎》，而那双最受追捧的玉腿还上了一百万美元的保险。

在这个好莱坞电影飞速发展的黄金时代，大量美丽时尚而个性鲜明的影星纷纷登台，将现实世界装点得五彩缤纷。瑞典美人葛丽泰·嘉宝是默片时代当之无愧的女皇，也是世界电影史上最卓越的演员之一（图 3 – 43）。纤细高挑的弯折眉型，没有太多渲染的自然唇色都成为她标志性的美，希特勒甚至还称赞她的脸是人类进化的极限。嘉宝的衣着风格倾向于简单自然，除非参加正式的宴会，她一般都穿着男性风格的衣物，比如衬衫、长裤，并经常搭配牛津鞋和丝巾等。日常佩戴的首饰也尽量节约，一种半边扣起的宽边软呢帽甚至还成为她的代名词。

图 3 – 43　电影明星嘉宝

同样来自瑞典的英格兰·褒曼出身高贵，身材高挑（图 3 – 44）。她完全自然，几乎没有化妆的演出打动了无数观众。1942 年，褒曼主演的《卡萨布兰卡》可谓电影史上的经典制作，而她那严肃而自然的妆容影响了整整一代女性的造型。影片中她所穿过的许多服装如军装风格的风衣等都被大量仿制，风靡一时。而她在 1947 年拍摄的影片《圣女贞德》虽再度入围奥斯卡最佳女主角奖，但因为她与意大利导演罗塞尼的出轨丑闻而大受影响。即便如此，影片中独特的服装和布景富有浓厚的历史主义风格，而她所穿的中世纪风格的礼服以及精灵般的皮革短靴对当时的时尚发展也有巨大影响。而费雯丽因扮演了坚强而又个性的斯嘉丽而为人熟知。1939 年她在《乱世佳人》中身穿大衬裙的形象也因此深入人心，低胸、小蛮腰、大蓬裙的复古装扮再次风行。

图 3 － 44　电影明星褒曼

珍 · 哈露因有着一头近乎银色的金发而被称为“白金美人”，也是好莱坞最早的“金发肉弹”。哈露那头白金发色是她用特制染料造就的，每周都必须染一次。她在影片《银发女郎》中的波波头堪为时代经典，被无数粉丝效仿。对于服装，哈露喜欢那些纯色的长款礼服以显示美妙的身材。其中白色礼服是她的最爱，因为这与她的发色和象牙般的肌肤是绝配。哈露崇尚简单，避免搭配复杂的珠宝，不过她总是戴一条脚链，认为可以为自己带来好运。

海华斯也是一位性感女星，有着好莱坞“爱神”的地位。她还是好莱坞具有活力与优雅风范的舞蹈型演员，经常在影片中载歌载舞，放荡而迷人（图 3 － 45）。1941 年 8 月，《生活》杂志中刊登的一张海华斯的照片就充分展示出她性感的身材，艳美的妆容，自此成为上百万美国大兵床头的招贴画。而战后为她量身定做的《姬妲》更使她名声大震，成为无人能比的性感皇后。

玛琳 · 黛德琳从一开始就体现出其雌雄同体的妖娆，而她的中性装扮也成为一种特定的代名词。在 1930 年拍摄的《摩洛哥》中，她身穿男士燕尾服，系着白色领结，外戴礼帽，从而在观众心中树立起经典的中性形象。她还经常将银幕上的角色融入日常生活，并说：“我随时都会把自己的角色融入我的生活中去，这是不可避免的。”瑞丽为她量身定制的宽肩套装完美地展示了她的中性之美，并因此发扬光大，成为 20 世纪 30 ～ 40 年代最流行的女性风貌之一。总之，无论是帅气的男性气质，还是风情万种的蛇蝎美人形象，都是黛德丽独有的风格，在当时的时尚界有着很大的影响作用。

电影大亨们很快就认识到明星装扮的巨大号召力，他们通过各种手段宣传和促销好莱坞明星们的服饰，并教人们怎样取得比较理想的效果。从 1931 年开始，好莱坞还提供中等价位基础上的各种服装设计工作。现存博物馆的一顶淡蓝色羊毛帽子样式独特，彩色的鸵鸟羽毛装饰更突显时代特色。而其标示的“20 世纪福克斯星级，电影模式”等字样显示出其电影帽子的特质。

图 3 － 45　电影明星海华斯

32. 第二次世界大战硝烟

图 3 － 46 第二次世界大战宣传礼服 1941 年

图 3 － 47 美国空军制服 1943 年

人们还未从 1929 年华尔街崩盘的大萧条中康复过来，又一次世界性的大灾难再次降临。1939 年，在纳粹德国的挑衅下，第二次世界大战正式爆发，很多人都国破家亡，流离失所。在这种物质极度缺乏，甚至生命都没有保障的社会环境中，大多数欧洲的绅士和女士都没有心情和能力去追逐所谓的时尚了。1940 年 6 月，德军占领巴黎，直至 1944 年才撤离。期间，法兰西民族遭受严重摧残，昔日辉煌的服装产业走入低迷，而以前那些奢华的传统的服饰几乎没有了生存的空间，许多高级时装屋纷纷倒闭。与此同时，也有很多巴黎的女性极力地保持衣着光鲜，妆容精致，她们是在用一种高调的自信展现其爱国情怀，而法国国旗的颜色如红、蓝、白等也开始得到大量使用。

与艰辛的巴黎相反，远离战场的美国开始成为另一个时尚中心。一方面，大量欧洲顶级的服装设计师为了躲避战争逃到了美国，提供了必备的人才；另一方面，经济的发展以及对时尚的进一步认识，使美国逐渐形成了一个庞大的消费群体。在其本土文化的基础上，美式风格开始形成，同时也出现了许多本国的服装设计师，如克莱尔 · 麦卡德尔，他的作品简洁、实用，富有运动感，易于批量生产。此时，最异类的当属银幕上那些靓丽的电影明星了，好莱坞效应反过来也对欧洲市场的服饰发展起到了重要作用。虽然没有太多地参与战争，但出于贸易等的考虑，美国政府也制定实施了“L−85”政策，详细规定了服装的造型、用料和生产时间等。裙子的长度、下摆的宽度、男装的袖口和口袋等都有严格的规范。总之，一切装饰性的、不太实用的设计都被明令禁止。

在德国，时装业仅仅成为赚取外汇的手段，普通民众的消费也受到了严格限制。从 1941 年开始，德国也施行严格的配给制度，对服装的长度、褶皱的多少以及其他服饰配件都有详细规定。更为严苛的是，德国还禁止女性佩戴首饰、穿皮革、化浓妆等。所以与受到侵略和破坏的法国相比，德国女性与时尚的距离似乎更加遥远。

战争年代，每个国家的中心都是围绕着战争的需求，大量物资都供应给了前线，而许多原来的服饰类企业也开始生产战争装备。物资的短缺对服饰企业的影响是致命的，服装也成为限量供应的商品。由此服装款式开始向短、小、窄的趋势发展，而面料也多采用廉价的棉布、人造丝等。从前的百褶裙、宽摆礼服变得不切实际，20 世纪 30 年代下降的裙摆也再次上升。许多国家对服饰的设计和生产都提出了官方限制与规定。1941 年 6 月，英国政府规定成人每年只能领取 66 张服装优惠券，到 1945 年减少到 36 张，而一套普通的衣服就要用掉 20 张。所以，即便是有钱人，也没有可能制作更多的新衣服。在样式上，英国还提出了“标准化实用服装”，并经常印有一些爱国口号如“永远属于英格兰”等。大家都穿着大致相同的衣服，所谓的时尚与个性变得更加遥远（图 3 － 46）。著名设计师莫利纽克斯曾接受政府委托设计过这类服饰，虽然受到原材料等一系列的规范，他还是极力设计简洁而美丽的服饰。在物质缺乏与追求时尚的矛盾中，许多欧洲女性开始寻找新的解决途径。旧衣改造、旧物回收利用等成为各国妇女的共同行为。每个人都极尽所能，通过自力更生相对满足自己或家人在服饰上的需求。一些时尚杂志还专门刊登文章教人们织补、剪裁。不少人将以前的毛衫重新编织，而织毛衣也成为一种时尚。电影《乱世佳人》中斯嘉丽在战乱年代改造窗帘的情景也被无数女性在现实中不断复制。

第二次世界大战使大部分的青壮年男子加入战场，军服就成了当时最普遍的男性服装。穿军装的男子对女性也有着很大的吸引力，人们在日常生活中也经常穿着军装或军服式的衣服。各个国家都非常重视军装的设计和生产，从而形成了一套严谨的制度。当时德国军队的服装就非常经典，并且由于令人印象深刻的服饰系统和行为标准而成为现代视觉系统形象设计的著名案例。与其他服装不同，每套军装都包含着丰富的个人信息。从其颜色、款式等细微处，人们可以详细了解穿着者的级别，技能、荣誉等。图 3 － 47 中的这件美国空军制服就表明其穿者是一个中士，而在左袖口的四道黄色条纹则表示他曾在国外服役至少 24 个月，每道条纹代表 6 个月。

女人们开始着迷于军装，也是因为有不少女性参与战争。从护士、接线员到一线战士，都能看到女性的身影。而在战争中，传统的女性再次认识到自身的价值，男性的尤其是军装式的许多元素被大量运用于女装设计中，从而实现了现代女装的重要变革（图 3 － 48）。套装式、短裙等现代因素在女装中进一步确定，军服式女装成为战争年代最流行的造型，对其后的发展和设计有深远影响。军服式女装中那些硬朗的线条、金属拉链、夸张的铜扣和大口袋在女性曼妙的体态中展现出别样的风采。宽肩设计本来是为了体现男性的阳刚之美，形成倒三角形的性感造型，当应用在女装上时，反倒更能衬托女性的柔美，对男人更具诱惑力。从这方面来看，战争反倒促进了女性的进一步觉醒，使女装真正实现了现代化的过程（图 3 － 49）。

图 3 － 48　美国女装制服　1927 年

图 3 － 49　军装式女服　1942 ~ 1945 年

33. 美式风格

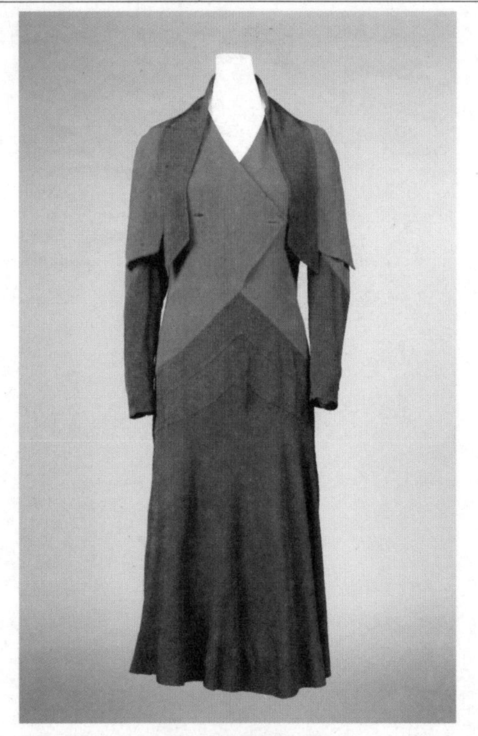

图 3 － 50　美式日装　1930 ~ 1932 年

图 3 － 51　20 世纪 30 年代的美国时尚

20 世纪初期接连发生的两次世界大战使许多国家和地区都陷入水深火热之中，而美国因其特殊地理位置和对外政策却基本得以幸免，经济、政治和综合国力蒸蒸日上。第二次世界大战中，巴黎的长期沦陷使其一度丧失了在时尚界的领军地位，而且巴黎时尚所一贯追求的奢华、高贵、量身定制等在战时也变得不合时宜，战前诸多知名时装店纷纷关门歇业。

在物资极度匮乏的战争年代，许多服饰原材料的供给都受到严格控制，比如丝绸、尼龙等，即便是普通的棉麻织物也被限量供应。服饰开始向短、小、简、瘦等方向发展，一些不必要的装饰更是被抛弃。1943 年《时尚》杂志曾警告人们："你将拥有更少的衣服，因为你没有时间、金钱和优惠券用那些无用的装饰来美化你的生活。你必须着装简单，因为此时任何精致的东西都会显得很傻。"

那么，战争年代的人们是不是真的不在乎时尚了呢？答案是否定的，人们急需一种更合时宜的、不同于以往的衣着风格。对此，欧洲的一些国家如英国提出了"战时标准化实用服装"的概念，并请莫利纽克斯等设计那种既实用又端庄的款式。这些措施无疑是具有积极意义的，但过于统一的着装风格也在某种程度上丧失了服饰设计的一种个性特征。而恰恰在此时，美式服装以其简洁、实用而大方的特质适应了时代需求，史无前例地有了发扬光大的机会，并赢得了"美式风格"的时尚称号（图 3 － 50、图 3 － 51）。

与巴黎的奢华风格相比，"美式风格"以实用为中心，各种休闲与运动服在其中扮演着重要角色，如牛仔裤、T 恤、运动衫等。这些服装适合于普通人的生活，更易于进行大批量的工业生产。其中最具有影响力的莫过于牛仔裤了，这是一种用靛蓝色粗斜纹布裁制的直裆裤。用靛蓝染色历史悠久，成本也很低，但这种自然染色的靛蓝很容易褪色，不过也因此成就了牛仔裤特有的风貌。

说起牛仔裤，人们自然会想起 1849 年美国的淘金热。当时第一批踏上美国大陆的许多移民一穷二白，都涌进加利福尼亚淘金。艰苦而剧烈的劳动使得衣服极易磨损，坚实、耐用的牛仔裤应运而生。这种用帆布制作的工裤由来已久，可追溯到 16 世纪的意大利，但牛仔裤（Jeans）的名称却来自于 Levi's。19 世纪中期，德国移民李维·斯特劳斯（Levi Strauss）跟随淘金队伍来到旧金山，并创立了他的公司 Levi's，专门出售各种开采黄金需要的物品，包括这种用帆布制作的工装裤子。由于很多人抱怨这种裤子穿着很不舒服，1813 年，李维斯将原料更换为丹宁布，并与“加固铆钉口袋”的发明者雅戈·戴维斯（Jacob Davis）一起申请专利，正式生产牛仔裤。

牛仔裤因其简洁的造型、坚实的品性而迅速得到了人们尤其是年轻男子们的认可，而一系列西部小说更是将它上升到一种文化与力量的象征。欧文·维斯特（Owen Wister）被誉为西部牛仔小说之父，在他的笔下，身穿牛仔裤的西部牛仔成为彪悍、乐观、浪漫、自由、勇敢的象征。在20世纪初期，李维斯通过让好莱坞的电影明星穿上“李维斯的裤子”出演，塑造了许多经典的西部牛仔形象，从而使以牛仔为中心的美国西部形象广泛推广开来（图3－52）。

罗伊·罗杰斯在美国影坛有“牛仔之王”的美称，他扮演的多是行侠仗义、英俊潇洒的牛仔角色。据说他本来就是牛仔，从20世纪30年代开始出演电影，牛仔、歌手、英雄形象是他的标签（图3－53）。他通过经典的表演吸引了一大批狂热的粉丝，并使得头戴大檐帽、身穿格子衬衫和牛仔裤的形象深入人心，从此以实用为主的牛仔裤也变成了时尚的流行服装。同期，李维斯还在《时尚》杂志刊登女士牛仔裤广告，女性穿牛仔裤也逐渐被接受和发展起来。

当然，西部风格只是美式风格的一个重要组成部分，牛仔裤也只是一个个案而已。但它的确代表了其典型特征，即廉价、实用、休闲和运动。第二次世界大战的爆发似乎给一直仰仗法国鼻息的美国时尚界带来难得的机遇，一些以美国市场为核心的服饰企业发展起来。1940年，《时尚》杂志报道了在纽约举办的服装展示会和专卖店，其中包括了哈迪·卡莫吉，维拉·马克思维尔、克莱尔·麦卡德尔等（图3－54）。他们的作品体现出鲜明的美式特点，简洁实用而富于运动感，创造了一种现代的服饰美概念。其中克莱尔被公认为美国时装的开创性人物，无论是传统的礼服设计，还是休闲运动服装，他都与欧洲社会截然不同，体现出鲜明的特点，成为“美式风格”的重要组成部分。

图3－52　李维斯牛仔裤

图3－53　罗伊·罗杰斯

图3－54　羊毛仿羔皮呢水钻　1938～1939年

34. 克莱尔·麦卡德尔

图 3 － 55　克莱尔礼服　1952 年

图 3 － 56　克莱尔礼服　20 世纪 50 年代

20 世纪 30 ～ 40 年代是美国服饰走向世界并开始引领时尚的重要时期，并由此形成了影响巨大的“美式风格”。克莱尔（Claire Mccardell）作为当时家喻户晓的知名服饰设计师，在这个过程中起到了非常重要的作用。而且与其他时代设计师不同，克莱尔刻意与巴黎时尚保持一定的距离。她认为，美国民众有着自己的个性和独特需求，不能一味地迎合法国趣味。事实的确如此，克莱尔与当时的许多服装设计师一起创造了具有美国特点的服饰，并在很大程度上影响了欧洲乃至全世界的服装（图 3 － 55）。

克莱尔是土生土长的美国人，1905 年出生于美国马里兰州的佛雷德里克，曾在纽约的帕森美术与应用艺术学院学习艺术和设计，期间还曾到该学院在巴黎的分校学习。她欣赏过许多时装屋的藏品，其中对维奥涅特的礼服最感兴趣。他通过购买和拆卸维奥涅特的服装，详细地了解斜裁等高深的技法，而这些手法在她日后的许多作品中都可以看到。毕业后，克莱尔曾应聘为罗伯特·特克的助理，并在 1931 年跟随他一起到汤利连衣裙工作。次年，特克在一次事故中突然去世，克莱尔独立完成了当年的秋冬系列设计。这个系列作品大获成功，克莱尔也正是晋升为汤利的设计师。从此，她开始打造革命性的“美式风格”。1938 年，汤利由于金融等方面的问题而被迫关闭，克莱尔之后任职于哈迪卡内基公司，但在设计概念上似乎有差距。1941 年，汤利重组，克莱尔作为首席设计师回归，并推出了许多富于创新精神的运动类服装。1952 年，克莱尔正式加盟汤利，并在次年举办了从业 20 年回顾展，在时尚界产生巨大影响力。遗憾的是，这位年轻的服装设计师身患癌症，在完成最后一个服装系列后，于 1958 年 3 月在纽约去世。

作为美国现代服装的创始人，克莱尔休闲风格的作品既满足了广大女性的需求也反映了美国女性的生活方式（图 3 － 56)。运动与休闲服饰无疑是最舒适的服装类型了，所以克莱尔的设计运动式休闲服很受欢迎。因为在这一方面的重要贡献，她也被人誉为“美国运动服装之母”。在材料上，她偏爱常见的天然纤维面料，如棉布、牛仔布、呢子等。此外，她还有许多创新与尝试，将面料进行非常规的设计，比如她设计的流线型羊毛泳衣和棉 泳衣。在造型上，克莱尔也有许多独特之处。她设计的七分裤、紧身衣、百褶裙、蓬蓬裙裤等都很有特点，在她设计的许多裤子或裙子上还经常出现大口袋的造型。

克莱尔的设计理念是实用、舒适又富于女人味，而符合女性的实际需求成为她创作的源泉。克莱尔认为自己是凭借直觉做设计，并且相信其他女人应该与自己有同样的需求，她说："我大部分灵感都来自于解决我所面临的问题 。"在她 1956 年出版的著作《我应该穿什么》中，她曾这样讲述："当一个女人独自生活时，传统背后的拉链会让她们后悔自己的选择，因为她不得不使劲扳手臂去够拉链。"所以克莱尔服装的拉链一般在前面或侧面，也有纽扣式、系带式等多种方式。总之，方便实用才是最重要的。克莱尔还设计了六件可以互配的利于旅行的服装，这既省空间又满足了女人对于变化的需求。

在剪裁手法上，克莱尔经常使用斜裁，以满足对于图案纹理变化的需求。但她的礼服设计与维奥涅特有非常大的区别，以舒适为中心的设计理念让她创造了许多经典的造型。1938 年，她设计的"修道士服"获得巨大成功。这款衣服打破了传统服装的造型，没有正反，没有腰围，仅以腰带捆扎。衣服本来是一件工装礼服，因其巨大成功而列为汤利专门款式。此后，这种捆绑式的自由穿着式的服装造型始终贯穿克莱尔一生的设计，它让女性的身体更加自由。

图 3 － 57 "酥饼"礼服 克莱尔 1942 年

克莱尔主张为大众设计的原则，她曾提到："我更愿意成为普通大众的设计师，我们每个人都有享受时尚的权利。"在第二次世界大战限量供应期间，克莱尔设计了大量质优而便宜的衣服，她还让芭蕾舞鞋成为街头服饰的一部分。1942 年，克莱尔推出了用牛仔布制作而成的"酥饼礼服"（图 3 － 57）。该款礼服肥大的七分袖适于劳作，右边有一个巨大的口袋可以盛放东西。这件售价 6.95 美元的衣服真正实现了克莱尔实用、民主、舒适的设计理念，很多人把它当作家居服、日装等。

纵观克莱尔的服装，不难发现，许多特殊的配件都有着重要的作用，如腰带、领结、纽扣等。很多时候这些看似边角的配件往往给予服装造型有力的支撑，还会塑造出蜂腰的效果。而衣服上一些起调节作用的配件如领口、袖口、腿部等的抽绳，有利于不同体型的人穿着，大小、高低、胖瘦都可以调节。在色彩上，克莱尔也有独特表现，他经常将一些对比强烈的颜色如黄色和蓝色、紫色和绿色等进行搭配。1950 年，克莱尔设计了一款束腰伞裙，精心裁剪编排的淡紫色、浅绿色，紫色和蓝色条纹富于变化。胸部两侧从领口到腰前的打褶设计也使轮廓更富于变化，又有着紧身造型的功能（图 3 － 58）。

图 3 － 58 克莱尔礼服 1950 年

克莱尔的许多设计对现代服装的走向有着重要影响。1990 年，《生活》杂志还评选她为 20 世纪 100 位最重要的美国人之一。

35. 海派旗袍

图 3 － 59　旗袍　20 世纪 10 ～ 20 年代

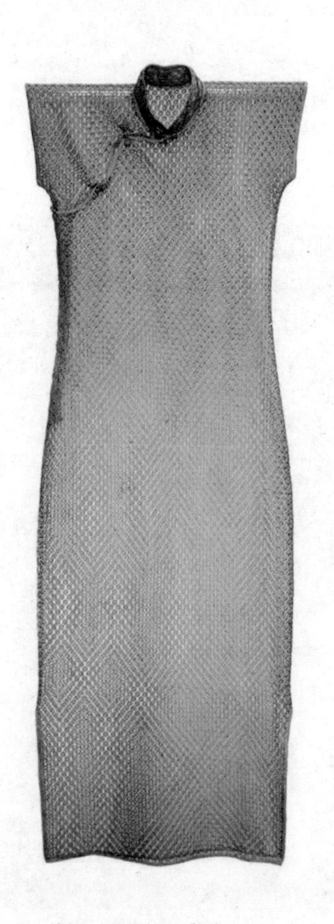

图 3 － 60　旗袍　20 世纪 30 年代

中国的近现代历史可谓是一波三折，坎坷诸多，中国的服饰发展与西方也有着截然不同的表现。但正是在这个复杂而战乱纷起的社会环境之中，以上海为代表的中式旗袍成为时尚的经典之作，至今仍有着非常重要的地位和社会价值。1933 年，海派旗袍在芝加哥世界博览会上获得银奖，也因此让更多西方的时尚人士开始关注这种中国的特色服装。至今许多外国游客到上海都会订制旗袍，而一些欧美明星也经常穿着量身定做的旗袍在公共场合亮相，如妮可 · 基德曼、席琳 · 迪翁、詹尼佛 · 洛佩兹等。

旗袍被公认为是最具有代表性的中国女士服装，也最能体现东方女性之美。旗袍起源于满族服装，最初为低领宽袖的合身长袍，具有骑射民族的明显特点。随着满人入关，旗袍与汉族服装元素相结合，袖口与袍身逐渐变宽，并开始使用大量烦琐的刺绣和装饰（图 3 － 59）。现代意义上的旗袍诞生于 20 世纪初期，在 20 世纪 30 ～ 40 年代达到了顶峰。1929 年，民国政府还通过法令正式确定旗袍为国家礼服之一。当时，许多学校也专门定做旗袍为其校服。到 20 世纪 30 年代，各行各业的女士们都开始穿起适合自己风格的旗袍，似乎有一统天下的气势（图 3 － 60）。

表面上看，旗袍似乎是一种非常简单的服装，但它却是中国人经过长年探索与实践积累而成的国粹。旗袍的造型多为立领，无论高低都会恰当地显示出颈部之美，左大襟将胸部遮掩，隐藏的右小襟却不动声色地塑造出腰部的纤细与美。相对自由的后摆恰当地凸显了女人的臀部，而腿部开衩的造型也让双腿在行走间若隐若现。可以说旗袍的美正如东方女人的美，含蓄而又带有不露声色的张扬。虽然是一种相对独立的服装体系，但旗袍的发展在一定程度上也与国际时尚接轨。上海作为远东第一大都市，有东方巴黎之称，各种外来文化如交谊舞、电影院、咖啡馆等都在此发展得如火如荼。上海的女人们对于时尚有着明显的理解与感知，一点也不逊色于西方的时尚人士。她们大胆、前卫而开放，是新时代的新女性。中国旗袍的发展从很大程度上讲就是上海旗袍的演变，所以也有海派旗袍这一专业术语。

伴随着西方文化的逐渐渗入，时尚而富有的上海女人开始进一步抛弃传统，向现代文明靠拢，甚至在某些方面还引领时尚风潮。她们穿上了现代的胸衣、惹火的泳衣、性感的丝袜与高跟鞋，浓妆艳抹、性感撩人。许多人将洋服直接穿在身上招摇过市，但更多人将目光锁定在由来已久的旗袍之上，上海成为中国旗袍改良和流行的最佳地点。

20 世纪 20 年代起，人们在旗袍中融入了许多西方服饰的元素，旗袍逐渐开始在上层社会和娱乐界流行。受到西方“女男孩”风潮的影响，此时的旗袍下摆开始一升再升，到 1929 年已经达到膝盖处。1928 年 8 月，画家万籁鸣为《良友》杂志设计了若干短款旗袍，经上海各旗袍店模仿修改，使这种现代造型的旗袍逐步发扬光大。

到了 20 世纪 30 年代，旗袍也像西方一样开始回归典雅，长及脚面的旗袍开始流行，剪裁和结构更加西化，并出现了开衩旗袍，成为改良旗袍的重要标志之一。有人还开始使用垫肩，形成所谓的“美人肩”，抛弃了以“削肩”为特征的形象。1937 年以后，旗袍的袖长更是进一步缩短，几近无袖，更显女人妩媚。在许多细节处，旗袍也采用了许多西方样式，如荷叶式、西式翻领、泡泡袖等（图 3 － 61）。有的还用左右开襟的双襟结构，至此，旗袍已经完全国际化和现代化了。

图 3 － 61　胡蝶　上海久益电机袜厂广告　金梅生　20 世纪 30 年代

宋美龄在那个年代无疑是非常具有影响力的中国女性之一，她非常喜欢旗袍。在许多重要的社交场所，宋美龄都是穿着精美得体的旗袍，而这似乎又更有一种民族形象的象征。当时上海最有名气的一些明星如胡蝶、周旋等也都是旗袍美女的代表，在 20 世纪 30 年代上海最流行的月份牌和时尚杂志中仍可以欣赏到她们当年的姿容（图 3 － 62、图 3 － 63）。

到 20 世纪 40 年代初期，旗袍基本已经跳出了传统旗服的局限，完全是一种“中西合璧”的新服饰了，它几乎成为中国女性的标准服装，并成为社交礼服之一（图 3 － 64）。时光飞逝，当年旗袍美女的风貌似乎还依稀可见，似乎在讲述着一个纸醉金迷的上海风尚。今天，旗袍依然是中国女人们的最爱，它跟随时代的步伐将愈加辉煌。

图 3 － 62　上海老月份牌

图 3 － 63　新影坛杂志封面

图 3 － 64　张爱玲

四

第二次世界大战后新风貌
（约 1946 ～ 1959 年）

第二次世界大战之后，百废待兴，各个国家都面临着艰苦的重建与恢复任务。美国施行的马歇尔计划给予欧洲国家有力支持，世界经济开始迅速发展。战争推动下的科技进步也促使大量新技术新发明逐渐普及，诸如电视机、电冰箱、洗衣机、汽车等新兴工业产品使人们的生活更为便利，同时又带来更多现代时尚的意义。多年饱受战乱之苦、遵守战时配给制度的人们厌烦了严肃的军装式打扮，他们都渴望着一个崭新时代的到来。与此同时，经济的繁荣与社会的发展带来了更多消费的可能，时尚不再局限于少数权贵，而开始进入大众消费的时代。青少年首次成为时尚的消费主体之一，并对 20 世纪 60 年代的时尚产生巨大影响。

随着节衣缩食时代的结束，奢华的高级订制服装开始回归，并且较以往更为肆无忌惮。1947 年 2 月，法国服装设计师克里斯丁 · 迪奥大胆地推出了以奢华女人味为主题的系列女装，柔和的肩部、饱满的胸部和沙漏式的细腰成为时尚的焦点，人称“新风貌”。从此，以迪奥、巴黎世家、纪梵希、巴尔曼等为代表的时装品牌迎来了自己的黄金时代。新风貌的轮廓一般为圆肩、束腰、丰胸、裙摆宽大。全裙礼服取代了战时的宽肩式套装，而造型独特的铅笔裙成为中老年女性的最爱。休伯特 · 纪梵希将时尚与休闲相结合，推出了他的布袋式裙装，成为 20 世纪 60 年代玛丽 · 匡特迷你直筒连衣裙的前身。与风行一时的新风貌相反，香奈儿反对束腰裙装的造型，开始生产四方造型的香奈儿西服套裙。直线的造型，富有质感的羊毛粗纺面料让回归的香奈儿再次成为时尚焦点，而她所推广的无领样式外套至今仍是时尚界的宠儿。

披肩、斗篷和外套也是 20 世纪 50 年代女性新轮廓的重要组成部分。杰奎斯 · 菲斯（Jacques Fath）在 20 世纪 40 年代末期设计的大衣外套也成为搭配战后裙装的完美伴侣，成为当时最理想的一种女性轮廓形象。皮草非常流行，并成为一种身份的象征。同时，仿制皮草成为一个全新的市场，豹纹等动物图案开始盛行。丝巾作为一种服装配饰变得越发重要，成为潮流单品。手套和珍珠也成为女性化外观的珍贵配件。帽子变得可有可无，造型饱满的发型如狮子狗式的发型成为时尚。而 20 世纪 50 年代“中心圆形缝制法”的使用创造出“子弹式”胸罩。这种圆锥形的内衣更能凸显女性丰满的胸部，性感成为当时女人的重要追求。1946 年，一位名叫刘易斯 · 里尔德（Louis Keard）的法国人大胆改造泳装推出了性感迷人的“比基尼”，震撼世界，泳装的革命时代到来了。

战后经济的繁荣，生活的日益现代化，也让人们有了更多的时间与心情去放松和享受，各种休闲方式更加丰富多彩。而现代的许多新型合成纤维如尼龙、涤纶、腈纶等的出现也让人们充分感受到这些新型材料的优良、方便快捷、不易褶皱、容易打理等特性。以休闲为主的服饰成为 20 世纪 50 年代的又一新风，当时的大众偶像奥黛丽 · 赫本常采用针织毛衣、紧身长裤、平底鞋的舒适搭配，成为当时人们效仿的典范。

与此同时，男装也开始更加注重舒适性，粗花呢和法兰绒等变得非常流行。1950 年，芭莎宣布要“回归花花公子”时代，英国的萨维尔街由此推出了“新爱德华七世时代”的系列男装。剪裁良好的外套搭配亮色系的领带，绅士感十足。而一些明星们如猫王普雷斯利、影星白兰度等对男装也有巨大影响。皮夹克、带刺绣的休闲装、T 恤汗衫等变得非常流行，而更多西部片的流行也让牛仔裤更加深入人心。爵士明星 Rat Pack 代表着钻石王老五的形象，他们的西装和软呢帽成为三十岁以上男性的基本装备。

值得关注的是在电影、电视、杂志、摇滚乐等的影响下，20 世纪 50 年代的青少年逐渐成为一个巨大的新的时尚群体。在英国，战后时期的泰迪男孩创造了“第一个真正独立的时尚年轻人”。他们不理解父辈们的生活和思维方式，尝试以各种反社会的行为来表达内心的不满，并以自己的方式改变了人们的衣着方式。而此时的一些个性时尚也成为 20 世纪 60 年代主流服装出现的关键，有着承上启下的重要作用。

36. 迪奥“新风貌”

图 4 － 1　酒吧套装　1947 年

20 世纪 40 年代后期至 50 年代最具有影响力的服装设计师莫过于克里斯丁 · 迪奥，他建立了第二次世界大战后沙漏轮廓为主的奢华风貌，并定义了一个新的全球性服装战略品牌的商业模式。

1905 年，迪奥出生于诺曼底海岸的一个繁华小镇，1910 年全家搬到了时尚之都巴黎。因为父母希望他可以成为一名外交官，迪奥考取了巴黎政治学院。虽然如此，艺术始终是迪奥的最爱。1928 年，在家人的支持下，他和朋友开了一个艺术画廊。1931 年，灾难突然降临到这个殷实的中产之家，哥哥去世，家道中落，画廊被迫关闭。落魄的迪奥开始以绘画和设计服装草图为生。很快人们就注意到迪奥的天分，当时知名的服饰设计师罗伯特 · 皮奎特和吕西安 · 勒隆等都曾雇佣他做助理设计。1946 年，迪奥得到富商马西 · 布斯克的赏识，出资与迪奥合作在巴黎蒙田大道 30 号开办了第一家迪奥服饰店，一个崭新的时代到来了。

1947 年 2 月 12 日，在巴黎百废待兴，时装业严重受挫之时，迪奥推出了他的第一个高级时装系列，被誉为“新风貌”。该系列一改战时宽肩紧身的严肃造型，肩部柔和圆润，沙漏式的腰形，宽大的裙摆充分体现出女性曼妙的体态（图 4 － 1）。而奢华的装饰与面料更是让饱受战乱之苦的女人们叹为观止，一套衣裙竟要用掉几十米布料，这让习惯于“限量配给”的人们难以想象。在他的带领下，精致奢华的服饰强势回归，装扮着 20 世纪 50 年代风姿绰约的女性，也让巴黎再度执掌时尚潮流。1948 年，迪奥将精品店推广到美国纽约，还与美国袜业公司签订合同，允许该企业生产迪奥丝袜，从而引入了特权使用费制度。迪奥凭借艺术家的天分和商人的精明使其品牌进一步深入人心，并促使家庭式的经营模式走向跨国公司的模式。

图 4 － 2　维纳斯礼服　迪奥　1949 年

从 1947 年的“新风貌”系列开始，极富创意的造型就一直是迪奥系列的亮点。他认为服装的外形很重要，其次是面料，之后才是色彩。所以在设计中，迪奥总是先入为主地考虑造型，将女性的身体放置在他所想象和创造的形态之中，比如 A 形、Y 形、H 形、球形等。H 形态的服装类似于 20 世纪 20 年代的直线造型，A 形则是弱化肩部造型，下摆宽大，也有人将其形象地称为埃菲尔铁塔式造型。Y 形与 A 形正好相反，重点在上身，经常用短的上衣夹克领或围巾等营造出 V 的形态，下身瘦长，将人们的注意力集中在脖子和肩膀。在 20 世纪 50 年代中后期，迪奥还推出了球形礼服，束腰与圆球形的裙摆有着强烈的对比效果。

迪奥的许多作品尤其是晚礼服造型独特，在内部结构上也非常复杂。他经常使用维多利亚、爱德华时期的复杂结构，包括束腰内衣、内衬裙、臀垫等。他强调接缝和打褶，一层又一层的行线与衬布，加上层层厚纱，架构起一个个坚挺完整的内部轮廓。华丽并不是他的唯一标准，面料也是迪奥造型的另一个秘诀。容易造型处理的一些人工合成材料如尼龙、人造纤维等都是他的最爱，因为它们足够结实挺拔，更利于塑造他作品的雕塑感。而且相关的内部配件如束身内衣，衬裙等根本离不开这些造型材料。迪奥奢华的另一原因与面料也很有关联，他的百褶裙、大蓬裙等通常都需要大量面料，从十几米到几十米不等。不过这些高贵复杂的礼服虽然精致美丽，但也足够冗长繁重，人们的动作也因此受到限制。在造型创新的同时，迪奥还将自然主义与浪漫主义完美结合。自然题材的花草飞虫将他的礼服点缀的五彩缤纷，而对于远古神话故事人物或历史名人的借取也使他的许多作品充满浪漫格调。1949 年，迪奥设计的“维纳斯”礼服采用的是迪奥所崇拜的 18 世纪灰色，腰部与后裙摆由层叠的扇贝型花瓣装饰，其上装饰着闪亮的金星与钉珠（图 4 － 2）。而“朱诺”礼服的裙摆更为生动，圆、大、层叠的花瓣像是没有眼睛的孔雀羽毛一般漂亮，而孔雀与奥林匹亚女王相关。1953 年，迪奥设计了自然浪漫的春夏礼服“五月”，这件束腰大摆抹胸礼服通体装饰透明硬纱，其上以手工刺绣着精美的花草。在繁草之中点缀着三叶草与手工打结的艳丽花朵，由上到下依次稀疏，错落有致，充满春天的气息（图 4 － 3、图 4 － 4）。

图 4 － 3 “五月”礼服 迪奥 1953 年

图 4 － 4 五月礼服细节

与晚装的奢侈和华丽相比，迪奥的日装恰恰相反，经常采用黑色、青色或灰色，体现出一种简洁严肃的美（图 4 － 5）。但在造型上，他的日装也是精准而时尚的如沙漏造型、A 形、H 形等。1947 年新风貌中的“酒吧套装”无疑是迪奥最有名的日装作品之一。上衣为丝绸锦缎制作而成的浅色西服，无垫肩，腰部紧收为沙漏型；下装为羊毛阔摆百褶裙，长及小腿。1959 年，芭比娃娃首次面世时，身上穿的就是这套时装。

图 4 － 5 迪奥日装

在大力发展服装业的同时，迪奥还致力于相关配饰和香水的开发销售。各种造型夸张的帽子、精致而绣有宝石的鞋子都是迪奥的精华，长手套也是他礼服的传统。而自 1946 年开发“迪奥小姐”香水以来，其香水事业就一直红红火火。可惜这位时尚天才在 1957 年不幸去世，伊夫 · 圣 · 罗兰成为其接班人，从此，迪奥王国在世代设计师的传承中一直发展至今。

37. 巴黎世家

图 4 － 6　巴黎世家礼服　1959 ~ 1963 年

图 4 － 7　茧形礼服　1954 ~ 1955 年

1895年1月21日，克里斯托巴尔·巴黎世家(Cristobal Balenciaga)出生于西班牙戈塔瑞的巴斯克小镇，父亲是一位豪华游轮的船长，母亲是当地有名的裁缝。出乎家人意料，巴黎世家没有成为父亲那样的人，而是受到母亲的影响，从小就对服装设计有着浓厚的兴趣。正如他的挚友纪梵希曾经所言："巴黎世家在六岁时就做了他的第一件大衣，而这件衣服是他为自己的猫设计制作的。"据记载，巴黎世家的第一个真正的客户应该是母亲的顾客马克萨。他在 12 岁时主动要求为她设计服装，而且也正是在马克萨等人的支持下，他离开文学院开始学习缝纫，并在 23 岁时开设了自己的服装店。两年后，他不仅将事业扩展到巴塞罗那和马德里，而且还获得了许多宫廷贵妇的青睐。

西班牙内战期间，巴黎世家的事业受到极大挫折，他跟随着许多老主顾一起来到巴黎，并且于 1937 年在乔治五世大街开设沙龙。同年八月，巴黎世家推出了在巴黎的第一个时装系列，这种制作精良而充满西班牙文艺复兴风格的服饰立刻受到了时尚界的关注（图 4 － 6）。著名的时尚编辑卡蒙 · 斯诺后来回忆说："对于我来说，当看到巴黎世家的第一个巴黎时装展示时感觉像是时尚界爆发的一道亮光。只是一瞥，我就产生一直想跟随他发展的渴望。"

随着迪奥新风貌的出现，巴黎世家也以其独特的西班牙风格装点着 20 世纪 50 年代的欧洲美女，温莎公爵夫人、褒曼、比利时皇后、西班牙皇后等都是他的忠实顾客。1968 年，巴黎世家关闭了他的工作室，但依然还为个别老顾客设计服装。1972 年 3 月 24 日，巴黎世家在西班牙过世。一位老顾客为他撰写了墓志铭："女人穿上他的衣服不得不完美起来，因为他的衣服就是要让她们美丽（图 4 － 7）。"

纵观巴黎世家的设计生涯，大致可分为第二次世界大战前、20 世纪 50 年代和 60 年代三个时期。而无论何时，他的服装总能适合时尚节拍并富于个性。战前的严谨，战后新风貌中的束腰礼服与奢华造型以及 20 世纪 60 年代的简单风尚等。正如《时尚》杂志所言："每次都有精彩的创意，并且保持一定的水准，令人耳目一新，对未来时装的潮流走向非常敏感。"但总体来说，20 世纪 50 年代是他设计的黄金时期，也是当时能与迪奥平分秋色的少数大师级人物之一。

从小的训练，使得巴黎世家有着精湛的剪裁技巧。他的作品往往以雕塑般的造型而闻名（图 4 － 8）。严谨与端庄始终是其作品的风格，而他自己也认为更适合为 40 岁以上的成熟女性做设计。与其他的一些设计师不同，巴黎世家不喜欢大批量制作和生产，凡事都喜欢亲力亲为，比如选择材料、裁剪、缝制、配饰等。与迪奥的花草世界不同，巴黎世家喜欢采用鲜艳的单色调进行设计，许多作品都充满着西班牙特有的艺术格调，如委拉斯贵支的绘画和西班牙斗牛的气息。巴黎世家以无与伦比的技术与美的结合征服了世人，大胆的色彩、雕塑般的造型使他不愧于“时尚界毕加索”的美称。对此，巴黎世家自己总结说：“服装设计师必须有着建筑设计师的远见，画家的色彩，音乐家的黑色，哲学家的节制。”《时尚》杂志的编辑戴安娜·魏瑞兰德评价巴黎世家：“从没有一个人进入巴黎，并且以鲜明的雕塑感的造型和强烈的西班牙风格取代巴黎制衣。”

图 4 － 8　晚礼服　1964 年

巴黎世家也追求过沙漏状的束腰形态，但很快就发展出自己的风格。他最具有个性的造型风格大约有这么几种：首先是以“圆”为主要造型的系列服装，如球状、蚕茧状、袋状、高腰娃娃式等。这类造型的服装解放了长期被定义的胸部和腰部，从而打破了 20 世纪 50 年代的束腰轮廓造型，纪梵希就是受到他的影响创造了知名的“袋”状礼服。其次是前短后长的礼服模式，有的采取鲜亮的单色调面料简单裁剪，下摆加宽，放松腰部。还有许多这种造型的礼服在裙摆处经常装饰精美的、富有层次的蕾丝，从而更具有欣赏性（图 4 － 9）。在这些服装中，他以精确的比例使服装在平衡中体现出变化与和谐美（图 4 － 10）。再者，瘦长、性感的鱼尾裙也是巴黎世家的特征，它让穿者在瞬间化身成美丽的人鱼公主（图 4 － 11）。

图 4 － 9　艳色礼服　同款头纱

图 4 － 10　罗缎晚礼服　1954 年

图 4 － 11　巴黎世家礼服　1951 年

38. 皮埃尔·巴尔曼

图 4 － 12　巴尔曼的礼服

图 4 － 13　巴尔曼的日装

皮埃尔·巴尔曼（Pierre Balmain）曾说：时装就是行动中的建筑。所以，对于他而言，科学的内部构造与完美外形都很重要，而且更要确保人们在进行各种活动时既方便又优雅。这种设计观念很独特，似乎有着人体工程学的某种成分，大概与他曾经接受过的教育有关。年轻时，巴尔曼曾在巴黎的国立高等艺术学院学习建筑，虽然并没有完成全部的学习，但这段经历对于他日后的服装设计无疑也是非常重要的，而他中途退学的原因也是因为自己对服装设计的巨大兴趣。据巴尔曼回忆，自幼丧父的他最快乐的童年时光就是在母亲与姨妈的服装店中玩耍，他摆弄着那些面料并一心想成为专业服装设计师。

在上大学期间，巴尔曼经常利用闲暇时间设计衣服，并为巴黎的罗伯特·皮吉特（Robert Piquet）画素描图稿。1934 年，当知名设计师莫利纽克斯许诺接纳他后，巴尔曼就正式退学并成为其助理设计师。第二次世界大战期间巴尔曼曾在法国空军服兵役并曾在吕西安·勒隆的工作室担任助手。1945 年，日渐成熟的巴尔曼开办了自己的工作室，成为第二次世界大战后新风貌的重要建设者之一。战后，巴尔曼到世界各地旅行并做了许多演讲，他想重振几乎被关闭的法国高级女装。期间，他感受到美国市场的巨大潜力，1951 年在纽约开设了其时尚王国的分支机构，并针对美国市场推出了许多颇受欢迎的作品（图 4 － 12）。美国时尚与娱乐界的许多明星都非常喜欢他的作品，而他也经常为电影院、剧院、芭蕾舞剧等设计服装，比如他为《上帝创造女人》中碧姬·巴铎设计的一系列服饰就是电影史上的经典名作。此外，从独立开业开始，巴尔曼就不断发展自己的香水事业。1945 年，他推出了知名的香水 Vont Vert，之后还有 1953 年的 Jolie Madame 等，不过他的香水事业在 1960 年被露华浓收购。在 1982 年巴尔曼去世后，他的事业由他长期的私人助理和伙伴埃里克·莫特森接手。

巴尔曼认为优雅与知性是服装设计的根本，并认为要保持时尚的基本原则，不为最新趋势所左右。与奢华的晚装系列相比，他的日装保持着简朴优雅的风格，没有珠宝、水晶、亮片、刺绣等装饰，只是以高级低调的深色面料进行造型。为了突出视觉效果，巴尔曼还经常采用对比的设计手法。夸张饱满的上衣或外衣与紧身裙装形成鲜明对比。而这些设计既装饰了女性的线条，又使她们显得更有力量和权威，充分展示出现代女性的线条，又使她们显得更有力量和权威（图 4 － 13）。巴尔曼设计的女性职业日装是其标志性作品，其中溜肩收腰小外套搭配紧身铅笔裙被认为是 20 世纪 50 年代的经典造型之一，因此有着“日装之王”的美名。

奢华精致的礼服是20世纪50年代新风貌的核心。束腰长裙成为时尚表现的热点，复古在当时是最重要的风格之一。与同时代的许多设计师相比，巴尔曼的礼服一直紧随时尚的脚步。在造型上似乎并没有太多个性，基本以束腰大伞裙为主（图4－14）。由于造型的要求，大多礼服也都需要设计制作专门的胸衣和衬裙，但在结构上比迪奥的作品要简单许多，巴尔曼的礼服作品似乎更以装饰见长。

图4－14　抹胸礼服　1957年

巴尔曼对于布料等材料有着独特的理解，首先要确保优质而奢华的内在品性，如华贵的丝绸、锦缎、羊毛织品等。在色彩上，他喜欢选用那些鲜艳醒目的色彩，如金色、粉色、黄色等，视觉效果突出。大量的刺绣、水晶、串珠等手工装饰使他的作品显得更为精致（图4－15）。许多礼服浑身上下都布满了装饰图案，巴尔曼设计的一款木炭灰色抹胸鸡尾酒礼服可谓此中经典。这件礼服外层是透明硬挺的真丝纱料，全身布满刺绣、亮片而成就的花叶装饰图案，仅上下边缘处留有几厘米的纯色质地，做工精致而复杂（图4－16）。

除了一些常规性的装饰手法，巴尔曼还经常别出心裁，将羽毛、飘带、皮草等融入他的设计之中。20世纪50年代初期，巴尔曼设计了他知名的鸵鸟礼服。这件白色抹胸束腰礼服有着当时经典的造型，由银线和亮珠片织就出美丽的羽毛图案，而胸前以及裙摆上摇曳的鸵鸟毛形成了更生动的造型（图4－17）。飘带与蝴蝶等的装饰在西方女装的发展过程中一直都扮演着重要的角色，巴尔曼在20世纪50年代将它们再次隆重地表现出来。其中许多装饰在女性的后半身，让臀部显得更丰满，像是19世纪90年代的臀垫女郎一样。也正是因为巴尔曼对装饰及奢华风格的追求，许多国际名人都专门请他为自己设计更为耀眼的作品。

图4－15　巴尔曼的露背礼服

图4－16　金绣木炭灰色碎花真丝鸡尾酒服

图4－17　羽毛礼服　1950～1955年

39. 杰克斯·菲斯

图 4 － 18　菲斯的礼服设计　1950 年

图 4 － 19　丝缎礼服　1948 年

杰克斯 · 菲斯（Jacques Fath）被认为是战后高级定制服装最具影响力的三位大师之一（另两位是迪奥和巴尔曼）。1912 年，菲斯出生于法国拉菲特一个新教徒家庭。父亲是一位保险经纪人，并希望他能够子继父业。年轻时，菲斯曾在法国商业学院学习经营和法律，并在 1930 ～ 1932 年间工作于巴黎的一家证券交易所。不过自幼喜欢艺术与时尚的菲斯经常到博物馆和图书馆中学习时尚设计的相关知识和技能，当然这与他们家的传统和氛围也有关系。据说他的曾祖母曾经是欧仁尼皇后的御用裁缝，而祖父也是一位有名的风景画家。凭借自身的天分与努力，菲斯开始进军巴黎时尚界。

1937 年，菲斯推出了他的首个系列作品。自学成才的菲斯知道自己在某些基础技能上比较薄弱，所以聘请了年轻而技艺精湛的助手和学徒，其中就包括休伯特 · 纪梵希、华伦天奴等。1939 年，菲斯与吉纳维芙结婚，她曾经是一名女演员并为香奈儿工作过，也成为菲斯最重要的模特之一。战争对菲斯的事业也有非常大的影响，1944 年，他将沙龙迁移到皮埃尔大道的一个奢华酒店。第二年，菲斯为德拉剧院设计的四个作品显示出巴黎高级时尚的魅力，并随着巡回展示而名声大振。菲斯认为恰当的营销与策划是非常重要的，他经常让美丽的妻子穿着他设计的服饰出席各种活动，并经常邀请社会名流、演员与设计师参加大型的、豪华的主题派对，并邀请相关记者报道宣传（图 4 － 18）。

菲斯也认识到美国市场的巨大潜力，并在 1948 年与纽约制造商约瑟夫 · 哈波特签订销售合同。根据合同，菲斯每年要推出两个系列，每个大约有 20 款在美国各地的大型百货公司销售。菲斯还为许多欧美电影设计服装，其中 1948 年为《红舞鞋》中莫瑞设计的服饰堪为经典。宽大的领口，酥胸半露，长长的裙摆多为不规则的形状，伴随着莫瑞优美的舞步摇曳生姿。1949 年，明星丽塔 · 海华德选择菲斯为自己设计与阿里王子的婚礼礼服。这为他在美国带来了更高声誉，从此，菲斯在好莱坞世界占有更重要的地位。可惜的是，1954 年，正值壮年的菲斯不幸死于白血病，其服装屋由妻子接手管理，但最终在 1957 年关闭其服装生产线。

菲斯最令人称道的是他的服装造型（图 4 － 19）。他完善和改良了当时流行的沙漏形服装，使女人的体态更美丽。菲斯从历史、舞台剧等汲取灵感，许多作品都体现出俏皮与起伏的线条，注重细腰与丰乳肥臀的表现，他的许多礼服也被认为是最性感、最迷人的。

与其他大多数设计师不同，菲斯认为不规则形状的领口更能显示女人的魅力，所以他的许多晚礼服都有着宽大而自然随性的领口。他设计的裙摆往往宽大而长，其特点是无数褶皱与丰富的层次感。菲斯还经常采用对角线、不对称的剪裁手法，服装体现出良好的悬垂性。倾斜的衣领、口袋，曲折的风扇式的大裙摆，使他的作品造型丰满而富有运动感。即便是造型严谨的日装，也时不时体现出这种独特品质（图 4 － 20、图 4 － 21）。菲斯设计的日装大多也是以黑、灰色毛呢料制作而成。斜裁的手法使作品富于悬垂感，下摆处还经常有褶皱处理，像是美人鱼一样（图 4 － 22）。1950 年，菲斯推出了他知名的百合系列，宽大的裙摆被塑造成花朵一样的造型。

在色彩的使用上，菲斯也体现出鲜明的个性风格，醒目与别致是其主要目标。他独家使用的面料也让其他竞争对手难以模仿。1951 年菲斯设计了一款亮绿色的宽大外衣（图 4 － 23）。大翻领、袖口宽大像是日本和服，从上到下依次加宽，是典型的 A 形造型，具有时代感也充满了设计师的个性。鲜艳的红色也是菲斯喜欢的色彩，1949 年某时尚杂志刊登了菲斯的新款泳装，红绿相间的泳衣与宽檐遮阳帽对比鲜明，大翻领的红色外套使其整体形象既鲜明又和谐。此外，他还经常将诸如黑白、蓝绿、黑红等色彩搭配，效果鲜明。

除服装之外，菲斯还积极发展相关的配饰和香水业务。早在 1945 年，他就推出了自己的首款香水 Chasuble。在他的精品店，人们还可以购买更为便宜的配饰如丝巾、领带和帽子等。人们可以搭配服装成套购买，也可以单买。在其高级时装业务停止后，菲斯的香水及配饰事业依然坚持发展。1953 年推出的 Fath de Fath 直到今天仍在销售，香水瓶的设计也很有特点，其外观看起来像是一款珠宝。

图 4 － 20　菲斯的日装　1951 年

图 4 － 23　绿色大衣　1951 年

图 4 － 21　菲斯的日装

图 4 － 22　菲斯日装细节

40. 套装

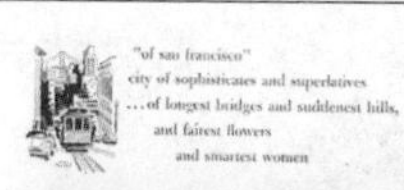

图 4 － 24　丽丽安西服套装　1950 年

套装指精心设计，样式和面料统一协调的上下衣裤或衣裙，有两件套，也有加背心的三件套，给人的印象是整齐、有礼，多用于职场穿戴。现代套装大概始于 19 世纪中期的欧洲男装，当时形成了外衣、背心和裤子的固定搭配。20 世纪初期，职业女性们仿效男装，形成了上衣下裙的套装模式，这也是男女平等的一种代表符号。身穿套装的女性更多地体现出现代女性的一种尊严与干练，在色彩造型和原材料的选用上也有着明显的中性色彩。

第二次世界大战后，迪奥发起的“新风貌”运动展现出系列优美惊艳的礼服，让饱受战乱之苦的女人们绽放出耀眼的光芒。但不可否认，越来越多的女性走向工作岗位，职业套装在 20 世纪 50 年代有着举足轻重的地位。与华丽精美的晚礼服相比，女性的套装似乎还游走在传统设计的规则之中（图 4 － 24）。当时无论男女，套装的面料多用羊毛或棉麻织品，因为这样更能体现穿戴者的得体与尊贵。色彩也是以深沉的冷色调为主，黑色、灰色、深褐色等成为最常见的套装色彩。此外，与装饰繁杂的礼服相比，套装（包括女士套装）基本是没有多余的装饰的，包括刺绣、花饰。从这方面来讲，20 世纪 50 年代的套装似乎依然受到正装和社会规范的极大约束。

20 世纪 50 年代的男士套装大多还是循规蹈矩的，标准的西装是深蓝色或灰色西装搭配相匹配的领带，裤子宽松经常带褶皱。纽扣式开襟毛衣与长袖衬衫的搭配也比较常见，大多数男人戴帽子，都最流行羊毛材质的浅顶软呢帽。皮鞋多是由黑色或棕色皮革制造而成，也有人喜欢更时尚的双色鞋。受到美国文化的影响，男性套装后来也增加了一些比较有活力的元素，比如软纹斜呢以及细条纹套装的流行，与单色系西装搭配的衬衫或马甲也经常采用格子图案。当然那些叛逆的年轻男子则是另外一种打扮，T 恤牛仔裤成为他们炫耀的重要装备。

图 4 － 25　《时尚》杂志封面　1953 年

在造型上，20 世纪 50 年代的女性套装非常具有时代性。迪奥等人主张的沙漏造型在这里同样流行。虽然在整体上，女性套装追求得体的、整齐的、严肃的外观，但细腰肥臀的造型还是使套装之下的女性体态尽显妖娆。大翻领、束腰、臀部圆润饱满成为当时最流行的女套装造型（图 4 － 25）。而且为了配合上部造型，裙子多由上向下逐渐内收，紧裹双腿，形成一种铅笔式的狭长体态。虽然貌似美丽，但这种造型会让穿者行动不便。此外还有一些改良版的女性套装，裙摆比较自然，正如迪奥所创造的 H 形、A 形线条，这些造型使穿者的身体得到更多活动的空间，也更为舒适。上衣也出现了一些夹克的造型元素，这种将西装与夹克等中和而成的上衣有着更多的时尚性与舒适性。1950年一家公司的年终销售广告中所宣传的套装，色彩鲜艳，不同以往。上衣为圆领夹克式单排扣西服，裙子长及小腿。下部有褶皱方便女性行走活动。

美国的丽丽安无疑是20世纪40～50年代最有影响力的制衣公司之一，它以优秀的套装和大衣制作闻名。该公司创建于1934年，创始人是阿道夫·舒曼，他以其妻Lilian为公司命名。舒曼是一位著名的旧金山商人，与约翰·肯尼迪、罗伯特·肯尼迪关系密切。虽然公司在美国，丽丽安的风貌却是典型的巴黎式。第二次世界大战后，舒曼在巴黎开设了丽丽安的展示厅，并举办“旧金山到巴黎时装秀”等主题活动，从而与香奈儿、巴黎世家等建立密切关系。丽丽安的套装大多采用奢华的羊毛质材料，做工精致，造型时尚，成为20世纪50年代新风貌的重要成员。图4－26所示这件由丽丽安出品的粉色复古西装套裙就是当时的代表作。上衣有着一些夹克元素，长袖、垫肩、尖领，前面一排11个粉色装饰纽扣使上衣的造型更显苗条。腰部内收，下摆微张，时代感十足。而袖口与底边叠起的带状装饰以及侧面的蝴蝶结人工钻石装饰又有着画龙点睛的作用，作品体现出与众不同的气质。

图4－26　丽丽安粉色套装　20世纪50年代

如果说丽丽安的套装是传统造型美的代表，那么香奈儿套装的回归可谓是那时的重磅炸弹了。香奈儿认为当时流行的女性套装充满压迫感，女人还在饱受紧身束缚的折磨。她认为“一套衣服的优雅之处，正是在于其动静皆宜的舒适感。”凭借自己对时尚的独到见解，香奈儿终于在20世纪50年代设计出时尚感与舒适度俱佳的套装。经纬交织的软呢柔软轻松，中性宽大的造型把女人从包裹造型中解放出来，自此成为最经典的女性套装之一。香奈儿套装的核心理念就是舒适而具有运动感，去除里布和垫肩使其更为合体，而符合人体工学的内部穿戴使女性穿起来完全自在（图4－27）。为追求良好的悬垂感，外套的下摆都会缝上隐藏于衬里的金属链条，口袋的设计则方便把双手放进去。此外，有些外套在口袋边缘和袖口装饰编结滚边，纽扣也要配套设计，精致的狮子头形，山茶花图案以及双C造型等都很常见。香奈儿的创意总监卡尔盛赞香奈儿说：“事实不容遗忘，香奈儿女士发明了一种前所未有的女装款式，它代表着这个品牌最经典的时尚精神。”在1985年，他打破陈规，首度将香奈儿外套用来搭配牛仔裤和运动感十足的条纹水手上衣。2008年的香奈儿春季发布会，65米高的巨型香奈儿套装雕塑再次耸立在T台正中央。

图4－27　香奈儿套装　1964年

41. 蜂腰伞裙

图 4 － 28　蜂腰伞裙　迪奥　20 世纪 50 年代

1947 年开始，迪奥创建的新风貌成为 20 世纪 50 年代的主流时尚，其经典造型就是蜂腰伞裙。紧收的束腰与蓬张的裙摆形成了倒 V 形，裙摆一般在膝盖上下，充分展现了女性的柔美与灵活，成为当时最理想化的时尚造型（图 4 － 28）。许多女明星也偏爱蜂腰伞裙，并常穿着它们出现在荧幕之上，从而创造了许多经典的形象。

1953 年，奥黛丽 · 赫本出演浪漫爱情片《罗马假日》，剧中她的经典造型就是蜂腰伞裙，而她穿着衬衫和长伞裙游览罗马城的情景让观者始终记忆犹新。而格蕾丝 · 凯莉在诸多影片中优雅整洁的蜂腰伞裙更是塑造出一种雍容华贵的女性形象。1954 年，凯莉出演希区柯克导演的名片《后窗》，其中令人印象最深刻的就是探望受伤男友时穿的那套蜂腰伞裙（图 4 － 29）。上身为紧身黑色大 V 领造型，腰部收紧，白色的伞状大裙摆蓬松展开，仅在裙上覆盖的硬纱面料腰间位置装饰着花草状刺绣图案，形成了简洁而优雅的风范。总之，战后 20 世纪 50 年代的女性因为蜂腰伞裙而更具有魅力，即便是在今天，它依然是最受追捧的女装款式之一。

在这个崇尚女性美的年代，各位服装设计大师也尽显其能，设计出各具特色的蜂腰伞裙，造型百变。为塑造出完美的裙形，必须建构足够有力的内部支撑。首先要用束身衣和宽腰带来塑造纤细的蜂腰。为了展示更好的比例，一般都为高腰。而且为了达到更好的造型效果，女人们也要时刻注意节食减肥。由硬挺性面料制作而成的衬裙和裙箍，内部的剪裁和架构具有高难度，而迪奥在这方面的才能是为大家所公认的（图 4 － 30）。

图 4−29　电影《后窗》剧照

此外，蜂腰伞裙对于面料也有很高要求，宽度要足够，而且每件衣服都会用掉很多的布料，这对当时各国的轻工业倒是有着巨大的贡献。上下一体的造型在当时很流行，臀部被裙子覆盖，裙子越丰满，腰部看起来就越小。而藏在腰间的皮革或塑料宽腰带起到了更大的作用，而且也不会露出破绽。裙摆一般在膝盖以下，如有特别需要如参加宴会时则需要长及脚踝。

圆裙摆在当时是最常见的造型，特别适合年轻女性。膝盖上下的长度与造型可以满足人们的日常活动，非常适合于跳当时流行的摇摆舞。面料多为棉布、羊毛、丝绸等，边缘会有滚边或圆角处理以利于造型。而且为了更美丽、更丰满的造型，当时的蜂腰伞裙多有褶皱，这会使裙子的造型显得更为丰满。百褶裙在当时是比较受欢迎的，因为它可以使旋转的舞姿完美绽放。1955 年，詹姆斯 · 格拉诺 (Galanos)

设计了一款绿色及膝的蜂腰伞裙，小圆领、单排扣、腰间装饰同色质地细带蝴蝶结，出席舞会或相关活动是再恰当不过了。

贵妇犬裙是20世纪50年代最有特色的蜂腰伞裙，其名源于裙摆上装饰的贵妇犬图案（图4－31）。与其他款式相比，贵妇犬裙造型自然，内部一般不需要太多衬垫类的装备，腰臀部自然过渡，是当时青年女子的最爱。1947年，拉尔夫·沃特斯在纽约设计出第一条贵妇犬裙，并从此开始了他的职业设计生涯，还成为纽约第八大道杰美时尚的首席设计师。他的贵妇犬裙装造型简单，装饰可爱，成为当时销量最好的大众产品之一。后来人们还将贵妇犬的图案换成其他一些有趣的图案，如埃菲尔铁塔、电话等，这样年长一些的妇女也可以穿着出行。

图4－30　紫罗兰色印花伞裙　迪奥

与圆形裙类似的球裙则有着更高层次的意义。为达到饱满的造型，裙摆较低可以延伸至地面。在造型上也追求细腰肥臀的总体形态，但更显奢华，是典型的晚礼服、鸡尾酒服。面料的选取也比较严格，质地柔软华丽的丝绸、缎子或塔夫绸最为常用，精美的刺绣更显示出其不凡品质（图4－32、图4－33）。

在这种造型上，迪奥同样有着突出表现，他将球形蜂腰伞裙定格为当时最经典的晚装之一。在1954年的个人春夏发布会上，他推出的夜之水（NuitFraiche）球形礼服华丽而经典，成为传世之作。但对于普通民众来讲，购买此类手工刺绣的蜂腰伞裙似乎是遥不可及的事情。为跟随时尚，人们想到了一个更好的替换方法，即采用相对便宜实用的印花类面料。正因为如此，大面积印花的伞裙开始流行，而在当时，与珍珠项链的搭配成为绝配。

图4－31　贵妇犬伞裙　20世纪50年代

图4－32　鸡尾酒礼服　1955年

图4－33　晚礼服　20世纪50年代

42. 休伯特·纪梵希

图 4 － 34　丝绸亮片礼服　1955 年

休伯特·纪梵希（Hubert Givenchy）的标识是四个 G 字母的变形组合，也代表了他的 4G 风格，即 Genteel（上流）、Grace（优雅）、Gaiety（愉悦）、Givenchy（纪梵希）。正如巴黎的许多设计师一样，纪梵希也认为一个人的出身在很大程度上会决定她的气质和品位，并说："如果有可能，你必须生在一个高贵的家庭，这是属于你的一部分。"他的这种道理在崇尚高端设计的巴黎是完全行得通的，但与现代主义设计的民主理念正好相反（图 4 － 34）。所以随着设计日益大众化，服装的成衣系列占据主要市场时，纪梵希会矛盾万分。

纪梵希出身于贵族家庭，其家族历史可追溯到 1713 年的意大利威尼斯，他的父亲有着侯爵的封号。不仅如此，纪梵希的许多祖辈都有着极高的艺术造诣。他的外祖父是历史悠久的挂毯厂的老板和设计师，曾外祖父曾经为爱丽舍宫设计过 13 个系列挂毯，而更早的祖先还为巴黎歌剧院做过设计。不论是遗传基因还是环境影响，纪梵希从小就对艺术设计有浓厚兴趣。1937 年，年少的纪梵希在参观完巴黎世博会的服装展示后，就下定决心放弃律师的梦想成为一名杰出的时装设计师。对此，他的母亲鼓励他："你会留心一些具有创意的细节，我想，或许你的一生跟服装打交道是件好事。"此后，纪梵希进入巴黎美术学院学习，并通过家人的关系在 1945 年开始为杰克斯·菲斯工作。次年与迪奥等人共事于吕西安·勒隆的工作室，然后是夏帕瑞丽。通过与大师们的接触，纪梵希很快掌握了高级定制的风尚与规则。

1952 年，年仅 25 岁的纪梵希在巴黎皮朗蒙所酒店创建了自己的工作室。同年推出了自己的第一个服装系列贝蒂纳·格拉亚尼，其名源于一位法国的超级名模。这个系列的主要特点是上下装分离，而且采用以棉布为主的一些经济实用的面料，可以覆盖更多顾客。其中最有影响力的当属贝蒂纳上衣，其洁白柔软的质地，大翻领单排纽扣，袖子下半部装饰着层叠的花边，其上绣有两排黑色圆圈图案，像是飞舞的蝴蝶一般，被时尚界赞誉为"今年春天巴黎最有新闻价值的事件。"

图 4 － 35　纪梵希与赫本

1953 年，纪梵希遇到了他的朋友兼导师巴黎世家，二人惺惺相惜，终身为友。巴黎世家的创新造型对纪梵希有着极大吸引力，二人携手合作，最后创造出 20 世纪 50 年代一种新的轮廓线——松散的没有腰围的"袋形"。20 世纪 50 年代末期，纪梵希设计了袋装天蓝色晚礼服，衣长及地，像是一块简单围裹成的口袋。浑身无饰，左肩处的蝴蝶结松松地挂着异常宽松的衣裙，仅在边缘处以窄边线饰点缀，当时许多人都质疑这种异于时代的造型。《时代》杂志刊登这个作品并配文"女性形体到底怎么啦？”后来又登文说：巴黎世家和纪梵希的创新独具慧眼，是并不夸张的大胆预见。1968 年，巴黎世家退休后，鼓励他的客户尽管信任纪梵希，让他为她们继续服务。在一次采访中，纪梵希说："巴黎世家就是我的宗教，我是一个信徒，而巴黎世家就是我的主。”

在遇见巴黎世家的同一年，纪梵希还遇到了生命中的另一位挚友和合伙人奥黛丽·赫本（图 4 － 35）。在见面前，纪梵希以为服务的对象是明星凯瑟琳·赫本，没想到却是一个影坛新秀。当身穿 T 恤，紧身长裤，造型明快的奥黛丽·赫本出现时，二人的友谊和合作就开始了。纪梵希为赫本量身定做了许多经典的造型，并为她确定了女孩风格的整体形象。赫本在《蒂凡尼的早餐》中的一字领黑色礼服和第 26 届奥斯卡颁奖典礼中穿的白色碎花系带礼服被认为是 20 世纪两款经典礼服。纪梵希还根据赫本的气质专门为她制作了 I’Interdit 香水，并在赫本的推动下成为销量最好的香水之一。对于纪梵希，赫本感叹："他的服饰是唯一让我做回自己的设计，他远不止是一个服装设计师，而是个性与品性的创造者。”而纪梵希也赞誉他的这位朋友与伙伴："没有一个女人不想让自己看起来像是奥黛丽．赫本。”

图 4 － 36　粉色羽毛边饰晚礼服　1968 年

到 20 世纪 60 年代末，时尚顾客和评论家开始抱怨纪梵希一贯的良好品质。与新兴一代的设计师相比，纪梵希的高级定制似乎过于保守。但即便有再多的批评，时尚界依然承认他的设计质量，正如 1968 年纽约时报一位记者所写："纪梵希的晚礼服有着当时许多设计师没有的完美（图 4 － 36）。”《时尚芭莎》曾如此盛赞他的一件黑色礼服："用黑色公鸡羽毛装饰的三角形造型礼服，像是早年的圣诞树，修建成一棵曲线形的枞树，如雨后春笋一般从黑色天鹅绒紧身胸衣中冒出来。”礼服下摆的羽毛随着行动而摇摆，反射出美丽的光线，像是针叶林中的松针。要达到这种效果，羽毛都要进行单独测量、切割、缝制并粘贴在丝绸天鹅绒之上（图 4 － 37）。此外 20 世纪 60 年代末期的另外一件扇贝式花瓣装饰的黑色礼服也很经典。这件秋冬礼服从上到下覆盖有层叠的扇贝形小花瓣，充满动感，在不动声色中传达着高贵与品位。

图 4 － 37　羽毛礼服　1968 年

由于经济的原因，1988 年纪梵希将企业卖给了路易·威登集团，但仍担任其设计师，直至 1995 年退休。对此，伊夫·圣·罗兰在写给他的信中说到："我理解你的决定，但依然难过不已。因为在这个与我们的生活和思维方式相去甚远的变幻时代，你是时装界的最后一个灯塔。”

43. 吕西安・勒隆

图 4 － 38　勒隆滑雪服　1930 年

1889 年 10 月 11 日，吕西安・勒隆（Lucien Lelong）出生于巴黎。父亲亚瑟・勒隆（Arthur Lelong）是一位布料商人，而母亲则是一名好裁缝，从小的耳濡目染让勒隆对时尚充满兴趣。早年间，勒隆为他的父亲工作，并在 1907 年左右推出了首个作品系列。其中一副影像生动地展示了他早年的设计风格，画面中的女星更有着世纪之初的整体风貌，宽檐帽、长裙和复杂的装饰。但高腰的造型与不规则的下摆摆脱了当时 S 形轮廓的束缚，而纯白色衣裙与淡蓝色裙边的装饰也使这件衣服充满设计感。1911 ～ 1913 年期间，勒隆在巴黎高等商业研修学院学习商业贸易，在对面料和服装贸易的深入了解后决定开设一家自己的沙龙。但是很快第一次大战就爆发了，他在法国军队服兵役期间还因为勇敢获得了十字勋章。

1918 年，第一次世界大战结束了，勒隆终于实现了自己的梦想，他的时装屋开业了。在 20 世纪 20 年代，勒隆虽然没有像香奈儿那样风头十足，但也创作出许多优秀的作品，许多上流社会的女性都争相聘请他来做设计。1927 年 8 月他迎娶的第二位妻子就是某位俄国大公的公主，而她也成为勒隆最好的服装模特。20 世纪 20 年代，他为娜塔莉・帕里设计了一款吊带丝绸晚礼服，简单利落的直筒造型有着时代气质，左肩处装饰的布质花饰起到了画龙点睛的作用。而 1929 年勒隆设计的一款镜像晚礼服可谓是独特至极。在深色底布之上装饰有无数大小不同的不规则形镜片，搭配着同系列的帽子，可以想象当你身穿这样的衣服出席宴会时的视觉效果。

图 4 － 39　勒隆礼服　1934 年

在 20 世纪 30 年代，勒隆越来越受到时尚界的关注，其作品中出现了高腰大裙摆的造型，为战后的新风貌奠定了基础（图 4 － 38、图 4 － 39）。1930 年 2 月 23 日纽约曾这样评论他举办的春季展：“吕西安・勒隆是如此能体现 20 世纪 30 年代的本质，第一眼看上去他的春装似乎受到古希腊的影响，但却是以一种微妙的方式渗透在他的创作之中。从其比例来看，他的服装可以分为三部分，包括女猎人戴安娜，是由花呢和绉绸制作而成。他喜欢改变自己的风格，通过一种复古的裁剪手法使紧身的午茶装有着非常自然的视觉效果。”在精湛设计的同时，勒隆还有着非同一般的管理和营销理念。比如在服装展示期间，他经常坐在门口的高凳上，用门铃来提醒下一个模特以保证她们出现的时间刚刚好。到 20 世纪 30 年代末期，勒隆已经成为法国时尚界举足轻重的人物，并于 1937 ～ 1947 年担任法国高级时装管理协会的主席。

第一次世界大战期间，勒隆说服德国人继续在巴黎发展高级时装，而不是像他们想的那样搬到柏林，可以说也是由于他的努力，九十多个时装屋得以维持发展，而他的时装店也在1941年重新开业，并为战后法国服装业的振兴提供了重要基础和必备人才。许多大师诸如巴尔曼、迪奥、纪梵希等人都曾在他的工作室学习和工作过。1945年，第二次世界大战结束了，巴黎的每个人都想振兴高级时装。作为主管的勒隆积极奔走，在卢浮宫策划了规模盛大的专题展览。其中包括为巴黎服装设计师172个最新作品做的展览，大获成功。此后展览在欧洲各国和美国巡回展出，影响巨大。

1947年，勒隆展示出其最新设计，如铅笔裙、百褶裙、哈伦裙摆和束腰宽肩西服，而这比其他设计师要早很多年，有着明显的引领作用（图4 － 40）。实际上在二战期间，勒隆所推出的许多作品就有着战后新风貌的影子。而据统计，其中的大部分都是由迪奥等人制作的。正如迪奥后来所言：“他自己不怎么设计而是通过其他设计师来完成……但因为高度的职业敏感性，他的系列作品总能保持自己的一种印记和风格。”每况愈下的身体迫使勒隆最终在1952年退休，1958年因心脏病去世。虽然如此，必须承认正是因为勒隆，他培养和保护了大批服装设计人才，并促进了战后新风貌的尽早出现，功不可没（图4 － 41）。

图4 － 40　勒隆新服　20世纪30年代

勒隆认为香水是女性风格的重要组成部分，来自设计和穿着的独特个体气质。从20世纪20年代中期开始，他就开始致力于香水研发这一领域。勒隆的首个香水系列被命名为A、B、C、J和N等看似抽象的名字，像香奈儿的香水一样。他创造了27种不同的香氛，包括最知名的Indiscret（1935）。大多数香水瓶都是由勒隆设计的，其中布料、羽毛等的装饰细节体现出他作为服装设计师的本性。1936年，《时尚》杂志这样赞美勒隆：“他是艺术家与商人的不寻常的结合体。他将富有创造性的想象力、决策和执行能力达到平衡，从而使勒隆成为实际上成功的服装设计师、调香师和商人。”

此外，勒隆还生产相关的化妆品，而最知名的莫过于他华丽而又个性的口红包装了。在1948年和1949年，纽约时报就推出“全方位包装口红”的广告来宣传他的作品。该包装两头为金色，顶部还装饰有双L的独家标识。管身为黑色，其上成排装饰着金边仿绿松石或珍珠的圆钉。而他早年推出的银貂皮草装饰的口红包装也很时尚和前卫。

图4 － 41　勒隆春夏日装　1947年

44. 帽子与鞋子

图 4 － 42 时尚帽子 1958 年

配饰的发展永远与服装形影相随。在20世纪 50年代的新风貌中，相关的配件和饰品也有着不俗表现，其中最显眼的就是帽子和鞋子。在西方服饰中，帽子一直扮演着相当重要的角色，既实用又时尚。而且，造型时尚的帽子又能增添高贵与精致，可以表达个性，并与服装相得益彰（图 4 － 42）。同时，随着服装尤其是女式服装由长到短的变化，原来经常被遮盖在裙摆下的鞋子也变得日益重要起来。在 20 世纪 50 年代的新风貌中，重新上升的裙摆让人们更多地将目光放在足部。所以，鞋子既要便于行走，又要搭配服饰以塑造更美丽的造型。

20 世纪 50 年代的帽子造型多样，优雅别致，但究其实质是与当时的服装特点相协调的。比如在女装中，宽大的帽子与圆润的胸部和臀部曲线相呼应，而窄小合适的帽形则又能与束腰和铅笔裙相和谐。总体来看，当时的女帽大致可以分为飞碟帽、渔夫帽、灯罩帽、药丸帽、贝雷帽、半边帽等。飞碟帽是当时最为流行的大帽款式之一，因外形像飞碟而得名。该款帽子底部宽大，帽顶中间为圆顶，造型流畅，帽檐极大，甚至可以是帽子直径的两倍多。这种宽大柔软的帽子用来搭配 20 世纪 50 年代的束腰套装再合适不过了。渔夫帽也叫水桶帽，外形像是一个倒扣的水桶。造型小而合体，顶部较平，底部略宽，有时会有较小的帽檐。相对而言，灯罩帽要大一些，遮盖得也更深、更多。上部一般会有一个或两个圆顶，但整体线条比较柔和平滑。而向下延伸的底部往往会呈现一种宽边帽檐的效果。1946 年，迪奥推出的“酒吧套服”搭配着由稻草编织而成的灯罩帽，由此成为永恒的经典，并被数次模仿。药盒帽造型小而规整，圆圆的只有几英寸高，恰好能遮盖头顶，给人以整洁大方之感。药盒帽早期由巴黎世家推出，因受到杰奎琳 · 肯尼迪等人的厚爱而广受欢迎，成为 20 世纪 50 ~ 60 年代最流行的帽子之一。经典帽式贝雷帽在 20 世纪 50 年代继续流行，针织、羊毛或天鹅绒的材质使其富于柔和之美。同时，一些形状更小，更富于变幻的半边帽开始流行。这些帽子多为扁平状，柔软而弯曲以适应头形。三角形或一些不对称的造型比较多见，当然他们必须根据发型需要用相关工具固定在头发上。所以，从这个角度看，半边帽像是一种特殊的头饰或发卡了。

图 4 － 43 时尚帽饰 1950 年

在装饰上，20 世纪 50 年代的女帽也有独到之处。网纱类的面罩成为当时最流行的帽子装饰手段，其后若隐若现的面庞体现出一种精致和神秘感。1950 年 4 月 1 日法国的《时尚》杂志的封面女郎就代表了当时最为时尚的妆容（图 4 － 43）。身穿黑色束腰套装，头戴宽边飞碟帽，面部罩以流行的尼龙纱网，被分割成无数菱形的面部有着特殊的视觉感受。此外，羽毛、花叶、珠子、彩带等也是20世纪50年代装扮帽子的经典素材。迪奥曾设计过一款别致的帽子，造型类似灯罩帽，但边缘是由一圈向内略弯曲的长数十厘米的羽毛构成，虚实相生，充满了灵动感。与女帽相比，20世纪50年代的男帽似乎要保守很多，但却也是每位男士外出的必备之物。冷色系列的软呢帽是当时最流行的男士帽子了。其中多由棕褐色、黑色、灰色、蓝色等羊毛质地材料制成。帽檐比较窄而且越来越窄，边缘处向上微折，左右两边深翻，所以顶部为椭圆形而且带有纵向沟褶。此外，造型简单的汉堡帽，常春藤帽也比较多见，而装饰缎带的编织草帽和圆而大的散步帽则成为休闲类服饰的最佳搭配。

高跟鞋无疑是20世纪50年代女鞋的重要特征，高达五英寸的鞋跟是一种常见款式。为了平衡和方便行走，早期的高跟鞋一般为绑带式或带有厚重前掌。从那个时期开始，利用金属钢尖固定鞋跟的高跟鞋流行起来，并成为搭配新风貌礼服的必备之物。其中最具标志性的就是罗哥·薇薇安为迪奥制作的Stiletto，该词原意指“钉、针或尖木桩”，细高的造型使穿者的小腿看起来更加细长，并进一步突显出女性曼妙的体态，而且还能有自我防护的作用。但是带有钢钉的细高跟往往会对地板造成损伤，也会产生恼人的噪音，所以许多重要的建筑物是禁止穿这种鞋子进入的。

罗哥在1953～1963年为迪奥服务，后来开设了自己的制鞋店（图4－44）。许多名人贵妇都是他的常客，1953年伊丽莎白二世就是穿着他设计的鞋子加冕。罗哥的鞋子装饰华丽，造型独特，被时尚界誉为“制鞋业的法贝热”。罗哥非常重视鞋子的造型设计，除了典型的尖头细高跟鞋，还创造了逗号等经典的款式（图4－45）。罗哥曾为迪奥设计了几款内弧形的细高跟鞋，造型很夸张。此外，罗哥选用丝绸、珍珠、亮片、花边、羽毛、贴花和宝石等来装饰以创造他的独特品质。1959年，他为迪奥设计的一款内收细高跟翠鸟羽毛鞋子就是他的杰作，独特的造型之上覆盖着整齐的层次分明的蓝色翠鸟羽毛，气质非凡（图4－46）。而在20世纪60年代，他设计的丝绸及膝长靴，装饰着精美的珠宝，大腿处的黑色针织松紧带又很舒适。其中最具代表性的银扣饰高靴因被影星凯瑟琳·德纳夫在电影《白日美人》中穿着而被广泛关注。2003年，罗哥品牌由迪雅哥·迪拉·维利所拥有，但在时尚界依然有着重要地位。

图4－44　罗哥为迪奥设计　1953～1963年

图4－45　罗哥为迪奥设计　1958～1960年

图4－46　翠鸟羽毛高跟鞋　1959年

45. 比基尼爆炸

图 4 － 47　比基尼　路易斯 . 瑞德　1946 年

比基尼本来只是太平洋马绍尔群岛中一个不起眼的小岛，因美国的首颗原子弹在那里爆炸而闻名于世。几天后，一位名叫路易斯 · 瑞德的法国人设计出一款新式泳衣，并将其命名为比基尼（图 4 － 47），他可能也是预感到此款泳衣的问世必将成为时尚界的一颗原子弹。

在此之前，法国人杰克斯 · 海姆已经推出相似的两件套泳衣，并标榜它是“世界上最小的泳衣”。对此，瑞德提出比基尼“比最小的泳衣更小”的宣传口号。该款泳衣的上装类似于胸罩，背部只有一条细带，裤子为三角形，腿部完全暴露，经过折叠可以放入一个火柴盒中。因为设计过于大胆，瑞德甚至找不到一位勇敢的模特来展示它，最后雇佣了巴黎赌场的一名裸舞演员米切林。1946 年 7 月，他们在巴黎的一个公共泳池进行了比基尼展示，虽然受到许多保守人士的攻击与反感，但是获得了更多热爱时尚的人们的肯定（图 4 － 48）。对此，法国费加罗报写道：“人们在大海与阳光中获得一种简单的快乐。对于女人来说，穿比基尼意味着第二种解放。没有性别的问题，而是自由的解放，回归生活的快乐。”

现代意义上的比基尼似乎产生于 20 世纪 40 年代，但这种造型元素早就存在，至少可以追溯到古代罗马。在意大利西西里岛的萨尔别墅，人们发现了有彩色马赛克拼贴而成的数个身穿“比基尼”的美女（图 4 － 49）。这些远古的美女或奔跑，或拍球，或手持哑铃、树枝站立。她们裸露着，仅穿抹胸式上衣和三角式内裤，形象自然生动。这些壁画无疑表现了当时人们现实生活的一个侧面，其服装大概也与古罗马流行的沐浴习俗有关。

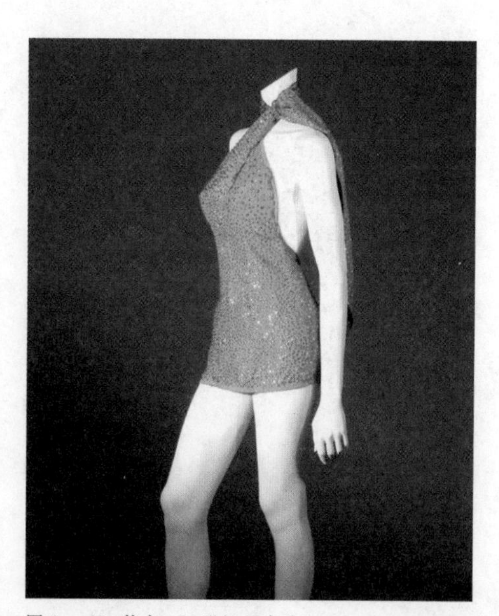

图 4 － 48　泳衣　20 世纪 50 年代

在古代社会，沐浴和洗澡被视为清洁和保健的重要方式，直到 19 世纪，安装在车轮上的洗澡机还很流行。此时的泳衣或说沐浴服装主要是起到遮羞和保暖的作用，所以通常采用法兰绒、棉毛等材料。随着时代发展，游泳成为一种日渐流行的运动和娱乐方式，但女士们仍然穿着厚重的泳装，吸水性的面料、长长的裙摆往往使许多女子溺水而亡。在当时流行男女共浴的原因之一就是为了方便救援。1903 年，游泳教练爱德华 · 桑德斯为了体会女士泳衣的弊端，亲自穿着它入水，结果差点沉没。对此，他说：“直到此刻，我真正明白了在水中多几片衣服是多么严肃的事情。”亲身经历让桑德斯致力于女性泳衣的改革，呼吁去掉束身胸衣和衬裙礼服。

在这个艰难的时刻，大胆而性感的好莱坞女星拯救了颇受争议的比基尼，玛丽莲 · 梦露（图 4 － 50）和碧姬 · 巴铎更是将比基尼作为自己个性魅力的重要部分。1952年，碧姬在《穿比基尼的女郎》中的经典造型吸引了无数粉丝，而她在戛纳电影节期间身穿比基尼漫步于沙滩的影像更是让人们再次感受到比基尼的无穷魅力。1962年，《花花公子》首先在杂志封面上刊登了性感的比基尼女郎。同年，邦德女郎哈尼·瑞德因剧中穿一套白色比基尼而闻名，并成为比基尼时尚史上的一个标志性时刻。

卡特琳娜是当时赫赫有名的泳衣制造公司，它高举“好莱坞明星样式”的旗帜并与电影界密切相关。该公司还经常赞助世界各地无数的选美大赛，这为它带来了更多商机与机会。在20世纪60年代，卡特琳娜加入加州的科尔公司，二者强强联合开创了新式泳衣的新时代。科尔泳衣公司创建于20世纪20年代，曾经为许多明星提供定制服务。1955年，科尔还曾邀请迪奥为其设计了独一无二的泳装系列。1993年，科尔公司被一家致力于游泳和健身的Warnaco公司合并，美丽和性感的比基尼依然是其主打产品。

随着时间发展，比基尼变得更短小、更大胆，网状、透明等新式泳衣出现（图4－51）。1964年鲁迪·詹瑞斯推出了无结构泳衣，也就是只有泳裤而上身裸露的泳装，让人叹为观止。这种大胆的造型广受追捧，销售火爆，即使许多人只是在无人处穿着自我陶醉。1974年，鲁迪又推出了更为夸张的T型泳裤。所谓T型泳裤就是仅遮盖私处而臀部裸露，虽然穿着不太舒服，但却足够性感，并成为T形内裤的雏形。之后，比基尼开始回归理性，暴露身体显得不再那么重要，高科技材料与时尚造型成为最重要的（图4－52）。

图4－49　罗马壁画中的泳装

图4－50　玛丽莲·梦露　1946年

图4－51　摇摆夏季　20世纪50年代

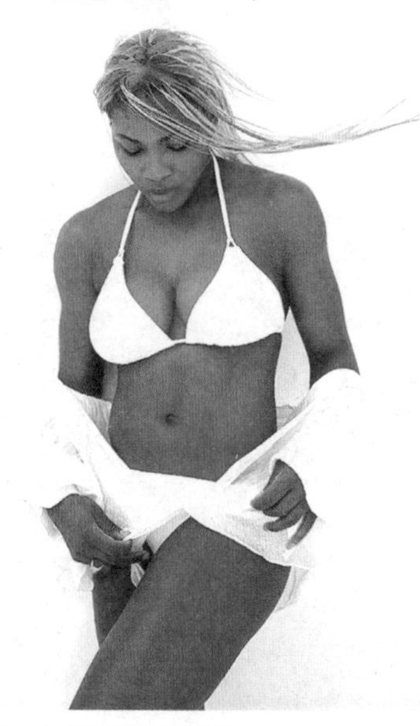

图4－52　小威廉姆斯　2003年

46. 性感与优雅

图 4 － 53　梦露　1950 年

度过了艰难痛苦的 20 世纪 40 年代，人们迎来了欣欣向荣的 20 世纪 50 年代。随着电影业的蓬勃发展，一批新的明星变得炙手可热，并成为战后新风貌的重要成员，如索菲亚 · 罗兰（Sophia Loren）、碧姬 · 巴铎（Brigitte Bardot）、格蕾丝 · 凯莉（Grace Kelly）等。索菲亚因出演了《埃及女王的两夜情》等影片而蜚声国际。其标志性风格是女性化十足的半裙和连衣裙，自信、美丽而优雅。生于 1934 年的碧姬 · 巴铎有着一种性感、倔强和反叛的气质，蓬松而卷曲的金发，小麦色的皮肤成为她的独特标志，饱满的双唇、纤细的蜂腰让她性感十足。她创造的“蜂窝”发型成为当时最流行的女性发式之一，卷曲的几缕波浪长发随意搭在肩上，后面的头发则推至顶部，看上去慵懒而性感。而后来成为摩纳哥王妃的格蕾丝 · 凯莉则以优雅高贵的风范引领着时尚。其中她身穿大伞裙的诸多形象堪为经典，1960 年她还被评选为国际最佳着装人士之一。

虽然众星璀璨，但 20 世纪 50 年代最具知名度和影响力的应该是两个人。她们有着截然不同的气质和风格，代表了当时两种美的极致，即性感的玛丽莲 · 梦露（图 4 － 53）和优雅的奥黛丽 · 赫本。从某种意义上讲，她们也是 20 世纪 50 年代电影辉煌的一种符号，在时尚领域也具有非常重要的价值，而且这种影响至今犹存。

从默片时代开始，性感对于电影明星来讲似乎都是战无不胜的利器。梦露所创造的金发肉弹形象也成为好莱坞性感美女的重要标志，并由此成为一种的美的典范（图 4 － 54）。与香奈儿一样，梦露也有过一段不堪回首的童年。1926 年 6 月 1 日出生的梦露是一个私生女，生活艰辛且后来患精神病的母亲也无法抚养她，所以年幼时曾被数次领养。为了逃脱动荡不安的生活，年仅 16 岁的梦露与一位军人结婚了。1946 年，她结束了这段短暂的婚姻。

在 20 世纪 40 年代后期，梦露出演了许多小角色，但都不太成功。1949 年，她仅因为 350 美元的报酬拍摄了许多裸照，也因此带来了许多负面效应。她的成功源于与摄影师米尔顿 · 格林的相遇，他建议二人合作成立自己的电影公司。梦露也听从他的建议改头换面，把头发染成了白金色。直到 1955 年，梦露主演的《七年之痒》大获成功，而其中在地铁口裙摆飞扬的影像成为电影史上的经典瞬间。而伴随着明星梦的实现，复杂的感情生活和精神疾病始终困扰着梦露。1962 年 8 月 5 日，梦露因用药过量而去世。

图 4 － 54　性感梦露

一头染成白金色的波浪短发是梦露的标志，光洁的额头中央有着经典的美人尖造型。偏分的大波浪卷发、鲜艳饱满的红唇、向上高挑的眉毛成就了梦露的性感与风情万种，也成为20世纪50年代的代表性妆容。而嘴唇左边的一颗黑痣也成为她性感的标志。面对影迷的崇拜和大家的恭维，梦露如此说："性感符号变成了一种东西，而我正好厌恶成为一种东西。"由此可知，现实中的梦露与银幕上所描绘的"无脑金发女郎"还是有很大的区别，她应该有极为丰富的内心世界。

为了突出性感，梦露经常穿着沙漏式的紧身裙装，大V领露背连衣裙是她最经典的服饰。她在《绅士爱美人》的演唱会中，穿着一套粉红色大V领束腰连衣裙演唱了名曲《钻石是女孩最好的朋友》。沙哑的嗓音、性感妖艳的造型让人们印象很深刻。当时的许多服饰品牌都请梦露来做广告，因为她的时尚号召力太强大了。虽然她一再强调"我并不想赚钱，我只是想更优秀。"

图4－55　赫本与纪梵希的小黑裙　1961年

与性感迷人的梦露相比，赫本无疑过于苗条。但正是这个瘦弱的女孩创造了一种属于自己的时尚风格，她是优雅与美丽的化身。出身贵族的赫本有着良好的素养，对于时尚也有非常的感知力。她知道自己的优缺点并能通过服饰加以美饰。正如纪梵希所言："她准确地知道自己要什么，并且了解自己的风格与品位，后来我试着按她的要求来改变我们的设计。"

赫本在《罗马假日》中扮演的安妮公主优雅、高贵又可爱，由此塑造出好莱坞的另类风格——清纯优雅。而在影片中，她修剪的童花式发型也成为当时女性争相效仿的流行发型。从1954年与纪梵希结识以后，两人的友谊与合作就成为时尚与电影节的模范。纪梵希为赫本在《龙凤配》《窈窕淑女》《蒂凡尼的早餐》等影片中设计的服饰，充分展现出赫本简单、优雅而时髦的个性与时尚气质。其中在《蒂凡尼的早餐》中身穿小黑裙，戴着超大墨镜和珍珠项链的形象最为经典，而纪梵希也因这款朴素无袖的小黑裙稳居时尚大师的宝座（图4－55）。

日常生活中，赫本也保持着与银幕中相似的简单风格。芭蕾平底鞋、七分裤、纽扣式衬衣、高领毛衣、大风衣等都是她的主要造型元素。此外，她还经常带着蝙蝠式的宽大太阳镜，与她瘦小的脸庞形成巨大反差。1989年，赫本在演出《直到永远》后退出影坛，担任起联合国儿童基金组织慈善大使的角色。她穿着纪梵希为她设计的一系列简便服饰出现在诸多非洲国家的儿童中间，因爱与高尚赋予时尚一种新的美丽。1993年，赫本在瑞士病逝，但其影响力依旧。在2003年《时尚》杂志的评选中，赫本依然以她的高贵优雅居于榜首（图4－56）。

图4－56　优雅赫本

47. 垮掉的一代

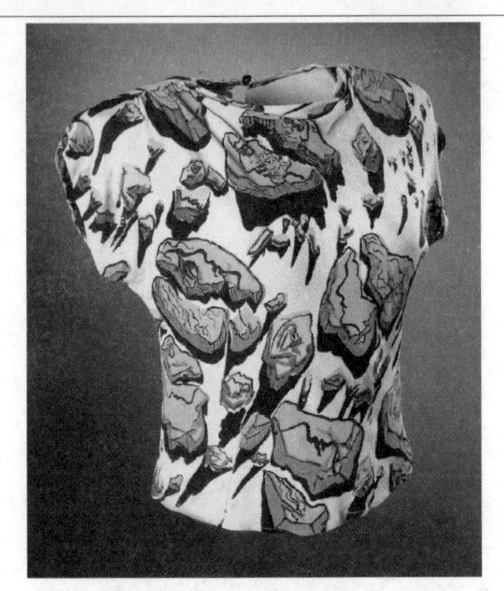

图 4 － 57　印花 T 恤　1947 年

20 世纪 50 年代是一个革新和发展的时代，人们的生活环境和方式也因此有了巨大变化。电视是当时最大和最流行的作品，它为人们带来了一种全新的娱乐和放松方式，同时也让信息沟通更方便快捷。此外，在 20 世纪 50 年代还出现了复印机、密封圆珠笔、塑料可乐瓶、全玻璃钢车身等诸多新鲜事物。而一些快餐店如麦当劳、白色城堡等也逐渐影响人们的日常生活，冷冻食品、爆米花、奶昔等也成为更便捷和时尚的东西。在这十年里，摇滚乐变得非常流行，猫王也因此具有了无比的影响力和时尚感召力。与此同时，1947 年达到高峰的战后婴儿们已经成长，不同的成长环境造就了他们不同的性格与需求，而经济条件的富足也是他们强有力的支撑。受到电影、音乐、文学等的影响，他们开始不理解父辈们的思维和生活方式，并且努力想证明自己的与众不同。由此，青少年在此时形成了一股强大的力量，他们用自己的叛逆创造了属于自己的潮流文化，成为时尚界的潜在消费者。“男流氓”造型风靡一时，而放荡不羁的个性正是年轻人所追求的“酷”（图 4 － 57）。

“垮掉的一代”（Beat Generation）最早是由作家杰克·克鲁亚克提出的，原指第二次世界大战后出现于欧美的一群松散结合的诗人和作家。他们敢于冒险，自由不羁，蔑视一切世俗陈规，对东方宗教充满好奇，纵欲、吸毒、沉沦。在着装上大多不修边幅，喜欢奇装异服，条纹衬衫和宽松的裙装是其重要装备。而“披头士”作为垮掉一代的重要参与者，更是从头黑到脚，黑色的高领衬衫搭配紧身铅笔裙，酷劲十足。

图 4 － 58　詹姆斯·迪恩

“垮掉的一代”提倡从精神到肉体的全面解放，他们大多是流浪吸毒、反战、激进和反体制者。标榜自己是“没有目标的反叛者，没有口号的鼓动者，没有纲领的革命者”。他们全盘否定传统所谓的高雅艺术，鄙视法国时尚。在堕落中获取灵感，寻找自我。其代表人物艾伦·金斯堡（Allen Ginsberg）在1982年出版的《什么是垮掉的一代》中，对此有过这样描述：他们支持精神自由和性解放；支持文学作品不受检查制度危害；支持大麻和其他毒品合法化；支持摇滚乐吸收蓝调因素并施行节奏革命；支持普及生态保护意识，反对军事工业文明；反对全国性政府权威，维护地方文化；尊重本土文化和原住居民等。

在多种因素的影响之下，欧美的青少年们纷纷叛逆，向“垮掉的一代”靠拢，摇滚乐、性解放、放荡不羁甚至参禅礼佛、背包游成为风气。而当时的一些电影明星如马龙·白兰度、詹姆斯·迪恩等也因其青年的反叛和浪漫气质，成为“垮掉的一代”的象征，他们在影片中的经典服饰也因此成为年轻人崇尚的热门产品。

1931年，詹姆斯·迪恩出生于印第安纳州的一个小镇上，母亲的早逝让天性敏感的他更加脆弱（图4－58）。对于他来说，周围的人或事并不重要，他生活在自己的世界之中，桀骜不驯已经深入骨髓。对于迪恩来讲，表演就是生活，他与电影中那些虚构的角色没有界限。他犹豫而茫然，顽固而脆弱，冷漠而叛逆，以一股近乎粗野的原始力量击中了彷徨青少年们的神经。1955年9月30日，迪恩因车祸不幸去世。在短暂的生命中，虽然他只演过《伊甸园之东》《无因的反叛》《巨人》三部电影，但也足够成为那个时代青少年们的偶像。正如安迪·沃霍尔对他的评价：“在每个方面，詹姆斯·迪恩的斗争都镜子般映照出无因反叛的一代。他的痛苦在银幕内外均极度真实，他欢愉的瞬间则弥足珍贵。他成为我们英雄的原因不在于他的完美，而在于他完美地呈现了那个时代被捉弄而依旧美丽的灵魂。”

图4－59　马龙·白兰度

在迪恩有意无意的带领下，“内衣外穿”成为时尚，引起了一场T恤的新风潮。T恤本来只是内衣，登不得大雅之堂。但正是在好莱坞文化的影响下，T恤逐渐被人们接受，并成为男人的重要装扮之一。而T恤、牛仔裤、夹克的经典搭配成为流行，也代表着年轻人对传统礼节、上流品位的极度蔑视和摈弃。

马龙·白兰度是20世纪50年代著名的男明星，自1951年《欲望的街车》公映，白兰度性感的白色T恤形象成为时尚经典（图4－59）。他让男性美从规矩的传统着装中解放出来，让简单的T恤演绎出男性十足的魅力。而影片中皮夹克、暗色牛仔裤和贴身T恤的搭配也风靡一时（图4－60）。在这个黄金时代，李维斯的事业也红红火火地发展起来。他甚至还推出了“前拉链”式的女式牛仔裤，让公众震惊万分。但无论传统势力如何阻挡，从此牛仔裤成为时尚界最重要的生命力量之一。

另外，在青春与时尚的感召之下，泰迪男孩也成为战后重要的时尚亚文化，其成员大多来源于工薪阶层。他们经常穿着及膝的单排扣翻领夹克，下身搭配同色系或具有反差的裤子，配以紧身衬衣的锦缎背心，完美地将绅士与性感体现出来。而在发型上，他们喜欢长长的鬓角，用大量定型剂认真造型和装饰头发，光滑亮丽的发型成为绅士的象征。

图4－60　马龙·白兰度

48. 猫王与摇滚乐

图 4 － 61 《监狱摇滚》 普雷斯利 1957 年

音乐与时尚总是息息相关，在20世纪50年代叛逆的青春文化中，摇滚乐以从未有过的声势发展壮大起来，并在时尚界扮演起愈发重要的角色。也正是在这个年代，产生了“猫王”埃尔维斯·普雷斯利（Elvis Presley）（图 4 － 61）、约翰尼·卡什（Johnny Cash）和琼·卡特（June Carter）等摇滚明星。他们用音乐和个人的魅力征服和影响了无数青少年，并对后世的音乐和时尚发展举足轻重。

20世纪30年代是爵士乐和摇滚乐流行的时代，乐器是吉他、贝斯、手鼓等传统形式。而伴随着电吉他、麦克风、黑胶唱片等的发明更具有节奏和金属质感的摇滚乐开始产生。早期摇滚乐来源广泛，主要结合了黑人音乐布鲁斯、乡村音乐、福音音乐等。虽然这其中的一些曲调已经具有摇滚元素，但摇滚乐作为一种独立流派是在 20 世纪 50 年代才定型出现的。

1951 年，克利夫兰的广播 DJ“月亮狗”大量播放快节奏的布鲁斯类歌曲，而坚称其为“摇滚”，使这个词日渐走红。最早的摇滚乐经常把钢琴和萨克斯管作为主要乐器，而后吉他逐渐占据主要位置。在表演形式上，摇滚乐更加灵活大胆。音乐节奏经常用四分之四节拍，富有激情和煽动力。而 1952 年由“月亮狗”组织的第一场名为“月亮狗加冕舞会”的摇滚音乐会更是影响巨大。从此，摇滚乐广泛流行起来。

图 4 － 62 猫王

黑人音乐布鲁斯，也称蓝调是摇滚乐的重要根基。它起源于过去美国黑人奴隶的赞美歌、劳动歌曲等。布鲁斯音乐注重自我情感的宣泄和即兴性，经常采用一呼一应的形式进行，低调而忧郁。所以摇滚乐的流行与普及实际上是把黑人的“种族音乐”带给了更多的白人，人们在音乐中得以交流，感到平等。当然，白人青少年听唱黑人音乐的问题也在社会上引起巨大纷争。而正如许多观众所预言，作为黑人和白人共同创造的摇滚乐预示了种族隔离的末路。1954 年，美国最高法院取消了隔离但平等政策，音乐再次用它的魅力拉近了人们彼此的心灵。

乡村摇滚通常是指 20 世纪 50 年代由白人音乐家表演并录制的摇滚乐，他们的作品比较偏重于与乡村音乐的结合。正是这种偏重与肤色的差别让他们更容易赢得人们关注，尤其是那些深受种族观念影响的人们，其中最有名的莫过于猫王普雷斯利了（图 4 － 62）。1935 年，普雷斯利出生于美国密西西比州的一个贫困家庭，后来随家人搬到了田纳西州的孟菲斯。孟菲斯是一个多种族人群集聚地，普雷斯利也由此接触到了布鲁斯等黑人音乐。偶然的机会，他得到了“孟菲斯录音服务部”老板山姆·菲利普斯的青睐，专门为他录制了歌曲《没问题的，妈妈》，并力排众议将其推荐给萨斯电台。这个只有三件乐器伴奏的歌曲有着布鲁斯的质感和乡村音乐的气质，由此迅速走红，普雷斯利也一举成名。

作为一位极具音乐感和表演天分的白人摇滚歌手，普雷斯利有着更多的先天优势，肤色、年轻、时尚都成为他广受追捧的重要原因。此后，他推出的《伤心旅店》和《猎豹》风靡全球，年销量数百万张。随着声名日涨，他还参加了《铁汉柔情》《监狱摇滚》等知名电影。他在电影中的表演与演唱堪称完美，产生了国际性的影响。狂野的演唱风格，时尚叛逆的造型对于广大青少年而言更是难以抗拒的，而他那边缘呈锯齿状的鸭尾发型也成为20世纪50年代年轻人中最流行的发型之一。

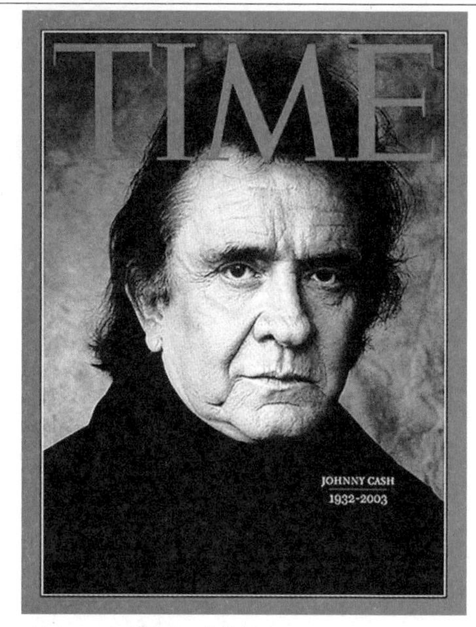

图4－63　约翰尼·卡什

Rat Pack是20世纪50年代相当活泼的演唱组合，它的成员和人数并不太固定，大多是男性，偶尔也会有女歌手加入比如玛丽莲·梦露。这种客串式的表演形式很受欢迎，据说肯尼迪总统都曾为他们捧场。在形象上，他们与猫王有比较大的差别，是成熟男人的形象。经常身穿西装，但更为自由随意，成为生活富裕、及时享乐的钻石王老五形象的象征。

约翰尼·卡什（图4－63）是创作型歌手，以他低沉而性感的歌声闻名，而他的田纳西三人（Tennessee Three）所创建的“沉音低挫”和“运货车”风格独特，影响巨大。而约翰尼在接近20世纪50年代的艺术生涯中共售出五千万张左右的唱片，被公认为美国音乐史上最具有影响力的音乐家之一。但就在20世纪60年代事业渐入辉煌之时，约翰尼开始酗酒和吸毒，产生许多负面新闻，但这似乎并没太多影响到他的创作。在表演时，他经常身穿一身黑衣，外披一件及膝黑色长袍，因此也有了“黑衣人”的外号。

摇滚乐伴随着战后婴儿的成长而发展，它与这一代人的生活紧密相关，并成为年轻人文化与时尚的象征与旗帜。在那个时代，摇滚乐不仅仅只是一种音乐广播、唱片和电视节目，它更多地融入到人们的服饰、发型、审美和人生态度之中（图4－64）。也正是因为如此，摇滚乐成为年轻人与父辈们的代沟。许多父母担忧儿女们的疯狂与叛逆，并极力反对摇滚乐。但无论怎样，摇滚乐始终以其特有的魅力发展前行，而叛逆的年轻人依然继续对抗传统，不断斗争，表现自我。

图4－64　衬衫　1957～1960年

五

动荡与叛逆
（约 1960 ～ 1969 年）

进入20世纪60年代，欧美世界的经济飞速发展，但在这种物质繁荣的背后却隐藏着冷漠、不平和彷徨。社会中的诸多问题如黑人民权运动、女权运动、越南战争等也让这一时期的社会生活动荡不安。战后成长起来的年轻人大都接受过良好的教育，对于社会中的诸多问题都有着自己的看法。20世纪50年代开始出现的一些青年亚文化到20世纪60年代进入全盛阶段，并对当时的时尚流行产生巨大影响。他们不再崇拜父母、师长，不再遵守礼制、道德，“反抗和叛逆”成为他们的主导思想。美国评论家西奥多·罗斯扎克在他的《反主流文化的诞生》一书中提出“反主流文化”一词来形容20世纪中叶以后西方社会中出现的种种对主流文化的反叛与背离。年轻人通过各种方式来表达自己的个性与不满，如吸毒、摇滚、纵欲等有悖传统规范的诸多行为，而奇装异服也是他们“反权威”“反主流”的重要途径。街头服饰成为时尚潮流中重要的组成部分，由于人口年龄结构的变化，年轻人的着装风格在很大程度上影响着20世纪60年代的时尚风貌。

从“垮掉的一代”中演化出来的嬉皮士成为20世纪60年代反主流文化的主流团体之一。他们打着“和平、博爱、利他”等口号，关注自己的精神世界。但后期的许多嬉皮士开始走向极端化，日益沉醉于纯粹的享乐和放纵。喇叭裤、混搭、繁复装饰等都是他们的日常装扮，鲜艳的印花围巾和头带也是不可或缺的。在嬉皮士文化的影响下，新的一种时尚文化诞生了，在男装界尤为明显。鲜艳的色彩、夸张的造型，打破了沉闷的男装造型，把男性装扮得异常华丽，像是炫耀自己的孔雀，故也被人称为男装的孔雀革命。The Mods在20世纪60年代也发展起来，雌雄同体的女性形象彻底颠覆了人们对于时尚的认识。短发、平胸、平底鞋、忽视曲线等成为女性追求平等、解放自我的新形象，超模崔姬凭借其独特气质与装扮成为新时代的偶像。

伦敦在此时开始摆脱束缚，再次焕发青春，并成为20世纪60年代重要的时尚中心。《时尚》杂志曾这样形容伦敦“相当于一个创造一切又放弃一切的圣地，它主宰着世界的新潮流。”成为社会中流砥柱的战后婴儿们创造出知名的“高街风尚”和“名流风尚”，而这些摩登形象通过摄影师David Bailey等人的镜头得以定格和宣扬。披头士乐队用他们自由、乐观而又充满幻想的摇滚乐表达出年轻人的心声，成为当时最受欢迎的乐队。他们青春的学生模样，直梳至颈的蘑菇头，时尚运动的披头士靴也成为当时最流行的时尚装扮之一。服装设计师玛丽·匡特勇敢地向传统的女装挑战，将裙子下摆提高至膝盖上四英寸，迷你裙时代来临了。艺术设计界在20世纪60年代也突破常规，有着非同寻常的表现。人们日益厌恶简洁实用而千篇一律的现代主义风格，对抗与发展成为主流。服装设计也在这种思潮的引领下加快变革，舒适、个性与装饰成为主流。波普一词源于英语“Popular”，有着大众化、流行等的含义，是20世纪60年代最重要的艺术设计风潮之一。波普艺术主张为大众服务，喜欢采取日常生活中随处可见的大众文化元素进行创作。美国的安迪·沃霍尔以其颠覆传统的创作成为波普艺术的重要领导者，玛丽莲·梦露、可口可乐瓶、罐头瓶等都是他重要的艺术题材。他将大量复制的浓汤罐头印刷在高街风格的裙子上，从而定义出波普服装浓烈、大众、通俗的艺术风格。

欧普艺术又被称为“光效应艺术”，是利用人类视觉上的错觉产生的一种特殊的、富于变化和运动的形象。它经常利用对比鲜明的几何形体来进行创作，经过特殊设计和处理可以更好地修饰和表达凸凹有致的身材，同时又体现出穿者的时髦与个性。在20世纪60年代，太空艺术为热门话题。太空竞赛不仅为人们提供了技术创新与物质发展，更是给予时尚界更多的想象与创造空间。设计师们大胆采用新型材料和太空设计元素，创造出大量以宇航为灵感的设计作品。PVC和塑胶等开始成为服饰的重要原材料，而几何造型、银白色、头盔、装甲等都是太空风格的重要元素。1964年，安德烈·库雷热发布了他的第一个太空系列服饰，全面带动了太空装的潮流，被誉为20世纪60年代“未来主义”大师。

总之，20世纪60年代是一个动荡反叛的时代，时尚、音乐和社会发生了巨大改变。人们享受自由，娱乐至上，时尚也因此变得更加随意，更加耀眼，更加多姿多彩。

49. 摇摆伦敦

图 5 － 1　外衣　1968 年

在维多利亚时代，英国在政治、经济和文化上都达到了鼎盛时期，有着“日不落帝国”的美称。伴随着时代发展，尤其是两次世界大战的爆发，原本高高在上的英国早已不复昨日辉煌。很早以来，巴黎始终是时尚之都，它的优雅与高端设计影响和决定着世界时装的走向。然而，随着战后婴儿的成长，年轻人成为社会和消费的主体，他们厌烦于传统，渴望一个崭新的时尚王国。在设计界沉寂已久的英国在此时开始觉醒，而作为首都的伦敦成为 20 世纪 60 年代真正的时尚引领者（图 5 － 1）。

20 世纪 60 年代的英国充斥着各种反主流文化，人们用各自独特的方式来反叛传统、宣扬自我，造反游行、迷幻药、摇滚乐、性解放、奇装异服、神秘宗教等形式。但其共同之处就在于对传统文化与标准的反叛，享乐至上，追求自我。而这一切的根源与中心就是伦敦，就像《时代》杂志所描述：“伦敦已经进入高速发展期，它正在大摇大摆地向我们走来，好一番繁荣景象。”1966 年，只有 91 磅重的崔姬登上了《每日快报》（*Daily Express*）的封面。她以其瘦弱的男孩式的造型红遍全球，从而定义了一种新的时尚美，而这期杂志正式确立了伦敦时尚之都的地位。同年，《时代》杂志的封面话题就是“摇摆伦敦”。伦敦成为时尚界的热门话题，所有的人都想参与和追随它的脚步（图 5 － 2）。

图 5 － 2　鲁迪设计　1967 ~ 1968 年

“摇摆伦敦”这一概念比较笼统，主要是指 20 世纪 60 年代伦敦流行的各种青少年文化现象。除了时尚，还包括音乐、摄影、电影、舞蹈等。以纪录片闻名的安东尼奥尼所拍摄的影片《放大》，以写实的方式为我们记录和展示了“摇摆伦敦”全盛时期的风貌。《放大》的男主人公以当时知名的时尚摄影师大卫 · 贝利和泰伦斯 · 多诺万为原型，用男主角的单反相机记录了一个真实的时代。安东尼奥尼从纷繁咆哮的伦敦选取了 20 世纪 60 年代最具代表性的许多侧面，再造了一个亦真亦幻的世界。游荡而迷茫的年轻人，疯狂激烈的摇滚乐，追逐名利的模特，纵欲狂欢，毒品与沦丧。

有音乐，才有摇摆。我们很难想象没有摇滚乐的伦敦会是什么样子，正如 *Stree Fighting Man* 中的歌词：“在昏昏欲睡的伦敦，贫穷的街头少年除了唱摇滚乐，还能干什么？”如果说 20 世纪 50 年代的摇滚由猫王统领，那么 20 世纪 60 年代则无疑是伦敦的摇滚乐队，滚石、披头士、谁人等依旧代表着摇滚乐的辉煌。它以歇斯底里的吼叫，激烈动荡的曲风，自由而随意宣泄和表达着年轻人的不满，让人感到

一个全新的 “自我”。披头士乐队无疑是当时最有影响力的摇滚乐队之一，它由四个来自利物浦的男孩组成，是动荡的 20 世纪 60 年代的重要标志（图 5 － 3）。与其他摇滚明星不同，披头士乐队成员着装内敛，很多时候穿着校园式四粒扣的深色西服搭配窄领浅色衬衫和严谨的领带更体现出一种绅士风范。浓厚的蘑菇头又为他们增添了一份青春气息。这种看似传统的形象与反传统的摇滚乐对比鲜明，意外获得了很多年轻人的膜拜。20 世纪 60 年代中期，披头士发行的专辑《左轮手枪》和《佩伯军士孤独之心俱乐部》风靡全球，以至于人们发出“披头士比基督更受欢迎”的感叹。

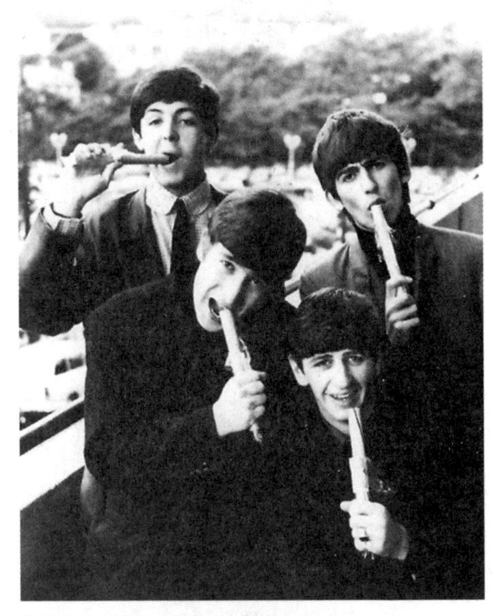

图 5 － 3　披头士乐队

与披头士的内敛相反，同样作为摇滚巨星的大卫 · 鲍威创造了华丽摇滚的新模式（图 5 － 4）。从某种程度上看，1947 年出生于伦敦的鲍威汲取了日本艺妓表演的诸多元素，以“Ziggy”的形象和身份闻名。似艺妓般鲜红或金色嘴唇，漆黑的烟熏妆，苍白的肤色成为他标志性的妆容。独特而庞杂的演出服装予人耳目一新的感受，而他那种妖冶鬼魅的表演方式也让人叹为观止。1973 年，鲍威请日本设计师山本宽斋为其巡演“阿拉丁神灯”设计的那件黑底条纹连体服至今仍是服装史上的重要作品。Gucci 的创意总监弗里达 · 詹尼尼由衷地感叹：“大卫 · 鲍威是我最大的灵感来源之一，他作品的独立性、原创性和真实性不容置疑。这几十年中，他的才华和他对音乐、艺术、时尚和流行文化的影响是不可估量的，并将持续影响后世。”

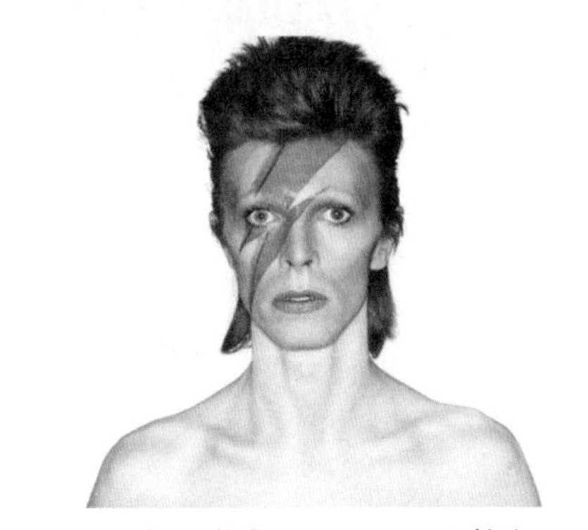

图 5 － 4　大卫 · 鲍威《Aladdin Sane》封面　1973 年

伴随着各种反主流文化，摇滚乐将诸多时尚元素发扬光大，迷你裙、皮夹克、喇叭裤、短靴、摩托车等大行其道。伦敦的许多街道充斥着各种时尚而有趣的店面，各种原创的、潮流感十足而充满酷劲的东西比比皆是，成为年轻人最爱光顾的地方。廉价的、混杂的、充满野性和异域风格的服饰开始流行，从而形成了著名的“高街风格”。Biba 的创始人 Barbara Hulanicki 以前卫而低廉的作品吸引着无数年轻人，青春洋溢和中性色彩是其代表风格。而玛丽 · 匡特的迷你裙装也使她成为 20 世纪 60 年代伦敦时尚的领军人物，让富于活力的伦敦摇摆生姿。

20 世纪 60 年代的伦敦时尚迷人而反叛，在那个特殊的年代，它以其英伦时尚、流行音乐等创新发展，经久不衰。它借鉴历史，穿越未来，开拓和创造了一种崭新的穿着时代，而这种魅力在今天仍依稀可见。而源于伦敦的种种反主流文化更是影响深刻而久远，让人们在发展中反思、批判、寻找自我（图 5 － 5）。

图 5 － 5　面料设计　1960 年

50. 名流摄影师

图5－6　大卫·巴利作品

在20世纪60年代，伦敦时尚的发展离不开摄影技术的支持与推动。著名摄影师大卫·巴利(David Bailey)、特伦斯·多诺万(Terence Donovan）和布莱恩·达菲（Brian Duffy）与各时尚杂志和明星偶像合作，形象而直接地为人们展示出新时代的“摇摆伦敦”，并因此成为众人心目中的时尚名流。在那个动荡的年代，摄影师不仅仅是记录时尚的瞬间，更是发现、追寻和创造时尚的重要参与者。

大卫·巴利出生于伦敦东部的莱通斯通，父亲是一位裁缝，母亲是一个机械师。战争、轰炸和贫困让大卫一直记忆犹新，他后来回忆说：“在冬季，每天晚上家里人会带着面包和三明治去电影院。因为在那些日子里，去电影院比在家里生活取暖更便宜。我发誓，每周我都看七到八部电影。”他三岁时家园被炸毁而不得不搬家，上学也是断断续续，随时都要钻防空洞。他亲眼看到火箭炮击中了他常去的电影院。15岁时，巴利离开学校开始谋生，在1956年服兵役之前曾换过数次工作。1958年，巴利退伍回家并决心投身于摄影，因为他的学校记录无缘于伦敦印刷学院的工作，成为大卫·欧林斯（David Ollins）的第二助理（图5－6）。

正是由于类似的出身与经历让巴利更容易理解和捕捉20世纪60年代伦敦的各类反主流时尚。1960年，崭露头角的巴利开始为英国《时尚》杂志服务，开始了他传奇的职业生涯。短短数月里，他开始拍摄封面并以高质高产著称，仅一年的时间就创造了八百页时尚作品。他曾经的一位女友佩内洛普·特瑞（Penelope Tree）形容他：“像一个狮王，有危险的气质和令人难以置信的吸引力。他是该杂志最亮、最强大、最有才华和最有活力的力量。”1966年以来，巴利还指导了一些电视广告和纪录片，都有很大影响。

巴利与同时代的许多著名摄影师一起见证了“摇摆伦敦”风潮，他以敏感而独到的镜头捕捉着时尚的脚步，成为时装史上第一位“名流摄影师”（图5－7）。巴利的核心理念就是要展现“真实的人”，拒绝后期加工。正如他所说：“我的时装摄影照片是‘人’的照片，而不是‘模特’。这就是为何姑娘们成为有个性的‘人’而不是‘模特’的原因。”

他还认为艺术创作不能墨守成规，要有个性和创造力，所以才能够不理会编辑们所谓的要求，只是按照自己的方式拍摄。巴利的许多作品风格强烈，经常还带有浓重的“性意味”。1972年，巴利为《时尚》杂志拍摄的摇滚音乐家爱丽丝·柯帕（Alice Cooper）

图5－7　大卫·巴利

几乎赤身裸体，除了一条蛇。从 1999 年开始，他整理出版自己 40 年拍摄的照片，第一本书名为《大卫·巴利：档案 1（1957 ~ 1969 年）》。2005 年，为了表彰他对摄影艺术持续而显著的贡献，巴利被授予英国皇家摄影学会百年奖章和荣誉院士。

图 5 － 8　多诺万作品　1960 年

特伦斯·多诺万出生于伦敦东区的斯坦普尼，与巴利有着相似的童年，从小对伦敦西区的奢华生活极为向往。年少时曾在伦敦摄影和制版理事会学校学习，并在 15 岁时拍摄了自己的一张照片。1959 年，多诺万创办了自己的个人摄影工作室，开始与巴利合作进军 20 世纪 60 年代的时尚界（图 5 － 8）。

多诺万经常以家乡破败的工业景观为背景，开创了把模特置身于个性鲜明的环境中进行拍摄的潮流。在她的作品中，公寓和煤气表是最常见的背景，他还经常让模特采用危险的姿势。有一次他让一个模特处于建筑物之上，还拍摄另外一个在降落伞中晃来晃去的模特。情景的刻意处理以及独特而富于诗意的画面成为多诺万最突出的特征（图 5 － 9）。他为诸多杂志如《时尚芭莎》《时尚》等服务，并导演了上千个电视广告。1973 年，多诺万还拍摄了电影《黄狗》，他拍摄的许多纪录片和音乐录影也很知名。比较奇特的是他还与一位日本前世界柔道冠军得主合作写了一本流行的柔道著作《格斗柔道》。1996 年，在接受英国摄影杂志采访后不久，身患抑郁症的多诺万自杀身亡。

布莱恩·达菲的经典之作当属 1973 年为“摇滚明星”大卫·鲍威专辑《阿拉丁神灯》拍摄的封面照片。赤裸的上半身，高耸的发型与红蓝彩绘的面部令人印象深刻。1933 年出生于伦敦的达菲曾经在圣马丁艺术学校学习绘画，后来改学服装设计方面的课程。毕业后达菲曾有过一段服装助理设计的工作经历，并在 1955 年作为一个时尚艺术家加入《时尚芭莎》。正是在这里，他接触并爱上了时尚摄影。1957 年，达菲开始为《时尚》杂志工作，并与巴利等人重新定义了时尚摄影之美。

图 5 － 9　多诺万作品

达菲曾为诸多出版物进行摄影工作，包括《女王》《君子》《魅力》《每日电讯报》等。达菲与大卫·鲍威有十年的合作关系，他为鲍威公众形象的创造和宣传功不可没。1979 年，达菲决定放弃静态的摄影世界，进入电视广告的世界。他指导音乐录影、宣传片，还在 1986 年成立了自己的电影制作公司。2010 年 5 月，达菲因肺部疾病去世。2013 年，他被列入 100 位最有影响力的专业摄影师名单。

51. 嬉皮士

图 5 － 10　鲁迪短裙　1967 ~ 1968 年

嬉皮士（Hippies）是 20 世纪 50 年代“垮掉的一代”的变种延续，最早诞生于美国。《简明不列颠百科全书》对嬉皮士的定义：Hippies 指生活在既定的社会之外的反叛的年轻人。其特点是：他们试图寻找一种非物质主义的生活方式，偏爱奇装异服和奇特的发型，并常服用引起幻觉的麻醉剂和大麻。嬉皮士一词始见于 20 世纪 60 年代。

战后成长起来的年轻人生活富裕却内心空虚，他们充满叛逆精神，形成声势浩大的反主流文化，嬉皮士是其中主要的组成部分。嬉皮士们厌恶战争，鄙弃物欲横流的世界，他们在反思第二次世界大战之中更加反感越南战争与社会的伪善。他们高举“和平友善”等的旗帜，以一系列非暴力的方式表达自己的不满与失意。他们关注自己的精神世界，追求自由随意，也因此不可避免地坠入颓废派的生活方式。早期的嬉皮士大多来自中产阶级家庭，他们生活富足而富有教养。为了与传统的价值观念相抗衡才有诸多不合常规的表现。到 1965 年，美国旧金山已经发展成为嬉皮士们聚集的天堂，并以不可阻挡之势席卷全球。但到 20 世纪 60 年代末期，“反叛”一词成为许多自称嬉皮士人的一个招牌，不再有理想的追求，彻底地颓废放纵，甚至作奸犯科。在一段时间里，嬉皮士经常和肮脏、幼稚、自私、色情、暴力等词汇联系在一起，直至在 20 世纪 70 年代消失痕迹。

摇滚乐是嬉皮士的最爱，在激烈而自由的音乐节奏中，他们找到了知己，找到了自由。当披头士乐队带着英伦摇滚来到美国时，嬉皮士文化就与摇滚乐形成更加完美的结合。他们吸食着迷幻剂，听着摇滚乐，如痴如醉，欲罢不能。很多时候，摇滚乐成为他们反抗传统、参与社会斗争的一部分，人们甚至通过砸碎吉他，烧毁国旗等以示抗议。1969 年在美国纽约州的伍德斯特克村，几十万年轻人聚集在一起，举办了一场盛大的摇滚音乐会。各个摇滚乐团轮番上台，大唱“要做爱不要作战”，台上与台下混为一体，所有人都参与其中。人们不分种族，不分性别，伴着音乐、迷幻药和性爱自由翱翔，将 20 世纪 60 年代的反叛与激情推向高潮。性解放是嬉皮士的另外一个重要特征，他们认为“性”是人的本能，是人们内心的需要，不应该受到外在力量如物质、金钱、规则等的约束。美国教授金赛出版的《男性性行为》和《女性性行为》对人类的性行为进行了探讨，引起极大轰动。而弗洛伊德的理论更是为冲破禁忌提供了有力依据。1963 年，避孕套的推广也让女性们从怀孕的恐惧和负担中解放出来。1968 年 5 月，法国的“五月革命”爆发，“要做爱不要作战”的口号成为性解放的一个重要标志。

图 5 － 11　鲜花大衣　1965 年

集体生活和自由行走也是嬉皮士文化的标志。彼此陌生的年轻人，少则四、五人，多则几十人住在一起，过着类似于“原始部落”的群居生活。他们用这种方式体验和建立人与人之间的友爱与信任。旧金山的里特斯伯瑞地区是嬉皮士文化的中心，也是他们集体生活的一个典型，经常居住着几百个嬉皮士。为了充实精神世界和探寻与西方世界不同的价值观，嬉皮士们经常结伴而行，开着越野车、摩托车等到世界各地旅行。

图 5 － 12　上衣　Roberto Cavalli　1970 年

外在形象的反叛塑造更是嬉皮士们表现自我、对抗传统的重要方式。无论男女都是长发披肩，许多男性还留着长胡须，穿着奇装异服，追求个性。20 世纪 60 年代美国著名的女摇滚歌手贾尼丝 · 琼普林在其短暂而激昂的摇滚生涯中，影响了一代嬉皮士的穿着。她顶着一头中分的杂乱头发，身穿无规矩的中性服装，胸口挂满彩色珠串，酗酒、吸毒。尽管这样的装扮被主流时尚所指责、攻击，但它却真正改变了所有人对时尚的认识。

从其服饰风格来看，嬉皮士的着装看似无规矩可言，但实际上有着独到的理念。回归自然，反对工业化是重要的元素之一。他们排斥人造纤维，喜欢自然的棉、毛、丝、麻、皮革等材料。他们希望从批量生产中挣脱出来，重建服装的品位与个性，崇尚手工制作。许多人开始怀念工业革命之前的年代，由此出现了复古之风，吉卜赛式的衣裙竟然开始流行（图 5 － 10 ～图 5 － 12）。鲜花装扮在当时也很流行，头戴着从路边随手可摘的花朵，也因此有了“花童”的别称（图 5 － 13）。异域风尚也是嬉皮士们所追求的造型感觉。他们排斥美国式的消费主义，向东方寻找灵感，常常开车到阿富汗、印度等国家旅行。一些带有典型东方色彩的服饰如宽松的土耳其长袍、异域风情的印花图案及五颜六色的串珠等开始盛行，并与喇叭裤、牛仔裤等反叛服装搭配出别样的风姿。

二手市场和旧衣新穿是嬉皮士们对抗物质社会的一种行为准则。每到周末，就有成千上万的年轻人涌入跳蚤市场，在堆满旧衣的货架旁挑选他们喜爱的款式。艳丽、青春和性感也是嬉皮士们所钟爱的，大胆的色彩、夸张的图案将他们打扮得五彩缤纷，并直接影响到男装孔雀革命的诞生。低腰、迷你、透明等的性感元素也是嬉皮士们展示魅力和追求性解放的方式之一。20 世纪 60 年代超短裙的异军突起与女嬉皮士们的贡献也是分不开的。时光飞逝，嬉皮士的影响却持久而深远。而对于时尚界来说，这种变革似乎刚刚开始。

图 5 － 13　模特 Jean Shrimpton

52. 摩登一族

图 5 － 14　The Mods

摩登一族（The Mods）兴起于 20 世纪 60 年代的英国，并从伦敦的俱乐部开始迅速成为一个代表性的青少年文化。在发展中，受到 20 世纪 50 年代泰迪男孩（英国亚文化，多为富裕的年轻人）的较大影响，这一点从其外观的某些共同性明显可见。最早期的摩登一族经历复杂，战后的生活与英国郊区乏味的生活使这些青少年有了这种人格特质。他们用外出打工的钱逛街买衣服，在咖啡店中消磨时间，到舞厅去跳舞。而较后期的摩登族，受到美国文化等的影响更具有随意性。老 Mods 对于行头斤斤计较，对于品位非常挑剔。而小 Mods 们只随意地穿着休闲类服饰，好胜而急躁（图 5 － 14）。1979 年，电影《四重人格》上映，这部讲述 20 世纪 60 年代摩登一族的影片重新复兴了 Mod 风潮。此时，新的精神领袖是英国三大朋克团体之一的 The Jam，而其中的主唱保罗 · 威尔更被荣称为 Mod 之父。

摩登一族的音乐与美国的现代爵士乐有关，不久又转向节奏感强、舞蹈型较高的 R&B（节奏蓝调）。喜爱音乐是摩登一族的共性，他们经常在夏季一起讨论和欣赏音乐，听歌、跳舞，还创造了自己的舞步。随着迷幻轻松和嬉皮士文化在英国的日益流行，许多人还开始游离于两者之间。但摇滚乐与摩登一族有着完全不同的目标和生活方式，所以也就冲突不断。1964 年 5 月，BBC 的新闻报道说：“摇滚乐队与 Mods 在英格兰南部海岸的度假小镇大打出手，导致多人入狱。”报纸和杂志也将这种无视规律和秩序的斗殴视为灾难性的事件，一些相关的社会学家也对此给予高度关注。

在服饰上，摩登一族继承了泰迪男孩自恋和挑剔的倾向，喜欢把自己打扮成完美的花花公子模样。由于摩登一族等青少年们的加入，青年成为时装界的目标，许多设计师在伦敦的卡纳比街和国王路地区还首次开设了针对性的精品服饰店。因为在个性形象上的大力投资，有的摩登族声称“不吃饭也要去买衣服”。男性摩登族一般都追求流畅、精致的外观，包括量身定制的意大利西装，笔挺没有褶皱的西裤，裤子经常为七分长。针织领带和手工制的鞋子也是他们的基本行头。他们非常注重细节，裤子的长度还有外套侧缝都必须分毫不差。有些男性摩登族甚至反对性别差别，开始化妆，如涂眼影、擦口红等。后期的许多男摩登族受美国文化影响，经常将 Polo 衫搭配李维斯 501 牛仔裤。

图 5 － 15　改装的摩托车

交通工具是摩登一族社交生活和突显自己的必备要件，意大利进口的伟士和兰美达是他们的最爱。简洁的线条、闪闪发光的镀铬体现出年轻摩登一族的时髦、现代和酷劲十足。更为实用的是，内置式的引擎足以保护骑手昂贵的西服套装。为了保持干净，很多骑手都会穿外套，带帽兜的卡其色外套也就是美式军大衣最为流行。为了让自己更显眼，更有个性，每个人都对机车进行华丽包装，有些摩托车甚至增加了几十个反光镜，无数改装套件的经费都可以再买一辆车了。成群结队的摩登族骑着惊艳的摩托车在道路上穿梭，呼啸而过，引人瞩目，也有人将其称为速可达男孩（图 5 － 15）。

女性摩登族的衣着具有双性特质，她们经常穿着男士衬衫，平底鞋，头发很短。到 20 世纪 60 年代中期，重眼线、假睫毛、超短裙开始流行，而女性摩登族也成为时尚界的主流。纤细如同小男孩的崔姬是当时最具代表性的摩登形象。1949 年出生的崔姬从小就细骨伶仃，身高 167cm，体重却只有 41kg。娇小玲珑的样貌，未发育的胸部，骨瘦如柴的四肢，让她有了“小树枝（Twiggy）”的称号。17 岁时，崔姬遇上了生命中的贵人，同时也是她的男友尼哥 · 戴维斯（N igel Davies）。他独具慧眼，将有点像小毛头的她拉到相机下，拍出那张没有女人曲线，有点羞涩、有点中性，如同小男孩一般的形象。这个形象体现出女人的独立自主与反叛而迅速走红。崔姬扁平的身材，利落如男人的短发、大大的眼睛、长长的脖颈定义了一种新的女性审美标准，并成为改变模特身材标准的关键人物（图 5 － 16）。

图 5 － 16　名模崔姬

聪明而有远见的尼哥将崔姬带往巴黎，并造就了她成为一代封面女郎，还带动了整个模特行业的加薪。作为真正的超模，崔姬是一个按小时获取高额费用的模特，为后来的超模们铺平道路（图 5 － 17）。然而，就在崔姬处于事业顶峰时，尼哥却顶着经纪人的光环，毫无节制地花费崔姬的收入。最后，崔姬中止了模特工作，而那时她才 20 岁。虽然只有短短四年的模特生涯，她却无疑是 20 世纪 60 年代最有影响力的模特，其经典形象和妆容影响至今（图 5 － 18）。

图 5 － 17　名模崔姬

图 5 － 18　名模崔姬

53. 高街之母——芭芭拉·胡兰尼克

图 5 － 19　芭芭拉礼服　1969 年

第二次世界大战后，世界经济迅速发展，战前现代主义所提倡的民主化设计思想进一步深入人心。战后婴儿逐渐成为社会的主体，生活富足的他们有着跟父辈完全不同的人生观，并通过各种方式来标榜自我，反抗传统。从 20 世纪 50 年代开始，时尚就成为反抗精神的一种体现，白兰度、迪恩等在电影中塑造的形象成为年轻人追随的榜样。到 20 世纪 60 年代，各种非主流文化的发展更是促使新型服饰风格的形成，而日常形象对于流行时尚的影响进一步加强。高街风格成为当时年轻人反对传统优雅时尚的重要趋势之一。它由前卫的年轻人引领，自下而上产生，而不是传统的从上而下地形成。著名设计师芭芭拉·胡兰尼克（Barbara Hulanicki）以其廉价而时尚的街头服饰成为 20 世纪 60 年代"摇摆伦敦"的重要组成部分，并因突出贡献和深远影响被誉为"高街之母"（图 5 － 19）。在 1968 年的伦敦，疯狂的少女成群结队只可能出现在两个地方，即披头士的音乐会和芭芭拉的时装店。对此，芭芭拉说："他们与我们旗鼓相当，他们做音乐，我们做服装。"

1936 年，芭芭拉出生于华沙。1948 年，她的父亲在耶路撒冷被暗杀，全家搬到了英国的布莱顿。在布莱顿艺术学院毕业后，1955 年，芭芭拉赢得了伦敦标准晚报的泳装设计竞争。此后，芭芭拉开始作为一个自由职业者为各大报刊提供时尚设计，包括《时尚》《女装日报》《纽约时报》《观察员》《星期日泰晤士报》等。当时，时装发布会的主要记录者不是摄影师，而是插画师，芭芭拉就是其中的重要成员。各类时装秀让她大开眼界，但也不轻松。芭芭拉后来回忆说："每次展示，他们只许你当场画两套造型，事后再找模特来画还得付钱。所以，你必须牢记一切，然后跑出去迅速画下来。"但无论如何，这种工作经历对她日后的成功和发展是至关重要的。

图 5 － 20　紫色立领礼服　1970 年

最初，芭芭拉向一些报纸的时尚专栏邮寄她的设计，比如《每日镜报》等。1964 年，她与丈夫斯蒂芬·西蒙（Stephen Fitz Simon）在肯斯特的帮助下创建了她的 BIBA 店面（图 5 － 20）。开始的生意不太好，直到有一天应《每日镜报》的时装编辑菲力西提（Felicity Green）的要求设计了一款粉红色的格子连衣裙。芭芭拉后来说到这个设计说："我们参照碧姬·巴铎的一张照片，做了一件粉色方格棉布裙，后背开洞，并搭配同面料的头巾。它带来了 7 万件的巨大订单，而且全是最小号。"店铺很快就成为著名的时尚聚集地，追逐时尚的青年、知名的电影明星和摇滚音乐人成为他的常客。芭芭拉对各类名人习以为常，并说："身怀六甲的 Barbra Streisand 在店里脱光衣服也不会有人多看一眼，这样才好。"

1965 年，第二家 BIBA 在肯辛顿教堂街开张，同时继续发行邮购目录册，以占领更多市场。1969 年，BIBA 迁至肯辛顿高街后迎来了其辉煌发展时期，被《星期日泰晤士报》赞为："全世界最美的高街"。1976 年，因与地产商发生纠纷，店铺被迫关门。1980 年，她在巴西开设了一系列服装精品店，开始化妆品业务。1983 年，她的回忆录《从 A 到 BIBA》由哈钦森出版。从 20 世纪 80 年代末期开始，芭芭拉开始从事环境设计工作(图 5 - 21)。她重塑了迈阿密海军的装饰艺术展，还曾赢得了美国建筑设计的头奖。作为一个多才多艺的艺术家，她还有几个舞台剧和电影作品。20 世纪始初，芭芭拉重返时尚界。2009 年，英国零售商 Topshop 开了一家纽约商店，推出了备受期待的芭芭拉特色服饰系列，并大获成功。

图 5 - 21　家居作品　芭芭拉

芭芭拉服饰的主要特点在于其廉价而时尚，人们只要花很少的钱就能将电视里新版的造型复制到自己身上。芭芭拉用低廉的价格提供时髦而花哨的服饰，有着"平价时装之母"称号。她认为时尚转眼即逝，人们丢弃便宜的服饰也不至于犹豫，还说："买来的衣服穿几次就可能不喜欢了，你可以任意处置而无罪恶感，因为每件衣服只要 3 英镑。"芭芭拉的廉价服饰必须时刻与潮流和时尚紧密结合，因为她的大多数顾客都是时髦而口袋羞涩的年轻女子。实惠的迷你裙装、A 型连衣裙、软毡帽、羽毛围巾、天鹅绒裤装、高跟长靴、色彩丰富的中性 T 恤等都是她最受欢迎的时尚单品。芭芭拉设计的紫罗兰色长腿靴可见其特色，粗高跟的长靴用来搭配 20 世纪 60 年代的超短裙再合适不过了(图 5 - 22)。在消瘦和青春气质等的限制下，芭芭拉的作品的码数都很小，适合那些青春期瘦弱的少年（图 5 - 23）。所以不仅是在风格上不适合于年长的人，她们大多也穿不进去，就连芭芭拉自己也在多年前就穿不了 BIBA 了（图 5 - 24）。

图 5 - 22　鞋子　芭芭拉　1969 ~ 1970 年

图 5 - 23　阔腿裤套装　1971 年

图 5 - 24　礼服　1969 年

54. 奥西·克拉克

图 5 － 25　克拉克作品

奥西·克拉克（Ossie Clark）是 20 世纪 60 年代摇摆伦敦的见证者和参与者，也是当时时尚界最重要的服装设计师之一。他的作品远渡重洋，在纽约、巴黎等时尚圣地也很受欢迎，当时的许多知名演员、歌手等也经常穿着克拉克的服饰出席各种重大活动或演出（图 5 － 25、图 5 － 26）。许多人都渴望拥有他的设计，正如合伙人马诺罗·布兰妮德对他的评价："他让身体产生无比魅力，并且达到了时尚的要求，那就是让人对其作品产生欲望。"

克拉克出生于第二次世界大战期间的英国，家人以当时避难地的名字给他起名"Ossie"。克拉克曾在教堂唱诗班唱歌，并因优秀的声乐表现获得相关奖项。克拉克从小就对服装设计有着浓厚的兴趣，他曾经为他的玩偶设计服装并在他不满 10 岁时就为邻居小女孩设计过泳衣。克拉克的中学美术老师认为他极具创作才华，经常给他看大量的时尚杂志，从而为他开启了一扇大门。

13 岁时，克拉克进入比穆特工程学校学习建筑，他后来回忆说这段经历让他对比例、高度、体积等有了精确掌握。1958 年，克拉克到曼彻斯特地区艺术学院学习。在此期间，他关注于时尚设计并建立了一些重要的关系，包括到伦敦探访老师时遇到大卫·霍克尼，与大卫·霍克尼游历美国的经历不仅扩大了他的艺术视野，还接触和认识了许多时尚界人士。1960 年，克拉克曾在巴黎的迪奥时装店实习。1962 年，他获得了英国皇家艺术学院的奖金，并在那儿勤学苦读。

1965 年 6 月，克拉克以优异的成绩毕业。他的毕业作品在当时获得了极大关注，其中包括带有闪亮装饰领子的大衣。同年八月，英国《时尚》杂志将他毕业展的精品进行宣传。此后，他为肯辛顿精品设计了第一个系列作品，并很快成为其商业伙伴。1968 年，商人阿尔佛雷德·拉德利投资创建了克拉克·拉德利运营线，推广和管理克拉克的相关设计。次年，在大卫·霍克尼的见证下他与西莉亚结为连理。克拉克与西莉亚的完美合作让他迅速成为时尚界的领军人物。但享乐主义的生活方式、复杂的性取向以及对迷幻药的依赖等大大影响了他的状态和财务，并直接导致与西莉亚在 1974 年离婚。此后，他的事业陷入低迷。

图 5 － 26　套裙　克拉克　1971 年

在风云变幻的 20 世纪 60 年代，克拉克的敏感性始终与时尚同行，并经常有着引领的作用。1968 年 8 月，英国《时尚》杂志赞誉他的设计："始终领先其他人六个月。"同年 11 月，《纽约时报》报道："他的紧身皮衣机车夹克是去年英国女孩的制服。今年的看家本领是约瑟夫的六色水蛇外套，由粗线条缝制而成，紧裹肋骨。”1971 年 4 月，克拉克在巴黎推出了他的新作品系列，其灵感来自 20 世纪初期，在当时也引起很大轰动，新潮的复古风潮开始蔓延。

进入 20 世纪 80 年代，英国时尚转向新的朋克摇滚风格，克拉克的浪漫礼服不再流行。缺乏经营头脑的克拉克在银行和税务的多重压力下宣布破产了。1984 年，在朋友的劝说下他再度为拉得利工作，但很快又被解雇了。对此，克拉克回忆说：“现实摆在面前，当我的设计销售不佳时，他们不会再为我投资。在 1984 年 10 月 19 日他们给了我两周时间。我没有工作的选择权，我被解雇了。”1996 年，因为感情纠纷，54 岁的克拉克被他 28 岁的前意大利情人迪戈刺杀，但他富有特色的设计风格却一直影响至今。

图 5 － 27　克拉克长裙　1969 年

从小的艺术经历和积淀使得克拉克的作品在时尚之余又富于高雅品位。独特的造型，精致的裁剪以及对于面料的感性追求都让克拉克的作品脱颖而出。1972 年 3 月，澳大利亚的一位策展人曾评价他：“我认为克拉克先生展现了其他设计师所寻求的所有想法，他如此细致地制作各个细节，比如造型、剪裁、装饰等。”戏剧性的袖子、飞舞飘逸的裙摆，合体的腰围让他的许多礼服充满动感，婀娜多姿。而他用一些特殊材料如蛇皮、羽毛、金属等制作而成的前卫性作品也充满青春魅力和时尚元素。因为时尚、耀眼以及足够的灵活性，克拉克的服装成为诸多歌舞表演明星的首选（图 5 － 27）。

特色图案也是克拉克服饰的魅力所在，而其中的许多设计都是由西莉亚完成的。西莉亚天马行空的自然形象，充满活力的配色与克拉克的服饰完美组合，而这种合作关系几乎贯穿于克拉克所有的时尚作品。评论家朱迪恩 · 瓦特曾发表言论：“人们说她是他的缪斯女神，她确实是。二人齐头并进，共同创造。”

西莉亚对克拉克的成功功不可没，所以在克拉克设计的许多服装上都标有她的名字。现存 FIDM 博物馆的一套几何纹样的服装就缝有“奥西 · 克拉克在伦敦，图案由西莉亚 · 伯特维尔设计”的标签。裙子有着克拉克的独特气质，V 领，束腰，大裙摆，长及脚面，袖子宽大具有装饰性。在裙摆、衣袖、肩部以及领肩等处印刷的黑白条纹和三角点状图案等有着欧普艺术的影子，让作品充满时尚感和律动感。为了平衡效果，外面搭配的大衣为单一的黑色，但袖口以及下摆处透露的黑色图案让人印象深刻（图 5 － 28）。不过这对黄金搭档随着他们婚姻的解体而宣告完结，克拉克的黄金时代结束了。

图 5 － 28　印花长裙　克拉克

55. 孔雀革命

图 5 － 29　套装　1969 年

图 5 － 30　男装　1967 年

从 20 世纪 60 年代初期开始，传统的许多着装规范也开始放松，甚至消失。不仅是女服，男人们也学会了自我梳理和表达自己，开始展现他们的“性”魅力。许多男人抛弃了严肃的深色西服，开始青睐明亮的色彩和华丽的风格。高领毛衣取代了纽扣式衬衫，颜色丰富的皮鞋和凉鞋取代了黑色牛津鞋，头发也越来越长。鲜艳的颜色和迷幻图案在男装中广泛出现，传统的一些“女人味”的面料如丝绒、缎、雪纺等也开始用于男人世界（图 5 － 29）。精美、鲜艳的男人们衣冠楚楚地与女孩们在街道上亮相 PK，就像孔雀在枝头展露它漂亮的尾巴，炫耀虹彩光泽的颜色。时尚专栏专家乔治 · 弗雷泽（George Frazier）目睹了伦敦卡纳比街的华丽时尚，提出了孔雀革命（The Peacock Revolution）这一术语。

摇滚乐在 20 世纪 60 年代的影响力无与伦比，一些乐手在服饰上的风格也威力无比。许多乐队和歌手很快就接受了孔雀革命的趋势，由此使当时的男人们更能适应男装领域的这次大胆飞跃。披头士们的条纹喇叭裤、佩斯利围巾和花衬衫的新造型对当时及日后的时尚发展都作用重大。滚石乐队则选择更为大胆而华丽的着装风格，为孔雀革命的发展增添了更多动力。他们穿着开敞的真丝衬衣或背心，显露出他们性感的胸膛，造型复杂多变的髋关节裤子和迷人的印花炫耀出他们雄性的魅力。在偶像的带领下，20 世纪 60 年代的青少年男子都本着反叛的精神向华丽和性感出发，许多团体如摩登一族都在其中扮演着重要角色（图 5 － 30）。凸显臀部线条的低腰牛仔裤，夸张的发型，搭配色彩亮丽的印花上衣，性感而时髦。后来还有穿蕾丝、雪纺、化约翰 · 斯蒂芬（John Stephen）被认为是 20 世纪 60 年代男性孔雀革命的领袖，因为他在伦敦卡纳比街的成功而戏称为“卡纳比之王”。1934 年 8 月 28 日，斯蒂芬出生于苏格兰的格拉斯哥，18 岁时移居伦敦。在为一家军事部门做服务员期间，他学会了裁剪的一些基本技能，很快他就成为一家精品店的助理。在 1957 年，斯蒂芬在卡纳比街 5 号建立了自己的第一家店铺。

在面对战争创伤的时代，他刻意远离沉闷和枯燥的风格，设计和出售带有明亮色彩和花卉图案的富有活力和个性的服饰。天鹅绒的夹克、喇叭裤，明亮的颜色和高声的流行音乐很快吸引了无数年轻人。很快，斯蒂芬就将他的零售业务扩展到美国和罗马等地，拥有十几家门店。而他的服饰也成为“摇滚伦敦”的图标，成为最前沿音乐家如滚石乐队的最爱。从 1967 年开始，他开始为女性设计服装，顾客包括伊丽莎白・泰勒、玛德琳・黛德琳等人。

汤姆．纳特（Tommy Nutter）将传统的绅士服装与20世纪60年代的孔雀风潮合二为一，堪称伦敦萨维尔街最前卫的裁缝。他的顾客正是摇摆伦敦时代那些最亮丽、最不羁的巨星们。

纳特出生于1943年，年轻时曾在缝纫与裁剪学院学习，并为一些传统的服装设计师工作过。年轻而具有时尚感的纳特对于流行文化非常敏感，很快就将其中的一些变化运用于服装设计。1969年，他的商店在萨维尔街35号落地生根，将卡纳比街的时尚带入萨维尔。他制作的西服精致而新潮，采用大翻领、细腰身，色彩丰富，将各种面料如天鹅绒、粗花呢等用于男装也迅速成为他的招牌，于是摇滚歌星和各类时髦人士蜂拥而至。1969年8月8日，披头士乐队发行专辑*Abbey Road*，其封套上的图案是俯拍的走过斑马线的四位成员。依次是列侬、斯塔尔、麦卡特尼和哈里森。除了最后的哈里森是牛仔装束，前面三人都穿着纳特设计的新式服装。

图5－31　格子西服　Tommy Nutter

富于变化的格子图案是纳特最常用的设计元素。精致的裁剪，传统的西装元素，配上时代感十足的格子图案成为他的经典之作。英国邮政在庆祝女王钻石纪念年之际，以英国十位时尚引领者的作品为图案拍摄和设计了一组纪念邮票。其中纳特也是榜上有名，其上所选取的代表作就是他知名的三件套格子纹饰西服（图5－31）。

怪人的店（Granny Takes a Trip）对于华丽男装的崛起也是功不可没。这家店最早由两个伦敦青年开办，主要经营古董类服饰。1965年夏天，在萨维尔街经历过严格培训的约翰・帕森（John Pearse）加入，并迅速将其转型为一家时髦青年的圣地。到1966年初，这家店铺已经闻名世界，并成为《时代》杂志《摇摆伦敦》一文的重要角色。在以后的八年时间里，它装扮着无数时尚的青年男女，包括著名的摇滚乐队。

人们络绎不绝地在其中留恋，尤其是每周六国王大街游行期间。1970年，他们还将分店开到了纽约，主要销售各类五彩缤纷的嬉皮士服饰。但是这两家店铺都在20世纪70年代中后期都逐渐走向衰落，并最终关闭。在英国邮政出版的纪念邮票中也有怪人店的代表作，橘黄色带花边装饰的衬衫，与满饰花卉植物纹样的花哨西装外套，让人充分体会到“孔雀革命”的真正内涵（图5－32）。

图5－32　男装　Granny Takes a Trip

56. 波普与欧普

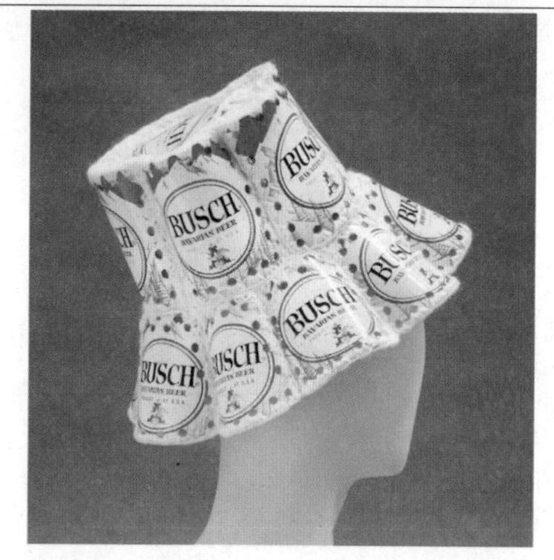

图 5 － 33　钩针帽子　1968 ~ 1970 年

战后婴儿的成长给西方世界注入了一股全新的风尚，人们的生活方式与观念也有了巨大改变。在崭新市场的需求与推动下，一些新的艺术思潮也开始酝酿。许多艺术家开始主动以各种方式来表现类似题材的作品，波普与欧普成为那时最有影响力的代表。

波普艺术（Popular Art）意指流行艺术，自下而上形成。艺术评论家劳伦斯·阿罗威观察到当时那些大众、娱乐性的艺术作品，并将其命名为波普（POP）。最早具有波普色彩的团体应该是 1952 年成立于伦敦的当代艺术学院，代表人物有理查·汉密尔顿、雷奈·班汉等。在团体第一次会议上，其成员鲍里奇做了一次名为“废话”的主题宣讲，对当时流行的美式生活方式暗含讥讽。在他展示的系列作品中,《我是一个富人的玩物》最具代表性,POP 一词也就此正式登场。到 20 世纪 60 年代，波普艺术与全球化的流行音乐和其他青年文化一样成为时代的主旋律,并在相当程度上影响了当时及以后的流行时尚。

波普的根源之一就是大众的、商业化的题材与生活，正如传统艺术钟情于精英与典雅一样。在马歇尔计划等的影响之下，快乐而充满消费主义的美国大众文化来到欧洲。早就厌烦战后灰色调生活的英国年轻人对于这些东西充满渴望，好莱坞电影、摇滚乐、美式快餐等得以迅速推广。时尚界的诸位大师们也敏锐地察觉到这种潮流，将流行的大众文化元素运用于他们的设计中，并成为服饰设计的重要风格之一。电影明星、政坛领袖、食物容器以及日常所见的诸多消费品都搬上了舞台，美国波普艺术家安迪·沃霍尔在其中有着巨大贡献。他将其绘画代表作玛丽莲·梦露头像、美元、可乐瓶等图像印刷在服装之上，成为波普服饰的经典。现藏 FIDM 博物馆的一顶钩针帽子充分反映出当时的这种风尚。这顶制作于 20 世纪 60 年代末期的帽子为平顶直筒宽边造型，原材料为 Bush 啤酒罐。剪成适当形状的啤酒罐边缘钻有圆孔，以手工钩编的方式连缀在一起，特殊的质地、图案与制作形式极富创意（图 5 － 33）。

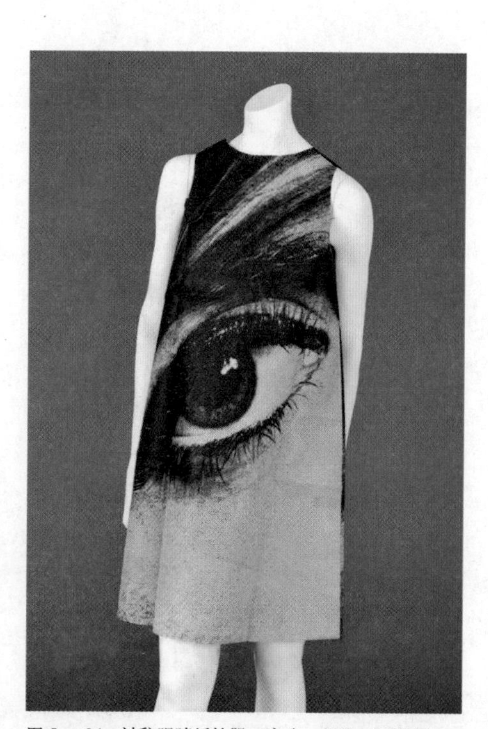
图 5 － 34　神秘眼睛纸礼服　哈瑞·戈登　1968 年

对传统的抗拒也是波普的核心理念，人们抛弃了以往时尚界所崇尚的设计元素如实用、优雅、严谨等，开始别出心裁，标新立异，由此创造出一种截然不同的风尚。在色彩上，许多服饰设计师大胆地使用一些艳丽而夸张的元素显得大红大紫，总以惊人的视觉效果为主要目的。伊夫·圣·洛朗将蒙德里安的绘画风格元素运用于服装设计，对比鲜明，影响巨大。在材料的选择上，人们也是充分发挥想象力，报纸以及特殊印刷的纸张也成为他们的选择。在 1968 年发行的印刷品中，我们看到了由纸张制作而成的海报礼服，其上印刷的猫、玫瑰花、火箭、眼睛等图案具有一种怪诞而新奇的美（图 5 － 34）。在服饰造型上，当时的设计师们也刻意与传统形象保持距离，超短裙、中性化服饰以及无规矩造型成为那个时代标志的衣着风格。人们抛弃了理性的精英设计理念而与通俗的大众消费主义相结合，呈现出低廉、大胆、年轻等特色。受到波普艺术“拼贴”手段的影响，服饰设计也开始采取一种无目的、无意义、游戏的方式。将各种元素拼贴处理，可追溯到毕加索为代表的立体主义和杜尚为代表的达达主义，在不同构成要素的冲突与融合中给人以特殊感受。图 5 － 35 为范思哲 20 世纪 90 年代设计的吊带长裙，造型普通，胸口处有着特别的设计，但最吸引人的还是浑身印刷的梦露与迪恩头像。鲜艳而丰富的色系，夸张的拼贴图案让人印象深刻。多种元素的拼贴在体现个性的同时又富于共性表现，从而达到一种较为和谐的搭配效果。很多年轻人都亲自参与到这个设计和制作过程中来，形成了声势浩大的 DIY 风潮。

图 5 － 35　印金宝汤罐头图案波普风背心裙

虽然欧普（OP Art）与波普只有一字之差，也有许多人容易将二者混淆，但在艺术风格与理念上它们却有着截然不同的表现。“OP”是“Optical”的缩写，意指视觉效应。在光效应的作用下，规律性重复和排列的几何图形使人产生错觉，让画面具有运动感和闪烁感。1965 年，纽约现代美术馆的展览“敏感的眼睛”是欧普艺术的集中表现，并产生深远影响。既然同属于一个时代，人们在设计时就不免将二者结合起来。1966 年 3 月，斯科特纸业公司（现在的金佰利）为促进销售，设计制作了一系列名为“纸跳跃”的 A 型抹袖礼服。人们仅需支付 1.25 美元就可以选择和邮购一件纸质礼服（图 5 － 36）。其中最为经典的一款就印有黑白棋盘格的波普图案。

图 5 － 36　棋盘纸质礼服　1967 年

风靡于 20 世纪 60 年代的欧普艺术迅速波及时尚界。在纺织技术与印花水平大幅提高的技术支持下，平面的欧普艺术以更为主体和生动的形象出现在世人面前。富于变化而有规律排列的线条、圆点在不同质地肌理的面料上形成更为饱满的视觉效果，伴随人体的移动而更显生动。更为神奇的是，恰当使用欧普类印花还可以对身体起到美化、修饰功能。比如放大或加宽胸部和臀部位置的图案，而缩小或密集腰部位置图案，可以更加突显细腰美臀的曲线。对比鲜明的黑白条纹、棋盘格纹最为多见，斑马纹也成为时尚经典。

时光飞逝，但波普、欧普与服饰的密切关系还在继续，我们时不时地可从最新的时装周上目睹它们的新风采。

57. 伊夫·圣·洛朗

图 5 － 37　为迪奥设计印花真丝礼服　圣·洛朗　1960 年

1936 年出生于阿尔及利亚奥兰的伊夫·圣·洛朗（Yves Saint Laurent）从小就显示出其在时尚方面的天分。他总能把握时代脉搏，并以多样化的风格诠释法国服装的内涵。在 1983 年，纽约大都会艺术博物馆首次为在世服装设计师举办作品回顾展，那个人就是伊夫·圣·洛朗。同时他还曾先后被希拉克和萨科齐两位法国总统授予国家荣誉勋章。

自幼家境富裕的圣·洛朗对于服饰设计很着迷，9 岁时的生日愿望就是："让我的名字出现在香榭大道的霓虹灯上吧！"在家人的支持下，圣·洛朗和早就开始学习绘画和相关的服装画。1953 年，在国际羊毛事务局举办的比赛中获得一等奖，晋升时尚界。同年，在巴黎遇到了他的第一个伯乐——法国版《时尚》杂志的主编米歇尔·德·博瑞弗（Michel de Brunhoff）。经过在巴黎服装工会学校的专业学习，圣·洛朗对法国的高级定制服已经有了相当理解。在米歇尔的引荐下，圣·洛朗开始为迪奥服务。这个年轻人身上的无限潜力让迪奥惊叹，让其成为他最得力的助手。而在 1957 年 8 月与圣·洛朗母亲会面时就告诉他，圣·洛朗将成为他的接班人。非常不幸的是，同年 10 月，迪奥就因意外突然去世，年仅 52 岁。

1957 年，年仅 21 岁的圣·洛朗顺理成章地成为迪奥之家的首席设计师。在来自各方面的诸多压力之下，这个年轻人不负众望，在 1958 年春夏推出了首个系列"特拉佩兹（Tarpeze）"获得极大成功。作品有着迪奥的设计灵魂，又有着设计师的自我表现。圣·洛朗也因此一跃成为国际明星，其代表性的窄肩宽摆礼服也被人称为"飞人礼服"（图 5 － 37）。但是天生的创新气质让圣·洛朗在创作上离传统的迪奥越来越远。1960 年，已经窥见未来风尚的圣·洛朗将街头风格与高级女装结合推出了知名的"垮掉"系列作品，在时尚界犹如扔下了一个巨型炸弹。在承受批判的同时，他被法国军队应征入伍，也有人说这是有人在背后操纵。

图 5 － 38　蒙德里安礼服　圣·洛朗

在服役期间，圣·洛朗被迪奥解雇。也正是在这个特殊时期，圣·洛朗的精神和身体都出现了问题，并染上了酗酒、嗑药的坏毛病。在住院期间，圣·洛朗起诉迪奥违约并取得了胜利。在身心基本康复后，1961 年与朋友皮埃尔·贝格等合伙开办了自己的时装屋，并正式启用 YSL 这个名词。从 1962 年 1 月 29 日他发布第一个时装系列以来，就以无数创新而具有反叛精神的作品震惊世人。而 20 世纪 60 ～ 70 年代，他更是无数时尚人士的精神领袖，被认为是巴黎的一个"喷气机"。

正如在1960年“垮掉”系列中的尝试，圣·洛朗认为街头风格将有更为重要的时尚地位，而设计的民主化也将成为必然趋势。对此，他将高级时装与街头风格结合，设计出一系列精致而又有嬉皮风范的服饰。

正如安迪·沃霍尔对他的评价：“灵感来源于街头，却从没有放弃那种优雅的质感。”与此同时，圣·洛朗在1966年左岸开始创办自己的成衣店，并推出了第一个系列“左岸（Rive Gauche）”。从此，圣·洛朗一年就必须推出四个系列作品了。此外，他感受到女性裤装必将成为今后重要的时尚元素。在20世纪60年代中期，他在男性西装礼服的基础上为女性设计出著名的“无尾礼服”，也称“吸烟装”。

图5－39　狩猎装　圣·洛朗　20世纪60年代

圣·洛朗将自己的服装称为“有趣的衣服”。的确如此，他那些充满不同装饰元素的作品都散发着一种独特的艺术气质，充满趣味。圣·洛朗善于将历史的、艺术领域的或异域风格的许多元素运用于设计之中，经常带来轰动效应。1965年，他推出的“蒙德里安裙”就是以荷兰风格派的抽象几何形与原色对比为灵感，也有着强烈的波普风范（图5－38）。而他在1968年推出的非洲元素的“狩猎装”等同样令人惊奇，在一排排美丽的流苏与几何花纹交织的皮革下是女孩优美的身体曲线（图5－39）。在1976年，圣·洛朗还推出了富有各种风情的服装系列，如吉卜赛、印度、高加索、土耳其等。他的作品标新立异而精致简约，让人们充满想象与渴望，由此成为上流社会、反叛青年等不同受众的共同偶像（图5－40）。

1964年，圣·洛朗开始出品香水，并以第一个字母“Y”命名。但最有名气的要属1977年推出的香水“鸦片”，香味是东方辛辣调，富于异国风情，香水瓶的造型也参考了中国的鼻烟壶。这款香水充满危险与神秘的诱惑力，而且其命名也突破了香水界传统，给人以无限遐想，至今仍畅销不衰。1971年，男用香水上市，圣·洛朗亲自对此拍照宣传。他几乎全裸上阵，只戴着一副眼镜。

2002年，在庆祝高级时装40周年之际，圣·洛朗宣布退休。在最后的一次采访中，这位时装界泰斗说：“自从一月份宣布退休以来，为了完成最后的订单，一直都在工作。之后，我要去度假了，希望回来后，一切都会归于平静。”2008年6月1日，圣·洛朗因脑癌在其巴黎住所去世，皇后法拉赫巴列维、前总统希拉克夫人、总统萨科齐及夫人都参加了他的葬礼。

图5－40　礼服　圣·洛朗　1980年

58. 迷你匡特

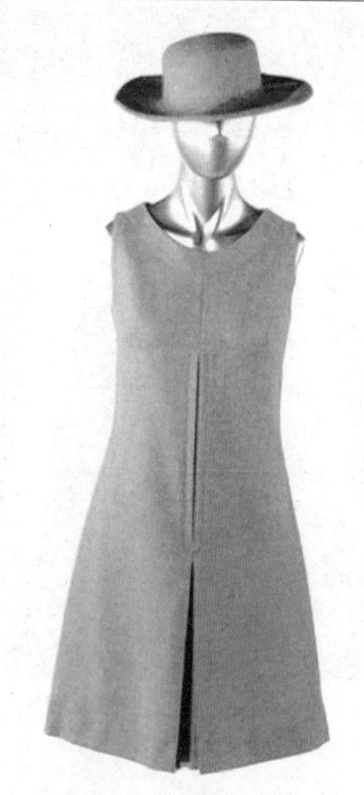

图 5 － 41　匡特迷你裙　1960 年

一提到 20 世纪 60 年代的时尚就必然会想到迷你裙，而提到迷你裙就必然会想到玛丽 · 匡特（Mary Quant）。这似乎是一种自然而然的连锁反应。虽然总有人拿出各种资料来证明匡特并不是迷你裙的原创者，但所有人都必须肯定玛丽 · 匡特对迷你裙畅行 20 世纪 60 年代的巨大贡献。1965 年，匡特大胆地将裙摆提高到膝盖上四英寸，露出大腿，宣告了摇摆伦敦时代的到来。对于这种超短裙，匡特以她最喜欢的车型命名，即迷你（图 5 － 41）。她后来说：“是国王路的女孩发明了迷你，我制作方便、青春、简单的服装。你可以在其中移动，可以跑和跳。我希望按照顾客的要求去设计它的长度，她们会一再要求‘短些、再短些’。”1966 年，玛丽 · 匡特穿着迷你短裙去接受女王颁发的 OBE，进一步将这种既性感又富有青春气息的服饰在全世界推广开来。而迷你裙也因为进一步解放了女性的身体而成为女性解放运动的标志之一。

1934 年 2 月 11 日，玛丽 · 匡特出生于英国伦敦。1950 ~ 1953 年，她曾在伦敦金匠艺术学院学习，毕业后为伦敦女帽商埃里克（Erik）服务。与此同时，她认识了后来的丈夫亚历山大 · 格瑞。21 岁时，格瑞继承了一笔遗产，于是他们决定自己创业。1955 年，二人与朋友合资在英王大道租房开创了他们的第一家服饰专卖店“市场”。从其店名不难看出匡特的市场定位，主要针对年轻人销售便宜、简单而时尚的服饰。在早期阶段，他们最畅销的作品是一款白色的小塑料项圈，这款饰品是深色系的裙装或毛衣的绝配，廉价而时尚感十足。很快，匡特不再满足别人提供的款式，于是决定自己设计。早期的作品包括气球风格的连衣裙、灯笼裙等。这家商店的成功促使第二家“市场”专卖店开业，同样很成功。为了满足市场的需求，她建立了活跃集团（Ginger Group）进行大规模生产，玛丽 · 匡特品牌正式诞生了。在不到十年的时间里，在英国有 150 家专卖店，而在世界各地共有三百多个店铺。与传统定制服不同，她每隔几周就发行新款，一年有 28 个系列设计，这代表着成衣制作截然不同的运营模式。也正是由于匡特全新的时装零售方式，她成为成衣制作崛起的重要推动者。

图 5 － 42　匡特作品　20 世纪 60 年代

匡特曾宣称“好品位已经死亡，粗俗就是生命”，并总结了 20 世纪 60 年代的时尚是“傲慢、咄咄逼人和性感”。虽然从来没有经历过专业的缝纫学习，匡特还是以其对青年时尚的高度感知力创造了许多畅销品。她善于将青年人中的流行元素运用于设计，夸装的色彩、大胆的造型、富有创新精神的材料都让她的作品成为年轻一代的最爱。

她的理念就是追求年轻，要比高级时装年轻十岁，专为发育不完全的少女服务。她的服饰简单而又有童趣，小圆领，窄肩、抹袖等都成为其标志性设计元素（图 5 － 42）。

除了迷你裙，匡特还设计了许多夸张而充满朝气的服装如束腰外衣、吊带百褶裙、运动装等。在 20 世纪 60 年代末期，她还推出了紧身的超短裤——热裤，在时尚界也引起了轩然大波。20 世纪 60 年代流行的波普和欧普对匡特的影响也很大，圆点、条纹和迷幻色彩的使用让她的许多作品时尚、野性而富于艺术气息。她设计的一条层叠式宽摆裙，上下分三层，造型独特。而其上的黑白条纹图案更是在行动摇摆间变化万千，是欧普艺术的代表（图 5 － 43）。

图 5 － 43　欧普风格裙子　匡特

此外，匡特还非常重视整体形象的创造，所以为许多服装都设计了相应的配件，如袜子、帽子、鞋子、腰带等，从而创造了一个个经典的外观。露出大腿的迷你裙的腿部装饰变得更为重要，对此，匡特设计和推出了一系列色彩缤纷的长袜，而方跟长筒靴或系带靴也成为重要的搭配单品（图 5 － 44）。同时，为了突显迷你裙的摇摆之美，紧身上衣开始流行。1966 年，匡特以其惊人的菊花标志推出了非常成功的化妆品系列和鞋类产品线，实现了其全方位的包装设计理念（图 5 － 45）。同年，匡特出版了她的第一本书《匡特制造匡特》。

实际上，从外观上讲，匡特就是其作品的最好广告。她经常穿自己设计的经典服饰，顶着标志性的沙宣发型与众模特出现在众人面前。在 1967 年，“伊薇”系列服装的展示现场，匡特穿着短裙，长腿靴站在模特之中，很是和谐。从 20 世纪 70 年代开始，匡特继续扩大其产品线，并开始进军家居界，如毛巾、床单、男士领带等。2000 年，匡特辞去其化妆品部总监一职，之后店铺被日本购买，至今在日本有超过两百个匡特特色店。

图 5 － 44　皮鞋　匡特

图 5 － 45　袜子　匡特

59. 太空风尚

图 5 － 46　迷你裙　Paco Rabanne　1965 年

图 5 － 47　太空时尚　帕克

在 20 世纪 50 ～ 60 年代，太空竞赛在苏联和美国之间进行得如火如荼。在早期，苏联有着巨大优势，它在 1957 年 10 月 4 日向太空成功发射了第一颗人造地球卫星，让人类与神秘的太空开始亲密接触。而 1961 年 4 月苏联宇航员尤里 · 加加林乘坐“东方 1 号”宇宙飞船成功遨游太空更是实现了无数地球人的梦想，成为第一个进入太空的地球人。对此，美国政府积极研究对策，并制定了所谓的阿波罗计划，从事一系列载人航天飞行任务，其主要目的就是要致力于完成载人登月和安全返回的目标。正如肯尼迪总统在国会宣布“在这十年里，要把一个美国人送上月球，并使他重返地面”，由此开启了太空竞赛的新阶段。而 1969 年阿波罗 11 号宇宙飞船终于达成了这个目标，宇航员尼尔 · 阿姆斯特朗也因此成为第一个踏上月球表面的人类。

正是在这个宇航技术突飞猛进的十年里，未来与登月成为战后新一代最关心的话题之一。从人类成功进入太空开始，对宇宙的向往就成为整个社会讨论的焦点。敏感的时尚界迅速做出反应，许多人都在探讨人们应该穿什么服饰进入太空。实际上，当时人们的许多想法都显得那么不切实际，或许对他们而言，宇宙飞行器很快就会像汽车一样普及，太空旅行也只是家常便饭。所以从普通人到时尚界，很多人都在发挥想象力设计他们认为的新款服饰，并认为这将成为非常重要的一种旅行服饰。设计大师皮尔 · 卡丹更是说出了这样的豪言壮语：“我要把我们的专卖店开到月球上，这将是那个星球的第一家服装店。”

不管怎样，在 20 世纪 60 年代，太空风格成为最重要的一种时尚潮流。因为旨在探索未来人类的衣着，所以也被称为未来主义。皮尔 · 卡丹、帕克 · 瑞班尼、安德烈 · 库雷热等都成为未来派太空服饰设计的代表人物。当时的设计虽然天马行空，充满想象力，但还是建立在现实可行的基础之上。他们的设计灵感大多来源于宇航服，从颜色、材料到造型都有着这种痕迹。宇航服惯用的白色、银色成为流行颜色，而头盔式的帽子也变得非常流行。因为宇航技术是高科技与现代生活的集中体现，所以人们在服饰设计时也就刻意地追求这种感觉。闪亮的金属、透明的塑胶 PVC 等都开始变得炙手可热。在造型上也充满现代主义的简洁之美，直筒、A 型的短裙较为常见（图 5 － 46）。

为了营造一种未来感和神秘感，许多设计师还用一些特殊的技法来创造这些独特的衣服，如连缀、钩织、套环等，而许多出身工艺设计的服饰艺术家更是在这方面有独特优势。当然，由于许多不切实际的设计目的，许多服饰脱离了实用主义的根本要求。对此，安德烈在接受 WWD 采访时曾表示：“对于时装抱有玩耍的心态是好的，但还远远不够。我们的时装应当充分考虑到实际生活的方方面面，包括电视、空中旅行、太空冒险等。”也正是因为抱有这种观点，安德烈才能将幻想与现实完美结合，创造出一系列既充满幻想又贴近生活的作品（图 5 － 47）。

帕克 · 瑞班尼是当时颇有影响力的太空风尚缔造者，而他的许多作品都有着很大的实验性质。1934 年出生于西班牙的帕克有过正规的工程专业教育背景，而他也更愿意别人将他称作工程师，而不是一个服装设计师。他在 20 世纪 60 年代设计出来的一系列服装，个性风格明显，像是太空时代的原型，而不是高级时装。1966 年，他推出了自己的第一个时装系列“十二件不可穿的连衣裙”，都是用塑料或金属制作而成。

图 5 － 48　迷你裙　帕克　1967 年

帕克对于新材料的选择和使用非常重视，并说：“我不相信任何人能设计出前所未有的款式，帽子也好，外套、裙子也罢，都没可能……时装设计唯一前卫的可能性在于发现新材料。”从第一个系列作品开始，非传统材料就成为他的表现中心。据说他每个月要用掉三斤半塑料用来设计制作相关服饰。除了金属、塑料等，帕克也曾经设计过一次性的纸质衣服（图 5 － 48）。

帕克设计的服饰造型也比较独特，很多像是古代的盔甲一样，但在具体细节与设计上要更用心。他善于利用材料本身的属性，如反光等，通过精心编排，达到一种理想的效果。因为结构与部件过于精巧与复杂，他的许多衣服都显示出一种科技之美。比如他设计的这款金属亮片串缀而成的挎包，无数层叠的圆形金属亮片厚重而有质感，复杂的穿孔与构造连合让它充满现代科技感（图 5 － 49）。因为复杂的结构，许多衣服不得不在模特身上直接进行。他会让模特半躺在桌子上，然后在她的身体上塑造作品。1968 年，他为明星简 · 方达设计了电影《Barbarella》中极富有未来感的造型，进一步将太空风尚推向了高潮，并为日后“内衣外穿”的时尚埋下伏笔。

图 5 － 49　金属书包　20 世纪 60 年代

帕克认为香水与时装相辅相成，也是表现个性与魅力的重要手段，所以也一直很重视香水的研发，他的大部分香水都是木质香味，可以很好地补充他的服装。在 20 世纪 80 ～ 90 年代，帕克还用错落有致的皮革、鸵鸟羽毛、有机玻璃、铝片等设计出许多惊世骇俗的作品，但却很少有人穿到大街上招摇过市。1999 年，帕克宣布退休，但他大胆的理念与设计风格在时尚界持续发展。

60. 安德烈·库雷热

图 5 － 50　库雷热迷你裙　1967 年

图 5 － 51　库雷热迷你裙　1965 年

在 20 世纪 60 年代，安德烈 · 库雷热（Andre Courreges）绝对是最具代表性的服装设计师之一。他将年轻人的元素、流行文化与传统定制服的精良剪裁相结合，设计出时尚而具有品位的服饰。他的设计理念以及创造的一些经典形象不仅代表和引领了 20 世纪 60 年代的风尚，也成为现代服饰设计的重要组成部分。

1923 年出生的安德烈有着良好的专业教育背景。曾经就读于桥梁和道路学院的工程专业，所以对于结构和造型有着异于艺术家们的独到见解。在巴黎和家乡加索尔，安德烈都曾学习过时装设计，1945 ～ 1961 年，安德烈一直为巴黎世家服务，为其日后严格而又有创新性设计风格的形成打下了良好基础。不过在这期间，安德烈的顾客大多是富裕、成熟而保守的女人。在 20 世纪 60 年代初期，伦敦的时装实验在年轻人的带领下来到巴黎，安德烈很快就认识到这种新兴时尚的未来。1961 年，在巴黎世家的资助下，安德烈的个人时装屋位于巴黎克莱尔大道 48 号拉开了帷幕（图 5 － 50）。

受巴黎世家的影响，安德烈在设计时也将重点放在服装整体轮廓的构造上，而不是一味地关注琐碎的细节。他完全抛弃了 20 世纪 50 年代束腰宽摆的造型，而用更严格剪裁的服装来定义和雕刻女性的体态。他认为胸衣也是没有必要的，经常设计无胸罩的服装，而胸部的曲线完全依仗上衣的剪裁。工程力学的背景对安德烈有极大影响，他拒绝多余的材料，偏好时尚干净的几何线条。简洁、利落而富有雕饰感是他作品的最直观印象，有的作品甚至会给人锋利、虚无之感(图 5 － 51）。对此，有时尚人士如此评价：“库雷热完善了直线，将一切紧贴身体。他的剪裁含蓄、正确并现代。”他还从男装中汲取元素，设计出一些造型独特而具有中性色彩的服饰，比如四四方方的夹克，双排扣宽大外套等。安德烈预感到裤装的重要性，设计出许多肥长、宽大的女裤，搭配短直四方的上衣，更体现出现代女性修长、青春的体态。

为了更好地塑造和保持服装造型，安德烈喜欢使用笔挺的华达呢。当然在新型时尚风暴的冲击下，一些新的合成材料如 PVC 等也出现在他的作品之中。为了与几何造型保持一致，库雷热强调平行针脚的使用与表现。这种缝线不仅功能良好，也有一定的美学装饰效果。安德烈的服装极少有装饰图案，但简单青春的菊花图案被多次使用并成为其重要标志之一。此外，他的作品经常使用贴边与接缝处理手法，让造型轮廓更加完善，并有一定的装饰效果。

在风格的缔造上，安德烈与巴黎世家有着截然不同的理念，青春时尚是他的主要目标。他的顾客群体正如《纽约日报》一位时尚记者所言："直接主导衣服的是年轻而富有活力的美女。"无袖或短袖的A形连衣裙是安德烈的代表作品，而他也比玛丽·匡特更早推出了短小灵活的超短裙。下降的腰线，自然的造型，上升的裙摆让他的裙装成为那个时代最流行的时尚元素。受到宇航风潮的影响，安德烈很快就设计出了具有太空风格的许多服饰作品。他在许多作品中都融入了太空元素，但并不张扬，从而形成了时尚而不失端庄的艺术特质。他大胆地使用橙色、绿色、粉红色等鲜艳而又富有活力的色彩以张扬青春，但他的作品中最常见的还是来自太空的白色和银色。

20世纪60年代中期，安德烈发布了名为"月亮女孩"的时装系列。同期发布的"太空时代"为银白色系，简洁的A形裙、盔形帽、白羊羔皮靴子等震撼出场（图5－52）。他设计的一款白色窄眼缝护目镜更是充满想象力，成为风靡一时的时尚代表。这个时装系列不仅为安德烈带来巨大名利，还促进了太空风格在20世纪60年代的兴盛与流行。英国版《时尚》杂志宣布1964年为"库雷热的一年"。1975年《纽约时报》也承认："在20世纪60年代早期太空探索的时代，库雷热的太空时代服饰引起了全世界的时尚意识。"1967年，奥黛丽·赫本在电影《偷龙转凤》中头戴白色系带头盔式钟形帽，口叼太空时代太阳镜的经典造型更是将设计师库雷热的太空风格服饰推向了高潮（图5－53）。

图5－52　太空装　库雷热

为了突出和强调其作品的青春、自由与太空品性，库雷热的时装屋展示也异于常人。他将舞台布置得神秘而夸张，几乎都是白色的，融合表演、音乐、时尚等诸多形式。模特们身穿新款服装，戴着类似宇航员头盔式的帽子，模仿着机器人的步伐，像是从外太空穿越而来。如果说早期库雷热只是在服装中加入了一些太空元素，那么到了20世纪60年代末，他的作品则更集中于太空元素的体现。所以很多设计似乎也是脱离实际不实用的，在由波特·斯特恩为《时尚》杂志拍摄的一张安德烈的设计作品中，头戴黄色、红色等假发的四位模特穿着不同色调的红、绿、黄、蓝灯的抛光金属服饰，造型夸张。上部仅遮盖胸部，而下面的短裙连腰部也盖不完全，可谓是惊世骇俗了。

在服饰设计的同时，库雷热还将目光投向香水市场。1970年，他的第一款香水Empreinte正式面世，并在1977年推出一款男士香水，建立男装生产线。1982年，库雷热将大部分股权转让，只留了少数股东权益，至今大部分商标控制权在日本。

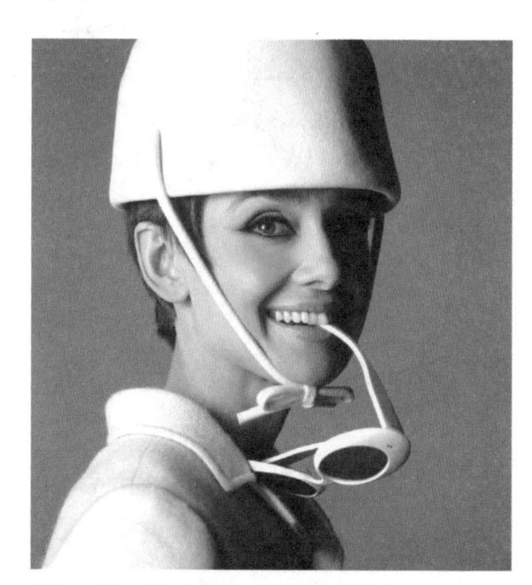

图5－53　赫本太空装　库雷热　1967年

61．皮尔·卡丹

图 5 － 54　皮尔．卡丹作品　1966 年

1922 年 7 月 7 日，皮尔·卡丹出生于父母在意大利威尼斯的度假胜地。他的父亲是一个富裕的葡萄酒生产商，并准备由他的儿子接手家族贸易，但卡丹自幼就喜欢服饰设计。他经常去观看芭蕾舞和戏剧，并着迷于华美的舞台设计和服饰。1936 年，卡丹开始在法国薇姿一个裁缝店做学徒，熟练地掌握了男装剪裁的技巧。在第二次世界大战即将结束之时，卡丹退出裁缝店，进入法国红十字会工作，并由此留在了时尚之都巴黎。

在巴黎，他曾先后为帕昆、夏帕瑞丽工作。1946 年，他为法国导演让·科克托（Jean Cocteau）的名片《美女与野兽》设计服饰道具，受到关注。在科克托的引荐下，他开始为迪奥服务，并设计出许多知名作品，其中迪奥的“酒吧”套装就来自他的创作。1949 年，逐渐成熟的卡丹离开了迪奥并在1950年开设了自己的第一家时装店。1953 年，卡丹发布了他的第一个女服系列，并由此成为法国高级时装设计师协会成员。1954 年，他打开了第一家名为“平安夜”的女服精品店。同年推出知名的泡泡连衣裙，至今仍然流行。腰线收敛、宽松的裙摆在下摆处微收，形成一个“泡泡”的效果。1957 年，卡丹在巴黎打开了第一家男性精品店，名为“亚当”。

在 20 世纪 60 年代，卡丹也较早地加入太空风尚的缔造行列，用新材料、新技术创造出许多新颖、大胆而富有个性的作品。乙烯、铆钉、巨型拉链等在他的作品中经常可见（图 5 － 54）。1964 年，卡丹推出了“月球系列”作品，女式紧身连衣裙与无袖短外套的搭配简洁大方，高筒皮靴和头盔式太空帽极富时代特色。而他后来设计的富有雕塑感而五彩缤纷的 A 型裙与库雷热的轮廓线较为相似，但似乎更为随意，配上长筒袜与方头鞋成为当时非常流行的造型。此外，与库雷热的太空服饰相比，卡丹的色彩更为丰富耀眼，也更加重视装饰。前胸的图案装饰一直是他处理的重点，以此形成视觉中心，其中圆领加矩形长条与重复圆环形的造型较为常见。1967 年，尼克·德·拉·玛吉（Nicole de La Marge）身穿卡丹最新设计的太空式服装出现在时尚杂志的封面。纯白的质地、雕塑般的轮廓映射出那个时代的经典瞬间（图 5 － 55）。

图 5 － 55　皮尔·卡丹新装　1967 年

卡丹的设计，简洁中又蕴含着许多夸张的元素，曾有建筑感的几何造型如菱形、圆形和矩形等最为常见，细节处的几何图形处理也是他的标志性特征（图 5 － 56）。在 20 世纪 50 年代，卡丹就体现出许多个性，喜欢打褶、双层大领及斜裁。到 20 世纪 70 年代，卡丹

的事业又进入一个新的辉煌时期。他充分利用羊毛、棉织品和绉纱等材料特性，创造出一系列生动而飘逸的造型。他设计的螺旋式斜裁连衣裙充满动感和生命力，他以不规则形状的外衣打造女性玲珑的身段，用漏斗般坚挺的衣领塑造出女性的干练。而在20世纪80年代他更是设计了风行全球的荷叶洋装，层层叠叠的裙摆复杂而精致，深色紧身的上衣更突出一种对比强烈的视觉效果（图5－57）。他设计的许多男装在时尚界也有极大影响力，如高纽位无领夹克、休闲男装、立领贴身双排扣外套等。

卡丹是一位成功的服饰设计师，也是一位精明的商人。他很早就认识到法国高级时装的局限性，认为只有为更多的人服务才能更有利于自身发展。1959年，卡丹设计了法国第一个批量生产的成衣系列，打破了小规模的高级时装市场。这在当时引起了轩然大波，他也因此被坚守传统的法国时装辛迪加除名，但是很快就恢复了，并成为第一个为百货商店提供设计的时装设计师。潮流不可逆转，在卡丹的带动下，成衣制作和销售开始大规模发展，并逐渐得到法国时装界的普遍认同。

为了获得灵感并扩大市场，卡丹在世界各地积极开拓市场。1966年，卡丹前往另外一个时尚中心纽约，设计出许多颇受欢迎的作品。在20世纪80年代，他还将自己的时尚王国推进莫斯科，还有此后的越南等地。与此同时，卡丹也是战后首位签订特许合同的设计师，允许生产商使用他的商标并从中提成。到今天为止，卡丹在140多个国家拥有一千多种产品的授权，其商标也是人们最熟悉的符号之一。

卡丹的业务范围早就超越了服饰范围，涉及各行各业，包括工业设计、汽车玩具、地毯、卫生纸等。对此，卡丹说：“我做所有的一切，我甚至还有自己的水。我会做香水、沙丁鱼，为什么不呢？在战争期间，我宁愿闻到沙丁鱼的香味而不是香水。如果有人问我做不做卫生纸，我会做，为什么不呢？”

1981年，卡丹还购买了马克西姆餐厅，并很快在纽约、伦敦和北京等地开设分支机构，并在许可范围内生产品类丰富的食品。1998年，他还透露自己的计划，曾在埃及重新打造600年前深入海底的古亚历山大灯塔，据说埃及政府已经批准了该计划。到目前为止，皮尔·卡丹已获得法国、意大利、美国、日本、中国等诸多国家诸多至高荣誉，而他并不准备退休将继续他的时尚之路。

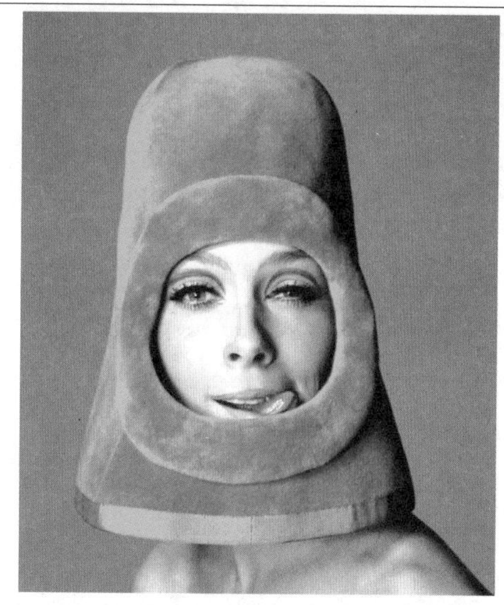

图5－56　未来主义风格帽子　皮尔·卡丹　1972年

图5－57　皮尔·卡丹礼服　1984年

62. 杰奎琳·肯尼迪——美国第一夫人的风采

图 5 － 58　杰奎琳·肯尼迪

图 5 － 59　约翰·肯尼迪总统与夫人出席晚宴

图 5 － 60　约翰·肯尼迪夫妇

说起 20 世纪 60 年代的时尚明星，人们自然而然地会联想到当时美国的第一夫人杰奎琳·肯尼迪（图 5 － 58）。杰奎琳以其优雅、大方而时尚的造型定义出一种美的类型，既能代表当时高级定制的风范，也不失 20 世纪 60 年代的青春色彩。对此，肯尼迪在与另一位时尚明星摩纳哥王妃格蕾丝对话时说："现在我的服装只是已经很丰富，因为时装比政治更重要，传媒对我的演说还不如对第一夫人的衣着打扮重视呢。"每次出现杰奎琳总能成为焦点，她的一身行头也会迅速成为新的重要的讨论话题，而这种影响力往往超越了时尚，并对她丈夫的政治事业有着重要作用（图 5 － 59）。

杰奎琳的时尚品位与她自由的艺术教养与生活环境息息相关。1929 年 7 月 28 日，杰奎琳出生于纽约南安普顿一个富裕的家庭，聪明、自信而淘气。她的一位小学老师形容她为："最漂亮的小女孩，很聪明，很有艺术气息，充满了魔力。"大学时，杰奎琳就读于纽约的威撒大学文学院，之后留学巴黎。在巴黎，她与欧洲的时尚近距离接触，还回忆说"我喜欢它超过了生命中的任何一年"。从巴黎回国后，杰奎琳转学到乔治·华盛顿大学，并在 1951 年赢得了法国文学学士学位。毕业后，她为华盛顿时代先驱报工作，并由此接触和采访到许多政坛名人。1952 年，她在一次晚宴中遇见了年轻潇洒的国会议员约翰·肯尼迪，二人一见倾心。1953 年 9 月 12 日，他们结婚了（图 5 － 60）。

1960 年 11 月 8 日，肯尼迪以微弱优势击败尼克松成为美国第 35 任总统。杰奎琳的第一任务就是重新布置白宫，她要将那里改造成美国历史和文化的博物馆，认为"在白宫的一切都必须有存在的理由"。1962 年 2 月，杰奎琳将恢复参观白宫交于国家电视台拍摄，有超过五千多万观众收看，她也因其贡献获得了艾美荣誉奖。杰奎琳大力发展相关艺术，并经常邀请国内知名的作家、艺术家、音乐家和科学家到白宫做客。

此后，杰奎琳经常随肯尼迪出席各种社会场合，并在许多出国访问时以其独特魅力获得加分。她在崇尚时尚的法国颇受欢迎，以至于肯尼迪如此介绍自己"我是陪同杰奎琳·肯尼迪到巴黎的那个男人，"1963 年 11 月 22 日，杰奎琳身穿粉红色香奈儿套裙，戴同色帽子一如既往的精致时尚，陪同肯尼迪步下空军一号，不幸很快来临，总统被人暗杀了，而她血迹斑斑的粉红色套装也成了举国哀悼的象征。五年后，杰奎琳再嫁希腊船王奥那西斯，在时尚界界的地位依然举足轻重。1994 年 5 月杰奎琳去世。

至今，杰奎琳依然被认为是美国最受爱戴和最知名的第一夫人之一。她的美丽和优雅已经成为那个时代美国文化的象征。历史学家道格拉斯·布林克利曾说："她是第二次世界大战后的优雅缩影，从未有一个第一夫人像杰奎琳·肯尼迪，不仅因为她是如此的美丽，更是因为她能将整个时代命名。"这个美丽而有极高鉴赏力的女人，因着装品位高雅而备受关注。据说在1960年，她的服饰费用就达到了三万美元。在成为美国第一夫人之后，她更是将个人与国家形象结合在一起，成为世界所有时尚杂志争相报道的对象。她的每一件衣服、每一款首饰，几乎都能成为时尚界剖析解读的范本。

图 5 － 61　杰奎琳外套

粉红色是杰奎琳最喜爱的色彩，也成为她的着装符号之一。杰奎琳很重视细节与品位，总以简洁大方见长。她的服饰极少有装饰，单纯的颜色，几乎没有任何纹饰和附加品。无袖礼服长裙、A形职业装、四方夹克等最为常见，而且基本都是中长款的优雅款式。因为不追求额外的装饰效果，所以纽扣和口袋往往成为她服饰中的亮点。在她穿过的许多外套、大衣、西服套裙中我们都可以感受到大纽扣和方口袋的魅力（图 5 － 61）。

作为美国的第一夫人，杰奎琳的服饰也有特殊要求。她不能随便穿美国以外的服饰，以至于她说"如果总统访问法国，我就去找纪梵希为我设计衣服"。1961年6月1日，杰奎琳身穿纪梵希设计的象牙色刺绣长裙出席凡尔赛宫晚宴，艳压群芳。但大多情况下，杰奎琳都是穿着美国本土设计师的作品，其中出身贵族的奥列格·卡西尼（Oley Cassini）是她最喜欢的专用服装设计师（图 5 － 62）。

出生于法国的奥列格曾在巴铎手下学习，并获得过多项国际时装比赛大奖。1961年，奥列格被任命为杰奎琳·肯尼迪的专用服饰设计师。他采用法国高级定制服的工艺和高档时装面料为杰奎琳设计出一系列线条简洁、造型明快而且有青年风范的服装，由第一夫人带着美国设计走向世界舞台。2003年，《国际先驱论坛报》时装编辑苏茜门克斯评价他："奥列格，你是时装史上创造了第一夫人不可磨灭时尚形象的设计师。你应该为你的成就感到骄傲，你是开创了自己风格的设计师。"

1996年4月，拍卖会对杰奎琳的数千件遗物进行拍卖，其中一串价值100美元的假珍珠项链拍卖到21.15万美元，并带动类似仿真珍珠项链的畅销。由此可见，时光过去很久，当年第一夫人的时尚魅力却永远流传。

图 5 － 62　杰奎琳粉红色外套

63. 华伦天奴·加拉瓦尼

图 5 － 63　银灰色礼服　华伦天奴　1995 年

1968 年 10 月 20 日，杰奎琳与奥那西斯在希腊小岛斯科皮斯举办盛大婚礼。39 岁的新娘身穿白色高领两件套服装惊艳登场。真丝质地，上衣装饰上下三层蕾丝带，下为百褶短裙，精致而庄重。由此成为当年时尚界最热门的谈论话题，而这套礼服的作者正是意大利服饰名家华伦天奴·加拉瓦尼（Valentino Garavani）。

在动荡的 20 世纪 60 年代，青春叛逆之风盛行，但也有许多服饰设计师始终坚持传统的设计理念。在崭新的时代将高级定制服进一步发扬光大，华伦天奴就是其中重要的成员之一。他说“我不认为世上的一些男人会愿意带一个打扮得像男孩的女人出门”，并认为表现女性气质如性感等非常重要。“我并不追赶时髦，那是年轻人干的事情。我要做的是充满魅力、性感和极具女人味的服装，并不是昙花一现的那种”，华伦天奴如此说道。正因为如此，他的作品很少受其他人影响，旨在创造充满女人味和自信的女性形象，而他的客户们也非常希望保持这种风格（图 5 － 63）。她们大都是高贵和富有的女人，如杰奎琳·肯尼迪、克洛德·蓬皮杜夫人、格蕾丝·凯莉、伊丽莎白·泰勒等。后来这一群体被《女装日报》直接称为“华伦天奴的女人”。

与其他巴黎的许多高级定制大师不同，华伦天奴是地道的意大利人。他曾在米兰学习设计，1950 年移居巴黎，并在相关艺术设计学院主修服装设计。上学期间，他在国际羊毛局举办的比赛中获奖，受到吉恩·普斯关注。毕业后，他曾为法国服装设计师吉恩·盖斯和盖·拉洛池工作。1959 年，在家人的支持下，他重回罗马并开设了自己的时装店。尽管不在巴黎，他的第一个时装系列就令人印象深刻，获得极大成功。1967 年，华伦天奴获得了时装界的奥斯卡大奖(Neiman Marcus）。1967 年 3 月，他在巴黎开设精品店。

图 5 － 64　礼服　华伦天奴　1959 年

从 20 世纪 60 年代末期开始，华伦天奴开始推行男女装成衣系列，并开始将业务扩展到香水、化妆品、配饰、毛皮等诸多品类的时尚王国，并以其高贵、永恒、奢华和独创闻名世界（图 5 － 64）。2006 年 7 月 6 日，法国总统希拉克授予华伦天奴法国最高荣誉“德拉骑士军团勋章”。1967 ～ 1968 年，华伦天奴推出了他知名的白色系列，引起轰动，服装上的装饰元素“V”从此成为他的设计标识。这次时装发布会成为他职业生涯的转折点，其简单而不失华丽的风格深获好评。也就在此时，杰奎琳穿上了他的白色套装并选择其中的一套作为她与奥那西斯的结婚礼服，华伦天奴的传奇也由此开始了。

在此后数十年的设计生涯中，白色始终是华伦天奴不曾间断的主题，其中内敛华贵的奶油色最为常见（图 5 － 65）。虽然华伦天奴偏爱白色，但纵观他的设计，红色已经成为他的标志色，并有了华伦天奴红这一专称。当然其他一些亮丽的色彩如绿色、橙色在他的作品中也比较常见。1968 年，杰奎琳穿着华伦天奴为她量身定做的淡绿色单肩丝缎长礼服出访柬埔寨，再度成为时尚焦点。简单的围裹式造型有些印度传统女服的影子，边缘处的蕾丝装扮让这件长裙变得华丽而富于动感，是时尚史上的又一精品力作（图 5 － 66）。

为了凸显女性气质，华伦天奴特别重视细节的处理和设计，其特点是华丽、精致而独特（图 5 － 67）。典型的华伦天奴细节包括荷叶滚边、插肩袖、圆形裙边、奢华刺绣、精美蕾丝串珠刺绣等。在晚礼服的设计中，他最经典的一种装饰方法就是臀部的笼纱造型，让女性的曲线更加突出，而轻盈的面料一点也不显得厚重。对于面料的选择，华伦天奴也非常严格，精美的丝绸与意大利原产面料是他的最爱。他还经常将各种材料融合在一起，如蕾丝和粗花呢。面料与装饰图案的结合也是他设计的重点，如在轻盈透亮的质地上装饰串珠等。他以精湛的工艺将意大利面料与法国刺绣完美结合，创造出奢华而具有个性的作品。他的作品散发出古典的时尚气息，代表了财富、魅力和优雅，始终是时尚人士的宠儿。

1991 年，华伦天奴出巨资举办了为期三天的时尚聚会，并举办了“三十年度”回顾展。与会的客人都是来自四面八方的名流，其中很多都是华伦天奴的忠实顾客。在这次展览中，可以看到华伦天奴设计的无数奥斯卡颁奖礼服以及那些世界上最昂贵的婚纱，包括一些以前看不到的设计草图。在此期间，华伦天奴还募集专项资金与朋友共同创办一个旨在救助艾滋病受害者的生命基金会。

图 5 － 65　华伦天奴礼服　20 世纪 60 年代

图 5 － 67　华伦天奴礼服细部

图 5 － 66　尼罗河绿色礼服　1967 ~ 1968 年

64. 印花大师——艾米尔·普奇

图 5 － 68　普奇印花　1966 年

在很长的一段时间里，法国就是高级定制的代名词。许多相关的设计师或设计机构也有意无意地排斥甚至瞧不起其他国家的作品，但这种一统天下的局面在第二次世界大战发生了微妙的变化。且不说摇摆伦敦与实用美国带来的诸多冲击，意大利的许多服装设计师逐渐进入高级定制的市场，开始与法国平分秋色，艾米尔·普奇（Emilio Pucci）就是其中的重要成员。普奇是第二次世界大战后意大利服饰设计崛起的关键人物，他创建的同名时尚品牌至今享誉世界。他的作品往往以面料设计见长，精致轻盈的丝绸、色彩丰富的几何印花让他声名远播，并在很大程度上提升了意大利设计的地位。而这位创造如此传奇的时装大师却是在偶然间涉足这个领域。

1914 年，普奇出生于佛罗伦萨最古老的贵族家庭之一，居住于家族在佛罗伦萨的普奇宫殿，这让他对传统的生活方式有着先天的认知能力。在米兰大学学习两年后，他进入美国佐治亚大学学习农业，并加入了学校的文学社。在专业学习之余，生性大胆奔放的普奇更热衷于各种体育活动，如滑雪、网球、赛车、游泳等。在 1932 年时，他曾作为意大利运动员参与在普莱西德湖举办的冬季奥运会，不过并没有参与比赛。1935 年，他赢得了俄勒冈州里德学院的滑雪奖学金，并在 1937 年获得该学院社会科学硕士学位。1937 年，他还被佛罗伦萨大学授予政治学博士学位。

1938 年，普奇加入意大利空军，并在第二次世界大战期间担任轰炸机飞行员。在战争期间，他与墨索里尼的大女儿艾达（Edda）成为好友，并曾在关键时刻挽救了她和她的丈夫。普奇在试图逃往瑞士时被德国人逮捕，并备受盖世太保折磨。后来，德国人派普奇到瑞士警告艾达不要发布其日记，他借此机会留在瑞士，直到战争结束。这段经历对于普奇而言肯定非常痛苦，但正因为如此，他的勇气、忠贞以及天生的贵族血统都让他在上流社会赢得更多尊重与成功的可能。

图 5 － 69　非洲元素印花　普奇　1964 年

普奇的第一个作品是为里德学院滑雪队设计的服装，但他真正受到时尚界关注的却是第二次世界大战以后的事了。第二次世界大战后，普奇前往美国西雅图大学继续深造，并一直沉醉于滑雪运动。他切实地感到市面上的滑雪服缺乏设计感，亲自动手用弹性面料设计了实用而亮丽的滑雪服。1947 年，当他的朋友穿着他的新款滑雪服出现在《时尚芭莎》时，时尚界开始关注这个来自意大利的青年。随后，普奇设计了一系列弹性泳装，为他带来大量订单。他的事业在美国有了非常好的开头，普奇还是决定回国。1950 年，普　奇在意大利卡布里岛开设同名店铺，次年在佛罗伦萨上演首次时装秀。

1951 年，普奇正式成立了他的时装公司，并将业务不断向外延伸，不仅在罗马等地设立分店，还把产品销往美国最大的百货公司。与此同时，他还将时尚设计扩展到家具用品，如地铁、瓷器、香水、信纸等。到 20 世纪 60 年代，普奇也因其风格更适应时代大气候而被推到更高的地位。许多富豪、名媛、明星都成为他的忠实粉丝。1968 年，他的影响力还超越了地球，阿波罗十五号登月的那幅标识就是出自普奇之手。

强烈的彩色印花是普奇最具有个性的标识，其经典印花往往是抽象而蜿蜒旋转的线条，被人称为“万花筒”。这些图案大都是他亲自设计的，其灵感多来源于根深蒂固的意大利文化以及他在世界各地的游历感悟。而曾经的飞行作战经历也在某种程度上影响着其作品的动感与生命力（图 5−68）。

为了完美地呈现和展示他的印花图案，普奇对于面料的质地也有严苛要求。他与一些纺织品企业合作，亲自设计和监督面料的生产流程，并会在一些纺织品上印刷他的签名。在 1964 年发布的系列作品中，他将早期在非洲旅行的经验运用于面料设计，其图案明显充斥着非洲面具的元素（图 5 － 69）。他擅长将鲜亮缤纷的色彩、波普风格的图案与柔软飘逸的丝质材料交织融合，营造出时尚的摩登气质，并带有度假式的慷慨气息（图 5 － 70、图 5 － 71））。

在设计类型上，热爱运动的普奇偏好休闲类服饰的设计与开发，印花弹性衬衫和斜裁 V 领真丝防皱连衣裙是他最具代表性的作品。此外，他还设计了优雅方便的“七分裤”，并将色彩绚烂的真丝围巾发扬光大。在内衣、泳衣、服装等领域，普奇也有突出表现，而斑斓的色彩始终是他手中的利器（图 5 － 72）。在迷你裙风行的年代，普奇也设计了许多简洁时尚的短裙作品，其中具有波普、欧普气息的图案设计无疑是最具吸引力的亮点。1965 年，普奇受邀为布拉尼夫航空公司设计新制服，包括高领毛衣、T 恤、夹克、裙裤等。其中他为空姐设计的一款塑料帽子造型别致而且可以有效地保护佩戴者的发型。

1992 年，普奇去世，她的女儿接管他的时装王国。2000 年，公司被法国路易 · 威登控股，新的设计师为它带来了更多活力，但始终保持其核心的气质与风格。

图 5 － 70　普奇眼镜　1960 年

图 5 － 71　普奇手包　1960 年

图 5 － 72　普奇泳装　1975 年

六

承上启下

（约 1970 ~ 1979 年）

20 世纪 70 年代似乎是一个个性模糊、风格混杂的时代。20 世纪 60 年代的一些价值观在此期间得以延续，同时它又开启了下一个十年的新风格。在这十年间，传统的时尚指挥棒失灵了，人们不再拘泥于某种流行时尚，而是尽情地表现自我。在装扮上我行我素，追求舒适、个性与多样化，其中最明显的就是女性的裙摆。在这个时代，迷你裙、超短裙、及膝裙、中裙、长裙演绎出富于变化的风景，女人们尽可能地根据自己的具体要求选择更为适合的裙装。被誉为正统、典雅的高级时装举步维艰，时尚界没有了权威，“最好的品位就是坏品位”成为许多人的共识。人们可以自由选择，自我表现，许多曾经被视为“低俗”的东西被纳入到主流行列中，由此形成了所谓的“反时装”潮流。

20 世纪 70 年代是女权主义发展的重要时期，特别是撒切尔夫人成为英国第一位女首相之后。在追求政治权利的同时，人们通过服饰上的中性化来表达自己对平等的渴望。“无性别服饰”在 20 世纪 70 年代达到了前所未有的程度，裤子已经完全被女性和社会所接受。热裤、牛仔裤、喇叭裤等占据了更多市场，圣 · 洛朗还设计了及膝上衣配长裤的晚装系列。同时，20 世纪 60 年代兴起的“孔雀革命”继续发展，鲜艳而具有更多女性化元素的男装也变得非常流行。

20 世纪 60 年代的嬉皮士们在此时已经日渐成熟，曾经年轻的“花童”们在现实面前愈加清醒，追求高品质的雅皮士出现。而新兴的年轻一代在能源危机、高失业率以及紧张的国际环境中丧失了前辈们的纯真理想，奉行无政府主义的朋克（Punk）成为街头文化的新代表。发泄怨恨、反抗、控诉成为朋克的核心与动力，他们不再信奉“和平与友善”，而是高举“性和暴力”的口号创造另类文化。朋克音乐与朋克风一直形影相随，性手枪乐队（The Sex Distol）成为最火热的乐队。经纪人麦克拉伦被誉为朋克之父，但在时尚界更有影响力的还是他的妻子薇薇安 · 维斯特伍德。她缔造了朋克服饰的传奇，并使其成为 T 型台的精品。

与 20 世纪 60 年代的摇滚乐一样，20 世纪 70 年代成为迪斯科的天下。迪斯科舞曲既带来了新的娱乐和交际方式，也大大地影响了年轻人的时尚潮流。而在当时最为传奇的夜店要属纽约的“54 俱乐部”了，那里经常聚集着各路名人，并成为时尚灵感的重要发源地。迪斯科题材的电影《周末狂欢夜》的上映让这种舞蹈形式被广泛推广，而其中的服饰也被纷纷效仿。弹力十足的紧身裤、连衣裤成为舞池中的必备品，长袖以及蝙蝠的款式更为流行。上紧下摆肥大的喇叭裤也备受年轻人青睐，舒适时尚的牛仔裤也在此时变得多姿多彩起来。厚底鞋成为当时最潮的配饰，高达十多厘米的鞋底厚重宽大，让穿者看上去越发高挑、纤细。1971 年，黛安 · 冯 · 芙丝汀宝（Diane Von Furstenberg）设计的绑带收身的裹身裙横空出世。舒适的面料、性感的造型成为女人们去夜店蹦迪的佳品。

20 世纪 60 年代嬉皮士们所推崇的“民族风”在此时此刻进一步发扬，异域的、民俗的元素大放异彩。这种多元化趋势打破了地域局限，创造了一种世界性的审美范畴。以伊夫 · 圣 · 洛朗为代表的设计师们从非洲、美洲、印度、中国等地汲取设计元素，创作出许多充满异域风情的作品。艳丽的扎染衬衫盛行一时，土耳其大袍类服饰也愈发流行。日本服饰与相关设计师也以此为契机登上了世界时装的舞台。东方传统的文化精髓与西方服饰在摇摆中融合，形成了一股全新的时尚潮流。

在装饰之风盛行的 20 世纪 70 年代，“极简主义”成为服饰设计的另一种走向。关爱自然与环境意识的兴起催生了 1970 年的第一个地球日，而此后开展的“回归自然”运动，更是将奢侈浪费与装饰过度视为不耻。自然材料与自然朴素的美开始流行，田园牧歌成为许多人所追求的生活方式。美国设计师罗伊 · 哈斯通（Roy Halston）率先设计了线条简单、造型现代的套装，并将减少主义风格融入美国的服饰风格之中。而这种基于环保与关爱自然的时尚经验在日后的服饰世界更是得以发扬光大。

65. 朋克

图 6 － 1　20 世纪 80 年代朋克风格的 MTV 印刷

朋克(Punk)是继嬉皮士之后由年轻人掀起的又一种非主流文化，它的兴起与发展也始终与音乐息息相关。从 20 世纪 60 年代起，摇滚乐越来越受到商业的冲击，其反叛性与敏感性也日益减弱。与此同时，战后欧洲的社会问题越来越多，经济萧条、高失业率、能源危机等诸多现实让更多的人心存愤懑。在这种背景下，始于音乐叛逆与改革的朋克文化诞生，其主旨是抗拒一切现有的流行音乐如摇滚、重金属等。朋克音乐以地下音乐和极简摇滚等为基础，强调叛逆、大众以及无政府主义。其旋律往往是简单的三和弦，直接、有力而具有攻击性。此时，旋律与乐感都很次要，年轻人在他们创造的噪音音乐中发泄对现实生活的种种不满。

朋克倡导民主与自由，所有人都可以参与其中，DIY 之风盛行。他们喜欢独立地进行创作，不受传统、权威或大公司的制约。他们比以往更加喧闹、快速和粗糙，并且很快由局部扩散开来，越来越多对现实心怀不满的人都加入进来。与 20 世纪 60 年代一样，摇摆伦敦继续走在这股新潮流的前端。1975 年，与 Virgin 唱片公司签约的“性手枪乐队”成为朋克风崛起的重要标志。在他们发表的专辑《上帝拯救女王》的封套设计中，将“性手枪”字眼封条贴在了英国女皇的嘴巴上。很快，碰撞、诅咒、亵渎神灵等诸多朋克乐队出现，它们可能有各种差异，但其核心理念是相同的，那就是反叛与革命（图 6 － 1）。

在音乐的带领下，朋克文化迅速席卷大不列颠，并很快风靡世界各地。他们用原始直接的言辞，表达对世界的不满与抗拒。他们反对一切传统与道德的东西，反社会、反宗教甚至反人类。他们吸毒、滥交、雌雄同体、崇尚暴力。他们内心彷徨，充满矛盾。在服饰选择上，朋克们也另辟蹊径，宣扬他们的主张与文化特性。而正是这些自发的另类的衣着方式深深地影响着 20 世纪 70 年代的服饰走向，并成为日后诸多服装大师的灵感来源。

图 6 － 2　维斯特伍德　1976 年

在总体造型上，朋克追求杂、乱、酷的衣着风格。T 恤、皮夹克、皮革短裙、牛仔裤、印花衬衫等最为常见，并故意营造出松散、粗糙、放肆的感觉（图 6 － 2）。雌雄同体成为流行的打扮方式，在服饰的设计与搭配上，男女之间没有了以前那种泾渭分明的界限。DIY 之风盛行，青年男女们都主动出击，寻找一切可能的元素来装扮自己。为了对抗传统的精致设计，二手市场以及垃圾堆都成为他们乐此不疲的地方。人为地撕裂、开洞、打结、污染以及补丁等塑造出放荡而叛逆的青年形象，甚至有人故意撕开衣服再用别针或胶带重新固定，创造出肮脏、混乱的效果。

在发型上，源于原始部落的“鸡冠头”成为新宠（图6 － 3）。两侧剃光，头顶处从前到后留着长长的鲜艳的一束头发，像是公鸡的头冠。此外，光头、杂草丛生般的发型也比较常见。总体上以短发取代了原先嬉皮士们的飘飘长发。军用靴、机车靴、文身、彩绘和身体穿环成为朋克们装饰身体和张扬个性的重要手段。黑色的眼影、鲜艳的嘴唇、闪闪发光的皮肤让人过目不忘。自残和穿环极度流行，是男女皆宜的时尚装饰。耳朵上的装饰最常见，经常带有夸张的耳饰，很多人还在眉毛、鼻子、嘴唇等敏感部位打孔穿环。到20世纪90年代还波及腹部、舌头和生殖器。诸多的自残行为让朋克们在疼痛中体会自我，而这些装饰让他们看上去的确与众不同。

对于服饰材料的选取，朋克一族也打破常规，充满反叛与抗拒意识。一些廉价的化纤材料如塑料、橡胶等广受欢迎，并经常与性欲联系在一起。金属元素在此时很受欢迎，夸装的安全别针、金属链、金属铆钉都成为装点服装的必备之物。而这种风尚也被诸多设计师汲取到自己的作品中。英国设计师桑德拉 · 罗德斯在他许多作品的细节和边缘处就经常采用金色安全别针、金链等装饰或连接。其他一些日常物品，如黑色垃圾袋、渔网、丝袜、刀片等也开始大量运用于服饰设计，营造出凌乱、夸张而叛逆的形象。

在图案设计中，朋克一族更是主打叛逆之风。他们经常在服饰上印刷暴力、色情、粗俗的文字或图像，比如骷髅、涂鸦文字、谋杀类图像等。一些有争议的内容，如倒置的十字架、纳粹标志以及马克思、斯大林等的图像也开始流行，充分体现出朋克一族无政府主义的反叛精神（图6 － 4）。马尔科姆 · 麦克拉伦就设计了诸多此类的印花T恤和衬衫，他的店铺也是朋克们最爱光顾的地方之一。他的搭档维斯特伍德的影响更大，她将朋克风格运用于自己的服装设计，并将其搬到了高级时装的舞台，成为20世纪70 ~ 80年代最具创新性的设计师之一。许多时尚小店也纷纷打着朋克的旗号，专门出售这些异类风格的服饰。此外，传统的苏格兰格子图案也备受朋克一族的喜爱，苏格兰超短裙、格子长裤等大为盛行。

随着朋克文化的发展，在20世纪80 ~ 90年代出现了分化的诸多类型，如硬核朋克、后朋克、哥特朋克等。而朋克服饰也在时代的变迁中发展演变，并在很大程度上影响了诸多国际知名的服饰设计师，如麦奎因、加里亚诺、范思哲等（图6 － 5）。

图6 － 3　维斯特伍德与她的模特

图6 － 4　Gary Glitter

图6 － 5　长连衫裙　路易 · 费罗　1971年

66. 朋克教母——薇薇安·维斯特伍德

图6 － 6　维斯特伍德礼服　1991 年

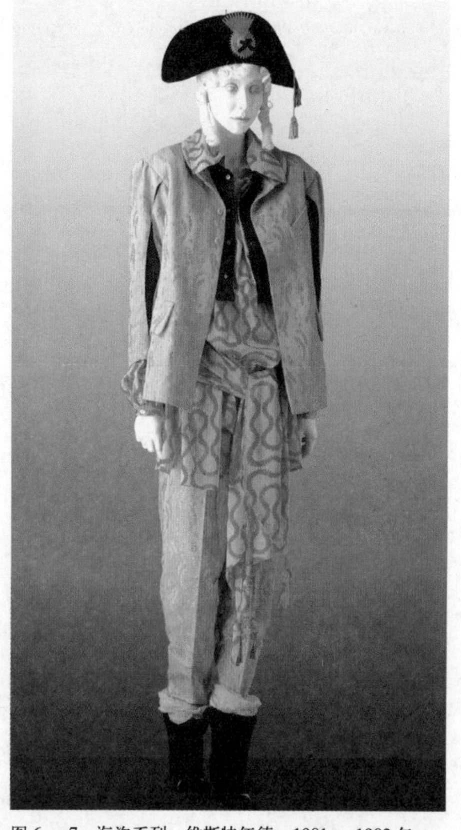
图6 － 7　海盗系列　维斯特伍德　1981 ~ 1982 年

1941 年 4 月 8 日，维斯特伍德出生于英国德比郡一个普通的工人家庭。17 岁时，她随家人搬到了伦敦的哈罗，这对于她日后在时尚界的发展至关重要。维斯特伍德曾在哈罗艺术学校学习时尚和银器，但很快就退学了，后来经过教师培训学校的学习，成为一名小学教师。1962 年，她与德里克 · 维斯特伍德结婚并育有一子，但他们的婚姻只维持了三年，因为维斯特伍德遇见了她人生中最重要的一个人——马尔科姆 · 麦克拉伦。

1971 年，麦克拉伦接管了伦敦国王路 430 号的店铺，并将其命名为“尽情摇滚”，出售许多类似泰迪男孩的服饰。维斯特伍德也结束了她的教师生涯，投入到店铺的设计和经营之中。1972 年，他们把店名改为“活得太快，死得太早”，并以此悼念詹姆斯 · 迪恩的早逝。1974 年，“性爱”成为他们的新招牌，店铺的装饰风格也非常暧昧，墙壁上喷绘着放荡的图像，到处堆放着服饰原料成品。维斯特伍德用特殊的材料制作出一系列惊世骇俗的作品，而其中的许多元素如金属拉链、挂锁、渔网、橡胶、短剑、皮革等都体现出明显的性虐待意识。其后，维斯特伍德举办的“奴役”服饰展示会更是向世人宣称：“她要通过这场发布会来研究性虐待的用具。”而这种色情元素或风格在维斯特伍德日后的设计中一直扮演着重要的角色，如高跟鞋、暴露的内衣、生殖器造型的装饰等。

随着朋克文化的发展，国王路 430 号很快成为其重要的形象代言人。1977 年，店铺再次更名为“叛逆者”，宣称“我们的兴趣所在就是考虑反叛，我们想以此惹恼英国佬。”维斯特伍德的作品多为亲手制作，不拘一格，与当时的高端时尚规则相对立，这种对服饰设计的攻击、反叛与冒犯成为她的风格标志（图 6 － 6）。随着朋克之风减弱，1980 年，他们又将店名改为“世界末日”。店内的一切更加荒诞不稽，歪歪扭扭的楼梯，逆向行走的时钟和稀奇古怪的服饰。“世界末日”的第一个系列就是“海盗系列”，中性化的设计，以鲜艳的红色、橙色、蓝色等取代了之前常用的黑色（图 6 － 7）。来源于冒险家、土匪、海盗等的设计元素使作品变得与众不同，宽松、随意而粗糙的造型显示出一种狂野、放荡精神，成为时尚青年的年度精品。也就是从此时开始，维斯特伍德的职业生涯有了巨大转折。她对剪裁技巧与传统的服饰产生浓厚兴趣，开始关注高端服饰的消费群体。而麦克拉伦正好相反，他似乎更为迷恋音乐。

1982 年，维斯特伍德从原始居民的服饰中汲取元素，推出了其第二个服饰系列“野人”。美国土著部落的印花图案、皮质的工装大衣、大而破烂的裙子既延续着设计师一直的风格，又充满异域风情。同年，他们的第二家店铺开张了。

随着维斯特伍德声名日涨，1983 年春天，她第一次到巴黎举办时装表演，发布“女巫”系列。这个系列充满“性”的挑逗，并掀起内衣外穿的风尚。在造型上，她用不规则的碎布块、粗糙的缝线、各色补丁等创造出一种前所未有的时装。与此同时，维斯特伍德与新情人以及合作伙伴一起移居意大利，并完成“催眠”与“克林特 · 伊斯特伍德”两个系列作品。在“催眠”系列，她用光滑的人造纤维材料制成艳丽的服装，荧光闪闪的外套上搭配橡胶材料的阴茎状的纽扣。大衣内多是类似吊带背心与小内裤的造型（图 6 － 8），这种短裙造型同样出现在其后的“克林特 · 伊斯特伍德”系列之中。

图 6 － 8　紧身内衣　1994 年

1985 年，维斯特伍德复古风格的“迷你衬裙”系列在巴黎卢浮宫上演。受到芭蕾舞裙的启发，她设计了迷你短裙。其造型像是维多利亚时期衬裙的缩短版，上衣的波尔卡圆点、星星和条纹等图案又有着相当现代的设计感（图 6 － 9）。此后维斯特伍德重新回到伦敦，并着手准备苏格兰风情浓郁的“哈里斯花呢”系列。这个 1987 年推出的系列表达了对英国萨维尔街的传统以及英国羊毛织品、华达呢等的敬意，虽然她的作品依旧夸张并带有嘲讽（图 6 － 10）。

维斯特伍德的主要崇拜者是前卫时尚的青少年团体，虽然不断有人质疑她的设计，但不可否认，维斯特伍德在早期引领了朋克风潮，为高级时装注入新的血液。对此，有人评论说：“她是过去十年里英国最有影响力的设计家，她的设计思想从根本上改变了我们的服装观念。”今天，维斯特伍德的全球性时装帝国包括金标的高级定制、红标的成衣系列、男装以及其他配饰等，她已经从极端的街头风格走向更为宽广的领域（图 6 － 11）。

图 6 － 11　维斯特伍德作品　1989 年

图 6 － 9　维斯特伍德作品　1986 年

图 6 － 10　维斯特武德礼服作品细节

67. 桑德拉·罗德斯

图 6 － 12　外套　罗德斯　1969 年

桑德拉·罗德斯（Zandra Rhodes）出生于英国肯特郡的查塔姆，她的母亲工作于巴黎高级时装店，也是她的第一位时尚导师。随着母亲任教于麦德威艺术学院，罗德斯也正式进入该学院学习印染设计。此后她又到英国皇家艺术学院继续深造，而这种专业的纺织品印染学习经历对于她日后服饰中的面料选取和设计有深远影响。1966 年，罗德斯与同学西尔维娅·艾顿开了一家服装店，她主要负责纺织品设计。三年后，二人各奔东西，随后罗德斯在伦敦西部时尚的富勒姆路建立了自己的专卖店。

在朋克文化盛行的 20 世纪 70 年代，罗德斯在其中也扮演了重要角色。她较早地感受到人们对于朋克的热情，并将相关元素运用于自己的作品之中。1977 年左右，她推出了朋克风格的系列作品“概念上的高雅”，将街头文化与传统的高雅设计相融合。她的这些创作虽然在当时也颇受争议，但从社会的角度看，它进一步强调了对时尚界传统精英制度的态度变化。在自我形象的塑造上，罗德斯也标新立异：一头蓬松的粉红色头发（有时是绿色或其他），个性十足，体现出朋克一族与众不同的形象追求。不过罗德斯与维斯特伍德还是有很大区别，她只是将朋克作为设计灵感来源之一。

1969 年，罗德斯推出了她的第一个系列作品，呈现出松散、自由而浪漫的艺术风格（图 6 － 12）。其中最受关注的还是她精美而富于个性的雪纺印花面料。层次分明而流畅的造型设计也备受好评。这件圆领系带晚礼服，宽松似袍服，肥大的长袖与主体完美结合，左右两个圆形印花图案充满动感，并与肩部的图案相呼应。轻柔的雪纺与精美的印花让穿者在行动间风情万种（图 6 － 13)。

图 6 － 13　晚礼服　罗德斯　1969 年

在风格上，罗德斯与夏帕瑞丽有诸多相似之处，她们将时尚与艺术完美结合，并且极具创造性和想象力，浪漫、夸张而美丽（图 6 － 14）。她的许多设计灵感都与大自然息息相关，蝴蝶、贝壳、羽毛等都是她常用的素材，并曾经推出相关主题的系列作品如“斑马”和“埃尔斯岩石”等。同时，她还着迷于世界各地以及各历史时期的许多文化元素，这种关注给予她更多的设计灵感，同时也让她的作品更具有神秘感和魅力，比如她的“北美印第安人”系列。1981 年，罗德斯设计了一款具有文艺复兴时期服饰风格的晚礼服。袖口与腰间胯部的金色大花既美丽时尚又突出了文艺复兴时期礼服的造型特点，前胸处穿眼系带的装饰让人联想到古代女性的束身内衣。透过金色透明的聚酯纱裙隐约可见精美的印花真丝裙摆，彩色旋转的线条使作品瞬间婉转起来（图 6 － 15）。

与许多高级服饰设计师不同，活力奔放的罗德斯还将视角投放到街头文化，如摇滚和朋克等，所以她的许多作品更具有时代感和生命力。罗德斯为英国摇滚乐队“皇后乐队”设计的系列演出服，华丽而夸张，效果惊人。她还把从卡地亚珠宝买来的宝石别针装饰在精心制作的手工滚边之上，既有精品定制的传统又充满了朋克的时尚气息。这种不露声色的搭配受到许多上流人士的追捧，并很快被世界各地模仿。1973 年，著名摄影师塞西尔 · 比顿选择为她拍摄时尚专辑，并作为其在维多利亚·阿尔伯特博物馆个人时尚回顾展的重要组成部分。

对于面料，罗德斯有着极高要求，而这也成为她作品品质的重要基石。因为不满足于现有面料的粗糙，很多时候，罗德斯都要亲自设计并制作面料。色彩强烈而明亮的雪纺绸、真丝、薄纱、天鹅绒等是她的最爱，也因此形成了她的招牌作品——柔软华丽的裙装礼服。为了达到理想的效果，她的许多纺织品面料需要手工制作，手工染色、手工绘制以及绣花、钉珠饰等。她的作品往往呈现出戏剧性的优雅和夸张女人味，所以许多欧美的上流女士都是她坚定的追随者。

随着事业的发展，罗德斯还开始涉足更多的时尚领域。2001 年，她受圣迭戈歌剧院委托设计了第一部歌剧《魔笛》的演出服，并且还为休斯顿大歌剧院和英国国家歌剧院服务。2003 年，罗德斯在伦敦东部的一个旧仓库中开办了一个时装与纺织品博物馆，展示自己以及其他著名服装设计师的作品（图 6 － 16、图 6 － 17）。2009 年，她还被任命为英国创意艺术大学的校长。此后还推出自己的珠宝首饰系列、手袋以及床上用品等。她的珠宝首饰与服装风格相似，包括东方风格、别致朋克、可爱百合、曼哈顿夫人等多个系列。罗德斯的服饰因别致而经久不衰，今天，她依然是时尚界举足轻重的标志人物。

图 6 － 14　真丝长裙　罗德斯　1976 年

图 6 － 15　礼服　罗德斯　1969 年

图 6 － 16　礼服　罗德斯　20 世纪 70 年代

图 6 － 17　礼服　罗德斯　1969 年

68. 迪斯科

图 6 - 18　比吉斯

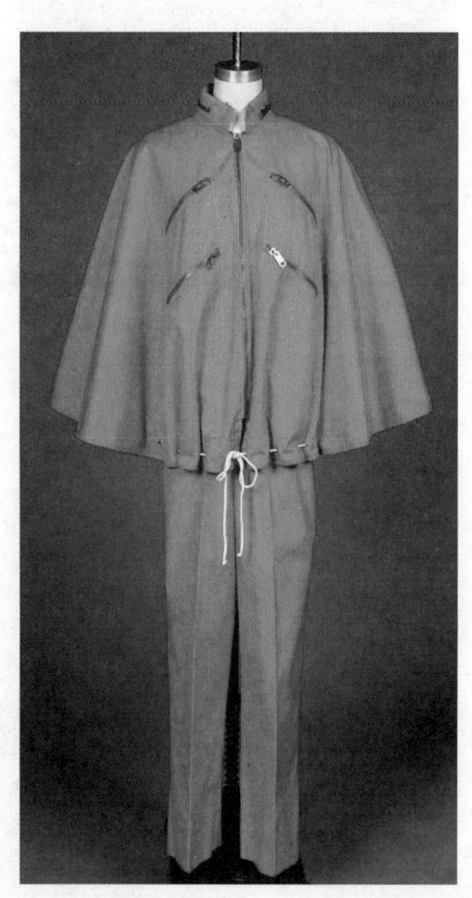
图 6 - 19　套装　1978 年

迪斯科（Disco）是一种逐渐分化出来的音乐类型，其名源于迪斯科舞厅。无论是布鲁斯、摇滚乐还是后来的朋克都是现场演奏的形式，人们更多地是想亲自聆听自己所喜欢的音乐，并感受偶像的风采。迪斯科却有着完全不同的形式，很多志同道合的人半夜三更聚集在一起，喝酒、跳舞、狂欢、放纵。他们经常光临的酒吧也因其需求购买和播放合适的歌曲，而一些节奏感强适合于群舞狂欢的音乐也因此而盛行，迪斯科舞厅或夜总会就这样产生了。在这里，没有权威式的明星，没有专门的演出和秀场，只是普通大众的自我宣泄、自我陶醉。1964 年 9 月，《花花公子》杂志用“迪斯科”来形容此类风格而得名。

由于特殊的表现方式，迪斯科最初的受众多是黑人、同性恋、犹太人等，可以说最初是地下文化符号之一。伴随着摇滚乐的衰落，自由而参与性极强的迪斯科开始兴盛起来。女人们加入进来，并扩展到当时其他一些流行团体。1970 年，纽约市的 DJ 大卫 · 曼库索在自己家里开设了一个类似会员制的民间舞蹈俱乐部，成为迪斯科风潮的一个先行者。1973 年，《滚石》杂志专门刊登阿勒蒂撰写的关于迪斯科的文章。此后，各大电台广播节目也开始抛弃摇滚乐，播放迪斯科音乐。与此同时，迪斯科的流行也让更多的音乐人投身于此类曲风的制作，而很多时候这些乐曲根本不需要艺人表演，只需制作人来控制就行了。

虽然在 20 世纪 70 年代初期迪斯科的相关舞曲就在音乐排行榜上显露风光，但真正让它大放异彩的还是 1975 年唐娜·萨姆的单曲《爱就爱你宝贝》。这首曲子的制作人就是大名鼎鼎的乔治 · 麦罗德，他还为唐娜量身定做了许多作品。《爱就爱你宝贝》包含了一系列性爱的喘息和呻吟声，被形容为流行乐坛女性性欲表达时代的到来。当它在电台播放后，很快受到热捧，并很快荣登诸多流行音乐榜，而唐娜也因此被称为“迪斯科女王”。

1977 年，以迪斯科为题材的电影《周末狂欢夜》上映，主演约翰因片中的劲舞表现成为当之无愧的迪斯科舞王。电影中的原声带不仅改写了原声带卖座纪录，更在 Billboard 专辑榜上占据了 120 周之久，并拿到了当年格莱美奖的最佳专辑头衔。从此，迪斯科铺天盖地地发展起来。提到这部迪斯科大片，人们肯定会想到 20 世纪 70 年代横行流行乐坛的 Bee Gees。在《周末狂欢夜》的同名原声专辑中，几乎所有热曲都是比吉斯兄弟的，如《你的爱有多深》《狂欢夜》等（图 6 - 18）。比吉斯是来自澳洲的兄弟组合，包括大哥巴瑞 · 吉布和双胞胎兄弟罗宾·吉布、莫里斯·吉布。在1970年，他们将蓝调等音乐元素融入迪斯科乐曲，开创了现代音乐的新纪元。但好景不长，到20世纪70年代末期，各地的反迪斯科运动开始兴起。虽然从20世纪80年代以后，迪斯科这个词不再多用，但它的曲风、节奏、行为等通过各种方式一直延续下来。

作为一种流行音乐，迪斯科对于服饰发展也有着相当的影响力。特殊的环境需要与之相配套的服饰，大幅度的肢体动作对于服饰面料也有特殊要求。廉价而富有弹性的面料如氨纶、莱卡等最受欢迎。虽然这些材料不够透气，但舞动时更为合体，而且也不需要特殊洗涤和熨烫（图6－19）。为了营造闪耀的效果，明亮的颜色、亮片装饰以及金属类饰品比较流行。在Disco水晶球的旋转照射中，这些特殊的材料和质地通过反光等方式获得别样的视觉效果。据说仅1975年，美国就售出了1200万套涤纶休闲装，多为冰激凌般的色彩。白色在舞厅的灯光中呈现一种透明的荧光效果，它还能让白色外衣下的内衣呈现透视效果，因此成为迪斯科人群的最爱（图6－20）。

图6－20　套装　1979年

在男士迪斯科时尚方面，亮丽的聚酯衬衫是必不可少的。领子经常被大大翻开，露出性感的胸部，衬衣前部通常有两排褶皱装饰。男人们对于色彩和装饰的需求如此之多，以至于箭牌开始称呼自己是“彩色白衬衫公司”，并推出了许多丰富图案的衬衫（图6－21）。富有弹力的牛仔裤和紧身裤也开始流行，并出现了造型独特的喇叭裤，而高腰款式最为流行。裤子下部微张的喇叭造型在人们劲歌热舞中也有翩翩风姿。厚底高跟的松糕鞋在此时成为男士们的最爱，也形成了时尚发展史上的一大奇观。

对于女士们而言，裤装成为出行的重要装备。各类紧身而富有弹性的裤子最为多见，火辣的热裤也成为比较常见的服饰。但对于很多人来说，夜半出门跳舞还是更偏爱中长款的宽摆裙子。吊带或抹胸式的裙子会让舞姿更具有流动感和诱惑力，裙裤也开始发展起来。她们也喜欢松糕鞋，系带的高跟鞋也非常流行。在发型上，无论男女都喜欢顶着一头夸张的非洲爆炸式发型，头带装饰也很常见。

迪斯科服饰的影响并不只局限于舞厅，很多时候人们都很难分清哪些是礼服，哪些是家居服，哪些是为晚上狂欢而准备的。所以即便在白天，人们也能看到诸多经典的迪斯科服饰造型。与此同时，许多服饰设计师还有意无意地将迪斯科之风融入他们的创作之中，比如紧身、夸张、亮片装饰等。

图6－21　印花衬衫　20世纪70年代

69. 风尚裤装

图 6 － 22　迷你裙裤　20 世纪 70 年代

在 20 世纪 70 年代，女性解放运动的发展以及多种青年风尚的兴起带来了裤装百花齐放的多姿风貌。尤其在女性时尚领域，人们更为包容非传统的女性形象，反对穿裤装的正式场合和工作场所逐渐减少。正因为如此，裤子在当时大有超越传统裙装的趋势，成为现代时装发展历程中的独特风景（图 6 － 22）。

喇叭裤无疑是 20 世纪 70 年代的招摇与特色之一，它是一种上紧下松，从膝盖部分向下逐渐扩展成喇叭形、钟形的裤子。这种造型可追溯到 19 世纪初期美国海军的一种军裤，喇叭形的裤腿可以省去军人穿靴子的苦恼，也很容易卷起来防止被水淋湿。1813 年，准将斯蒂芬 · 迪凯特（Stephen Decatur）如此描述当时海军士兵的装扮："海军士兵戴着帆布硬边帽，上面装饰着彩色飘带。蓝色夹克搭配背心和蓝色喇叭长裤。" 因为良好的功能性，这种喇叭裤还被其他国家海军采用，而它作为美国海军的军服也一直持续到 1998 年。

在 20 世纪 50 年代，可可 · 香奈儿推出一款海滩休闲裤，后来被称为喇叭裤。到 20 世纪 60 年代中期，此类款式的喇叭裤通过嬉皮士们的张扬开始在欧洲流行，许多明星身穿装饰夸张的喇叭裤在公众场合出现。1968 年，吉米 · 亨德瑞克斯（Jimi Hendrix）穿着碎花刺绣喇叭裤出现在好莱坞著名的露天音乐会现场，让更多公众了解并迷恋上这种时尚。

此后，在迪斯科、朋克等的影响下，喇叭裤更是成为 20 世纪 70 年代的标志服饰。最初在女性中流行，因为它可以更好突出她们修长的腿型和高挑的身材。后来男人们也开始迷恋这种时髦的造型了。为了营造更夸张的视觉效果，裤脚尺寸逐渐增大，有的甚至达到了 60 厘米以上。在材料上，白天所穿以聚酯和牛仔裤为常见，并经常装饰以补丁和贴花。晚上，人们则更喜欢穿着绸缎、天鹅绒制作的喇叭裤出席迪斯科派对。在造型上，也有高腰和低腰两种，高腰式的喇叭裤或其他长裤搭配衬衫是最流行的迪斯科装扮。而低于脐下几英寸的低腰造型常搭配吊带衫、抹胸式 T 恤，并在腰间搭配宽宽的腰带，性感而有野性美。

图 6 － 23　热裤　20 世纪 70 年代

热裤是 20 世纪 70 年代年轻女性最火爆的服饰之一（图 6 － 23）。它与普通的休闲短裤完全不同，紧身而特别短，其造型灵感来源于 20 世纪 60 年代的迷你裙，但可以比超短裙更短。冬天，热裤通常用保暖的羊毛类材料，搭配紧身上衣与长外套。夏天，T 恤与牛仔热裤的搭配成为经典并流传至今。20 世纪 70 年代的热裤多为紧身，突显臀部、腰部之美。上衣长长的可完全遮盖其下的热裤，也可以塞进去，体现完美的身形。大多女性会穿上色彩缤纷的裤袜，也有不少女士勇敢地赤裸双腿。但无论怎样，宽腰带与及膝盖的高靴都是她们的最佳搭档。热裤在20世纪70年代风靡一时，虽然许多公司禁止员工穿短裤上班，但也有许多例外。美国的西南航空公司就将热裤纳入公司制服，并通过多种广告形式宣传其空姐新造型，高挑的空姐们穿着热裤、高靴成为20世纪70年代一道美丽的风景线。

图6－24　羊毛套装　1980~1982年

裙裤作为“裙”与“裤”的中间形态在20世纪70年代也很盛行。这样一来，许多传统的女性也可以穿上貌似裙子的裤装招摇过市了。裙裤的造型元素来源于阿根廷和乌拉圭的潘帕斯草原牛仔服，因这些牛仔是高乔人，所以也称“高乔”。高乔人以杰出的骑射技能闻名于世，他们所穿的这种裤子有利于马上运动。外界在20世纪中叶以来对它的兴趣日增，时尚人士也赞美它是现代裙子的完美替代品。

1970年，美国设计师安妮·克莱因设计出一款灰色法兰绒裙裤，并发行在《纽约时报》之上，影响巨大。20世纪70年代的裙裤上紧下松，裤筒肥大如裙摆，多为紧身连衣造型（图6－24）。灯芯绒和牛仔是比较流行的面料，而晚上穿天鹅绒的紧身连衣裙裤出行则更为时尚。为了标榜个性，许多女性经常用补丁、花朵、和平类标志等装饰她们的裙裤。

图6－25　李维斯短裤　20世纪70年代

形式多样的牛仔裤在20世纪70年代极受欢迎，它简单、随意而富有青春气息。同时，牛仔裤是中性服饰的代表，有着男女平等的精神寓意。为了迎合年轻人的需要，设计师们对传统的牛仔裤进行各种加工处理，如褪色、破洞、磨损、做旧、补丁等。在当时，设计师标签常被缝在裤子的外面，而一些名牌厂商如克莱恩、沙宣、李维斯等在当时都起到重要的推动作用。在时尚界刚露头角的日本设计师高田贤三也在1971年推出了一款中长款卷腿牛仔裤，上面搭配着宽袖补花毛衫，从而创造了牛仔装的另一番风貌（图6－25）。

70. 松糕鞋

图 6 － 26　松糕鞋　20 世纪 70 年代

图 6 － 27　松糕靴　1972 ~ 1973 年

图 6 － 28　松糕鞋　20 世纪 70 年代

在现代服装发展的历史中，充斥着许多女性借鉴男装的例子，并最终发展出一个新的品类——中性服饰。但是男人着女装似乎并不多见，20 世纪 60 年代开始的孔雀革命多少有些借取女装元素的影子。到了 20 世纪 70 年代，高大而夸张的松糕鞋再次登场。而与 20 世纪 30 年代不同，它成为男女皆宜的流行装饰。不过至少两英寸高的松糕鞋让许多爱美的青年男子不得不重新学习走路。

松糕鞋又称平台鞋，其前后跟都有厚重的高跟设计，因鞋跟质感象松软厚实的松糕，故得此名。这种造型的鞋子由来已久，在诸多古代文化中都有不同表现。古希腊戏剧中的一些人物造型就经常穿着此类厚底靴出场，而在很多的中国戏剧中，很多男性演员也要穿厚底鞋。其作用有许多相同之处，标榜身份，突出舞台效果等，而且至今厚底官靴依然是中国戏曲表演的重要服装道具。此外，日本女人的木屐和中国满族妇女所穿的花盆厚底鞋与其也有诸多相似之处。后来欧洲人设计了日常所穿的松糕鞋，可以防止泥污沾染裤子，也有利于人们骑马时扣紧马镫。

现代意义的松糕鞋得益于 20 世纪 30 年代菲格拉慕的创新设计。在各种原料紧张供应的时代，菲格拉慕用水松木设计出高大厚重的新式松糕鞋，装点了严酷的战争年代。在各种青年文化不断涌现的 20 世纪 60 ~ 70 年代，造型夸张的松糕鞋再次流行起来，而且跨越男女界限，变得更加普遍和流行（图 6 － 26）。就像电影《周末狂欢夜》中所描述的那样，20 世纪 70 年代就是迪斯科时代，药物、狂欢和松糕鞋的搭配绝对是当时最时髦的装扮之一。它们不仅出现在舞厅，而是无处不在，甚至可以出席许多正式社交场合。伦敦著名的时装店 Biba 仅在数月内就售出七万五千双松糕鞋，可见其在当时的风靡程度。人们用丰富的想象力创造了松糕鞋的新面貌，在造型、装饰以及材料上都比以往更丰富、更热烈。

质地软而轻的松木依然是松糕鞋底的上佳之选，看似厚重的鞋跟还是比较轻巧的。为了在色彩、质地等方面与鞋子主体保持一致，经常在软木外包裹相应的装饰材料，如皮革、布或者进行染色处理等。鞋面一般为皮革，带有天然纹理的蛇皮成为当时最流行的原材料之一。这款 20 世纪 70 年代出产的及膝松糕鞋，通体装饰蟒蛇皮。黑色的斑纹、自然的鳞片让它体现出自然、夸张而略带神秘的气质（图 6 － 27）。此外，20 世纪 70 年代最流行的格子面料也被运用于松糕鞋的设计。这款格纹松糕鞋就很富有时代性，它高约 3.5 英寸，鞋子主体为橙色、棕色、白色等粗格子面料（图 6 － 28）。前部系带，造型比较保守，但色彩足够夸张。

缤纷的色彩是 20 世纪 70 年代松糕鞋最抢眼的设计元素之一。无论男女，鲜艳的色彩因为足够招摇而深得他们欢心，金色、粉色、银色、紫色、绿色、黄色等都很流行。同时，将一些对比强烈的色彩进行特殊搭配也能起到引人注目的效果。这款由意大利制造的 Biba 松糕鞋有着夸张的高度，但更吸引人的还是它的色彩设计。银粉色的鞋面亮光闪闪，厚重的前后跟装饰着亮紫色的皮革，对比鲜明，让人印象深刻（图 6 － 29）。此外，许多可爱而醒目的元素都被大量用于松糕鞋，如水果、花卉、星星、月亮等。这些装饰图案和元素让造型厚重的松糕鞋充满特殊魅力，颇得年轻人的欢心。著名摇滚歌手大卫 · 鲍威曾穿过一双黑色松糕长靴，靴身为黑色皮革，鞋面外侧装饰着暗红色星星和月亮图案。前跟部为黑色皮革与暗红色蛇皮相间的效果，简单的装饰让这个黑色的庞然大物变得鲜明而富于个性。

在造型上，20 世纪 70 年代的松糕鞋也是千姿百态，有封闭式的，也有系带的、露脚后跟的、露脚趾的等（图 6 － 30）。松糕高靴因热裤、超短裙等的流行而大受欢迎，也能更加凸显女性的优美体态。此外，松糕鞋底也有许多类型，有细跟的，也有粗跟的；有前后一般高的，也有一定落差的；有的前后跟离得远，有的更为接近甚至连为一体。但无论怎样，高达数英寸的松糕鞋底几乎都呈平面，不利于人体保持平衡。因为丧失了足弓的弹性缓冲作用，足底容易劳累，长时间穿着会造成足弓畸形，并对人体骨骼等构成伤害（图 6 － 31）。

在 20 世纪 70 年代之后，松糕风潮再度来袭，包括一直流行的松糕运动鞋（图 6 － 32）。风靡全球的英国辣妹乐队更是凭借其影响力将她们热爱的单品——松糕鞋在全球再次掀起风潮。而最有名气的一款松糕鞋当属维斯特伍德在 1993 年设计的一款松糕鞋。后跟高达九英寸，使得名模坎贝尔在时装走秀时不小心摔倒。

图 6 － 30　男式松糕鞋　20 世纪 70 年代

图 6 － 31　时尚杂志广告　20 世纪 70 年代

图 6 － 29　Biba 松糕鞋　20 世纪 70 年代

图 6 － 32　辛普森的高跟鞋

71. 芙丝汀宝的裹身裙

图 6 － 33 连体衣 芙丝汀宝 20 世纪 70 年代

图 6 － 34 芙丝汀宝的裹身裙 1976 年

在 20 世纪 70 年代，戴安娜·冯·芙丝汀宝（Diane Von Furstenberg）设计的针织连衣裹身裙无疑是最流行的裙装之一。它从推出之后便风行整个 20 世纪 70 年代，并成为芙丝汀宝时尚事业的重要基石。他的裹身裙一般是 V 领交叉束腰的造型，由内版、外版和腰带组成，穿与脱都很方便。由腰带控制松紧就对身材无太多要求，虽然这让它看起来和睡袍有异曲同工之处（图 6 － 33）。

裹身裙多采用富有弹性的针织面料，印花明亮鲜艳，紧紧包裹的剪裁与造型突出了女性的自信与性感。无论是外出工作、宴会还是参加迪斯科派对，它都是上佳之选，方便、时尚而充满女性魅力。正如芙丝汀宝的设计初衷："女人想要一种嬉皮士风格之外的时尚选择，不是喇叭裤和各种僵硬的裤装，而是富有女人味的衣服。"的确如此，在中性时尚与裤装流行的 20 世纪 70 年代，芙丝汀宝的裹身裙一鸣惊人，深受万千女性自爱。到 1975 年，她每星期就要生产一万五千件裹身裙。因为她的影响力如此之大，1976 年 3 月 22 日，芙丝汀宝登上了《新闻周刊》的封面，照片中她就穿着标志性的 V 领针织裹身裙。

与她的传奇名作裹身裙一样，芙丝汀宝的一生也非常富于传奇色彩。芙丝汀宝出生于第二次世界大战后的布鲁塞尔，父母是犹太人，而母亲是奥斯维辛集中营的幸存者。她曾在瑞士日内瓦大学攻读经济学，随后移居巴黎，开始涉足时尚领域。而她真正学会剪裁、染色等是在朋友于意大利开办的一家纺织品工厂。期间，她不仅制作了数条针织裙，而且结识了她的第一任丈夫——德国王子艾格·冯·芙丝汀宝(Egon Von Furstenberg)。1969 年，二人结婚并迁居到纽约市，芙丝汀宝的美貌和时尚让她很快成为社交界的名人。但是芙丝汀宝对无所事事的贵族生活不感兴趣，她要创造自己的事业，并说"我知道自己即将成为艾格的妻子时，就决定要有自己的事业。我想成为我自己"。《时尚》杂志编辑戴安娜·弗里兰对芙丝汀宝曾经设计的针织裙赞不绝口，并鼓励她进军时装界（图 6 － 34）。

1970 年，在意大利朋友的帮助下，芙丝汀宝以三万美元作启动资金正式设计她的女装系列。她最早将办公室设在了纽约的高萨姆酒店，并很快推出了她的名作针织裹身裙（图 6 － 35）。实际上，在这之前，她的婚礼礼服就是自己设计的，并由迪奥之家制作。这件礼服与大多王室婚礼礼服不同，中长款的白色面料，在腰部下摆装饰彩虹色带。这件衣服非常舒适，而它也是其裹身裙的原型。芙丝汀宝在接受《纽约时报》采访时说："我所做的事情就是让女性可以轻松地穿着。”

从某种程度上说，芙丝汀宝的裹身裙引发了一场时装运动，是全球女性自由解放的重要标志。因为物美价廉，到1976年，她已经售出超过一百万条裹身裙，后人更将她喻为“继可可·香奈儿之后在市场上最成功的女性”。

到20世纪70年代末期，裹身裙的市场需求已接近饱和，芙丝汀宝又开始开发新的产品和领域（图6－36、图6－37）。20世纪70年代中后期开始，她进一步拓展其美容事业，建立了其品牌的系列化妆品。她不仅通过游历推销她的化妆品与美容经验，还亲自编写《戴安娜·冯·芙丝汀宝的美丽法典：如何变成一个更具吸引力、更自信和性感的女人》。据《纽约时报》报道，在1979年她公司的销售额为1.5亿美元（图6－38）。1985年，芙丝汀宝移居巴黎遥控其时装业务，并创办了一个法语出版社Salvy。

在20世纪90年代，重返纽约的芙丝汀宝为了重振其时装事业，通过电视购物等方式促销。正当她在家居购物频道持续经营之时，新一代的年轻女性又开始在二手店淘宝她当年的裹身裙。1997年，芙丝汀宝重组公司，再次推出其招牌——裹身裙，果然大受欢迎。随着DVF品牌声誉再起，芙丝汀宝重新建立她的事业，销售网已遍及全球。

2004年，她与H. 斯特恩（Stern）合作设计珠宝，并推出了围巾和沙滩装业务。2006年，芙丝汀宝当选美国时装设计协会（CFDA）的新主席，并一直连任至今。在2009年，米歇尔·奥巴马穿着她设计的礼服参加白宫宴会，让她赢得了更多人气。在发展其时尚事业的同时，芙丝汀宝还热心于各种公益事业，并开办自己的私人慈善基金会。

图6－35　芙丝汀宝的裹身裙　1970年

图6－36　芙丝汀宝的太阳镜　1970年

图6－37　芙丝汀宝的手包

图6－38　裙子　1972年

72. 美式简约——罗伊·哈斯通·弗罗威克

图 6 － 39 烟花外套 哈斯通 1970 年

图 6 － 40 哈斯通礼服 1970 年

第二次世界大战后期，以米斯·凡·德·罗为代表的现代主义设计大师提出了“少就是多”的设计理论，并引发了以美国为首的国际主义设计潮流。所谓“少就是多”与中国古代庄子的某些思想有相同之处，提倡减少，用最简约的元素体现更丰富、更具品位的美。这种设计风潮持久而影响深远，对于战后设计新面貌的形成至关重要，而米斯也因此被人誉为影响世界 1/3 城市天际线的建筑师。服饰设计虽有自己较为独立的发展体系，但它与设计发展的整体气候也是相辅相成的。受到减少主义思潮的影响，许多美国服饰设计师都体现出不同于欧洲大陆的美学风格。尤其在朋克与迪斯科文化兴盛的 20 世纪 70 年代，美国式的实用主义、简约风格成为当时时尚界的异类与奇葩。被时尚界誉为“简洁先生”的罗伊·哈斯通·弗罗威克以其实用、精简而感性的设计成为美式简约风格的代言人。

1932 年 4 月 23 日，哈斯通出生于美国爱荷华州的得梅因。其父是一位挪威裔会计师，同许多时装大师一样，哈斯通对裁剪和时尚的兴趣也较多地来源于母亲。据说小时候他就开始为母亲和妹妹打扮着装。哈斯通曾就读于印第安纳大学，搬到芝加哥后，还在芝加哥艺术学院的夜校进修。对时尚兴趣十足的哈斯通从设计帽子开始了他的职业生涯。在战后新风貌时期，帽子是女性整体典雅形象的一部分，所以有着很大的设计空间。哈斯通的作品优雅而时尚，与服装的搭配又恰如其分，深得女士们欢心。1957 年，他在北密歇根大道开设了第一家帽子店铺，并开始以中间名 Halston 命名，这也是他儿时的小名，以区别他和同名叔叔罗伊。声名高涨的哈斯通在友人的支持下去往纽约，在这个国际大都市中他赢得了更为广阔的舞台。他不仅开始为一些知名百货公司提供设计，还结识了不少时尚界的名人。他的帽子出现在《时尚》《时尚芭莎》等知名时装杂志的封面，时尚编辑戴安娜·魏瑞兰德还赞赏他“可能是这个世界上最棒的帽子设计师”。1969 年，在肯尼迪总统的任职典礼上，第一夫人杰奎琳就戴着哈斯通设计的药丸帽，成为时尚史上的经典一刻。

随着哈斯通在时尚界的声名鹊起，他开始关注更多领域。1966 年，哈斯通发布了首场时装表演秀，大获成功并受到许多上流人士的肯定。随后，哈斯通在纽约麦迪逊大道正式成立同名设计公司，并逐渐建立其品牌形象。简洁实用的毛衫、宽腿裤、四方夹克等都是他的代表作（图 6 － 39）。当然最受美国社会名流认可的还是他的晚礼服（图 6 － 40）。1974 年左右，他推出了最具标志性的设计——紧身露背晚他成为礼服，狭长性感的女性轮廓在美国的迪斯科舞厅迅速走红。他成为纽约著名夜店Studio54的名人与常客，并吸引了一大批名流顾客与粉丝，包括丽莎·明奈利等。

简洁实用是哈斯通服饰的标志与特点。与同时期的许多夸张装饰不同，哈斯通追求极简设计。在简单几何造型的基础上，他还尽可能地减少内衬、接缝、拉链等细节设计（图6 － 41）。他告诉《时尚》杂志："我的工作就是去除那些不必要的细节，如没有系上的结饰，没有纽扣、没有拉链。我讨厌这些没有实际意义的装饰物。"此外，长期的实战经验以及对时尚的敏感性让他了解女人们的切实要求与渴望。正如他所说："我提供女人们想要的。她们要穿得舒适，最重要是还要性感，就这么简单。"

图6 － 41　哈斯通礼服　1975年

为了实现其设计理想，尤其是在晚礼服设计中，哈斯通经常采用独家秘籍。他几乎不画草稿，经常通过折纸来试验其构思。他最喜欢维奥涅特的"斜裁"工艺，按照面料纹理进行剪裁。光滑柔美的丝绸、开司米面料最为多见，贴合人体的面料一泻而下，有着古希腊长袍的古典美。为了更好地呈现身体曲线，他的晚礼服多为单色，既符合其简单的设计原则，又能使身体达到"隐约透露"的艺术效果。在这之中，1975年哈斯通推出的一个系列设计比较例外，他将一些知名艺术家的气质与其作品结合，创作出带有精美印花的作品（图6 － 42）。

图6 － 42　印花礼服　哈斯通（沃霍尔设计图案）　1974年

虽然哈斯通的设计极富个性，但在他的诸多作品中，我们还是可以感受到20世纪70年代的一些风尚。他设计的四方夹克、紧身连体阔腿裤以及串珠亮片装饰的精美上衣等都有着迪斯科夜生活的气息。此外，哈斯通还设计了许多知名的制服，包括1976年美国奥运会代表团制服、纽约警察局制服、女童子军制服等。而1977年，他为布拉尼夫国际航空公司设计的新风貌更是好评如潮。在20世纪70年代，似乎不管他做什么都能引导潮流，《新闻周刊》还称他是美国首屈一指的设计师。

1973年，哈斯通将品牌交由美国诺曼西蒙集团管理，自己担任总设计师。为追求更多利益，诺曼将哈斯通品牌大量对外授权，这直接影响了品牌的高端形象，而公司与平价衣服零售店JC Penny的合约直接导致众多商家将哈斯通拒之门外。哈斯通在1988年被查出感染艾滋病，最终因并发症在1990年去世。对于这位生前好友，Sudler Smith说："在我看来，哈斯通代表了20世纪70年代的一切，好的和坏的。华丽而又堕落，那种对时尚的敏感具有先见之明。"

73. 马球手——拉尔夫·劳伦

图 6 － 43　劳伦品牌女装

第二次世界大战后，美国以简洁实用的成衣制作引领时尚，其中休闲运动类的服饰更是影响巨大。拉尔夫 · 劳伦（Ralph Lauren）秉持“经典好造型”这一主题设计高品位、舒适而永恒的作品，创造和完善了拥有地产的中产阶层形象，品质、传统而具有威望。他的服饰经久不衰，较少受到时间因素的制约，更有许多作品反倒在磨损中体现出一种深沉、质朴而含蓄的力量（图 6 － 43）。正如他所言：“我只想做我喜欢做的事。我压根儿不喜欢时髦的衣服，我只喜欢那些看上去永远也不过时的衣服。”

1939 年，劳伦出生于纽约布朗科斯一个普通的劳工家庭，对于时尚的热爱与敏感似乎是与生俱来的。他早期的时尚教育多来自相关电影和杂志，从小就注重仪表和着装，与周围的同龄人大相径庭。劳伦羡慕舒适而华贵的上流社会，梦想长大后成为百万富翁，可以像他的偶像温莎公爵那样生活。他认为“一个男男女女穿着 V 领毛衫的校园，毫无新意”，很早就开始打工赚钱。

没经受科班时装学习的劳伦从领带领域开始进军时尚界。他最初服务于波士顿一家领带制造商，并取得了设计领带的机会。针对当时单调无新意的领带市场，他大胆创新，设计了加宽领带，颜色也更为丰富鲜艳。这种比通常领带至少宽一倍的新式领带的价格也更高，销售情况却出人意料的好，劳伦也因此赚得了人生的第一桶金。而到 20 世纪 60 年代末期，新式的窄式领带流行，劳伦的宽大领带迅速成为历史。不过这一切都不重要了，因为先见之明的劳伦早在 1968 年就建立了 Polo 男装公司，并推出了第一个品牌“Polo Ralph Lauren”。Polo 意为马球，是欧美上流人士的重要娱乐方式。取此为名，既标榜了其服饰定位，又能激发人们的兴趣和无限联想(图 6 － 44）。

图 6 － 44　劳伦品牌男装

随后，劳伦进一步拓展和延伸他的业务，涉足到童装、箱包、眼镜、香水、家具等多个领域，而他在 20 世纪 80 年代中期推出的运动服饰系列更是影响巨大。1971 年，事业顺利的劳伦在加州比弗利山庄开设了第一个 Polo 精品店，并很快推出了他的女装系列。1972 年，劳伦设计并发布了 24 种颜色的纯棉短袖衬衫，舒适、中性而时尚，迅速普及而成为经典。获得时尚界认可的劳伦开始进入电影业，1973 年和 1977 年，他分别为电影《了不起的盖茨比》和《安妮 · 霍尔》设计服饰，影响了那个年代无数人的衣着和生活方式。

劳伦还将古宅莱茵兰德大厦重新包装，改造成 Polo Ralph

Lauren 的旗舰店，致力于传统绅士形象的缔造。这家店铺的设计和营销方式也非常有特色，试图营造一种怀旧式的乡村俱乐部氛围，而这里的一切都是可以销售的，从墙纸到唱盘。

20 世纪 90 年代起，劳伦开始通过他的马球系列筹集慈善基金。他还在商店中打出“购买产品的钱款将有一部分捐献给癌症预防和康复中心”的标识。这不仅吸引了更多顾客的光临，为人道主义援助事业做出巨大贡献。1992 年，劳伦获得美国时装设计师协会颁发的终身成就奖，而他不仅坐拥无数独立经营门店，也成为全场最富有的服装设计师之一。

20 世纪初期，欧美的上层社会生活是劳伦品牌重要的设计源泉，复古之风一直延续于他的诸多设计之中（图 6 － 45）。他用经典的设计为人们勾勒出一种富裕、休闲而舒适的生活方式，迎合了顾客对于上层社会的向往。劳伦如此说：“我设计的目的就是去实现人们心目中的梦想——可以想象到的最好现实。”所以说，劳伦给予人们的并不只是一件衣服那么简单，他完全是在创造一种典型的生活方式，保守、正统而象征权威性（图 6 － 46）。西部牛仔在旧时的好莱坞电影中体现出狂野、休闲而自由的气质，这也是劳伦最为着迷的服饰风格之一。他将其中的某些特质融入他的设计之中，创造出一些复古而浪漫的新作品，马丁靴、牛仔布、做旧处理等都很常见（图 6 － 47）。

此外，劳伦还非常重视历史与地域文化元素，尤其是能开发和挖掘美国本土文化，如印第安人等的某些风格元素。1981 年，劳伦借鉴了那瓦霍印第安人的服饰元素，推出了圣达菲集合，富于地方特色的颜色和图案设计让人们直观美国本土文化的精髓。但是无论怎样，休闲、舒适而精致都是劳伦一直坚持的设计理念，他的服装因实用而贴近生活、富于生命力。他经典的 Polo 衫有着前短后长的衣摆，正是为打马球时向前冲锋的动作而设计。而他设计的棉质长袖衬衫更是男女皆宜的款式。无论搭配西装、套裙还是牛仔裤、马丁靴都很经典，并成为美式风格的代表形象之一。

劳伦的设计跨越时间和地域，将浪漫、创新、传统和灵感完全融合，重视细节而风格优雅。而这位缔造如此传奇的设计师却不认为自己是服饰设计师，只是个“具有贴近时代意识”的人。在他的著作《我不是时装设计师——Polo 之父拉尔夫 · 劳伦传记》中，我们再次领略了一个领带商人的不平凡人生。

图 6 － 45　银钉皮革束腹带　劳伦　1970 年

图 6 － 46　拉尔夫 · 劳伦西服

图 6 － 47　劳伦皮靴　20 世纪 70 年代

74. 复古与优雅

图 6 － 48　复古礼服　1972 年

图 6 － 49　手绘晚礼服　霍利 · 哈帕　1974 年

20 世纪 70 年代异彩纷呈，而传统的高级服饰在声势浩大的青春叛逆中一再受挫，人们纷纷寻找新的方向。以圣 · 洛朗为代表的一部分设计大师开始将历史元素与时代风尚结合，形成传统而富有现代意味的复古之风。由于很多作品有着 17 世纪传统服饰之风，带来了欧洲宫廷感的大回潮。百褶裙、泡泡袖、下移的肩线重新演绎出优雅风范，而大面积的植物印花更是流行，使传统的造型富有时代与青春气息。1971 年，奥西 · 克拉克设计的裙装就很经典，上半身的金色紧身胸衣再现了古典造型，外套的金色皮夹克雍容华贵，造型独特，宫廷感十足。高腰的紫色花边裙神秘、飘逸而动感十足，整体造型既富于远古宫廷气质，又有着明显的时代性。

在这种设计风格的带动下，一些相似的时尚元素开始大量流行。一些普通的青年受众也喜欢上这些服饰，印花加上宫廷式的裙装也成为她们衣橱的必备品。在 20 世纪 70 年代的朋克潮流中，复古之风也是趋势之一，比如哥特摇滚。典型的哥特风格装饰元素通常来自于伊丽莎白时期、维多利亚时期甚至中世纪，经常带有宗教题材的一些元素如十字架等。苏格兰设计师比尔 · 吉布（Bill Gibb）就以此为核心推广复古之风。他擅长将不同材质面料进行混搭，营造出丰富多变的层次感。1972 年，吉布正式推出其个人成衣高级定制系列，优雅精致的百褶裙是其主打力作，而他的这些作品也很快受到时尚明星们的热爱，如伊丽莎白 · 泰勒等。其中的这件衣裙有着文艺复兴时期的造型风格，方领削肩，从上臂中部开始起为典型的花式袖、高腰线、裙摆层叠而蓬松。格子、条纹、花卉、斑点等数种不同印花面料，拼贴的形式使作品富于变化和流动性，精致的细节处理又使得这件晚装高贵而风范十足（图 6 － 48）。

1939 年出生于纽约布法罗的霍利 · 哈帕（Holly Harp）以其时尚而精良的设计游走于舞台表演与高级时装之间。曾就读于戏剧系的哈帕善于将时尚与戏剧元素结合，并时刻关注街头的青年文化。在她的作品中，经常可见蜡染、羽毛、流苏等装饰元素，在复古之风中富于创新，其迷幻的色彩与夸张的效果非常符合时尚群体的口味。对于面料，哈帕更喜欢柔软光滑富于光泽的雪纺、丝绸等，通过复杂的立体剪裁技术凸显女性重要气质，许多作品有着 20 世纪 30 年代维奥涅特的风范。

哈帕如此解释她的作品：“我从 20 世纪 60 年代后期一直设计服装。我总是提醒自己在打扮着女人的灵魂和身体。灵魂和身体在放松、流畅、舒适时达到最好……我希望我的衣服反映出一个女人的灵魂。”而她打造的浪漫而经典的服饰立即吸引了摇滚明星，也受到诸多上流女士们的追捧。这件 1974 年哈帕设计的粉色雪纺让人自然然联系到 20 世纪 30 年代维奥涅特的斜裁礼服。吊带大 V 领的造型性感而迷人，裙摆前大面积手绘的花叶自然生动，而其后则是一位曼妙的裸体美少女，仅在私处等饰以花叶，似乎是来自于古典神话中的仙女（图 6 － 49）。

还有一位古典仙女的缔造者是来自英国的辛迪 · 白德曼（Cindy Beadman）。出生于 1948 年的辛迪从小就被家人和朋友认为是一个超凡脱俗的梦想者，喜欢时尚也喜欢童话。在香雪艺术学院毕业后，她从事绘画、室内设计、时装设计，同时还写童话故事。在 20 世纪 70 年代中期，她的生活发生巨变，因为她的第一个时尚系列取得极大成功，并一跃登上国际舞台。辛迪充分发挥其浪漫的想象力，雨滴、雪花、贝壳等都成为其常用的装饰图案。同时将手绘、编织等充分运用于服饰设计，时尚界评价他“是一个领导者而不是追随者”。

图 6 － 50　粉色刺绣裙子　白德曼　20 世纪 70 年代

阿妮塔 · 哈波斯（Anita Harris）曾购买其“童话”系列中的一套晚礼服送给女王，该作品被称为 1950 年以来最有魅力的服装而被维多利亚 · 阿尔伯特博物馆展示。这套服饰由紧身胸衣、夹克和带衬布的大蓬裙组成。通体粉红色，在边角处有起泡处理和精美的花叶刺绣（图 6 － 50）。对于这个作品，辛迪也很骄傲，她说“它是巴洛克的一部分，玛丽 · 安托瓦内特的一部分，还具有中国感觉……有趣的是，它征服了中国和亚洲市场并出现在中国最大报纸的头版”。

波西米亚风格的衣裙一直以其浪漫、自由和民俗气质广受欢迎。这种源于东欧、吉卜赛等地的着装鲜艳、厚重而粗犷，更代表了一种叛逆和艺术精神。层叠的蕾丝、大面积印花、天然纤维的质地、流苏绳结、刺绣珠串以及手工制作的方式都是波西米亚风格的经典元素（图 6 － 51）。在造型上，宽大的打褶长裙最为经典，在神秘华丽而繁复的装饰中体现出一种不羁的风情。

在 20 世纪 70 年代，伊夫 · 圣 · 洛朗等人把它与宫廷元素、时代气质相结合，将此类风格进一步推广开来。其中一款一字领荷叶肩饰的长裙是伊夫 · 圣 · 洛朗 20 世纪 70 年代的代表性作品。高腰与肩饰有着欧洲帝国时期的造型风格，轻柔的面料、鲜艳的植物花卉印花，长长的百褶裙却有着明显的波西米亚气质。而这样的作品古典而现代，自由而优雅，因此有着更多的受众和粉丝。

图 6 － 51　复古礼服　20 世纪 70 年代

75. 中性化设计

图 6 － 52　无性别衬衣　20 世纪 70 年代

生物遗传的 DNA 决定了男人和女人的不同生理表现与气质，而长期以来的社会习俗与规则也赋予男女更多外在造型和装饰上的不同。在数千年传统与规则的约束下，男人与女人在服饰装扮上一直恪守着某种规则，不能随意跨越。在传统的设计中，男装要更多地体现出其社会主体性与权威性，而女装则更多地向装饰、被动甚至束缚等方向发展。在很多时候，烦琐、笨重的裙装更像是无数女性的刑具一样。

工业革命的爆发大大提高了生产力，也让人们的生活方式发生了巨大变化。在这个时代大变革的浪潮中，新的思潮开始萌芽，广大女性也开始重新认识和定义自己。19 世纪中后期是女权主义发展的重要时期，女人们陆续赢得了选举权并不断在各个领域标榜自己应有的权利。在服饰上，她们开始抛弃传统，勇于创新，裙摆变得简单自然，长期佩戴的束腰也被新式的内衣所取代。人们开始崇尚自然美，而不是用各种工具和手段来填充和雕刻身体。香奈儿提出了为自己而装扮，为舒适而设计的服饰概念，一个崭新的时代到来了。人们在设计或穿着服饰时也不会局限于某种传统，自由和舒适成为更重要的原则，中性化服饰也因此孕育而生（图 6 － 52）。

中性化服饰是现代服饰的一种类别，男女均可穿着，没有男式、女式特别的两性区别。这个术语最早被用来形容 20 世纪 60 年代的服饰新样式，并在此后的服饰界变得更加泛滥。实际上，在历史的长河中，各地文化中都有过男女皆宜的服饰，如中国古代的肚兜等。而在 20 世纪初期，许多女性服饰就已经使用了许多男装的元素，甚至发展出一些新的品类。女式裤子的产生与流行就非常重要，这在以前，女性是不允许穿裤子出行的。20 世纪 20 年代的女男孩风尚不仅解放了女性的身体，更重要的是解放了她们长期被禁锢的思想。她们像男人一样抽烟、喝酒，重新认识自己，模糊与隐藏性别在服饰设计中开始流行（图 6 － 53）。

图 6 － 53　中性拉链上衣　20 世纪 70 年代

打扮中性化的香奈儿、凯瑟琳 · 赫本、玛德琳等时尚大师在这个过程中的作用非常大，她们经常以一身前卫干练的裤装向世人宣示服饰的真正意义与魅力。香奈儿一直坚持“要让妇女从头到脚摆脱矫饰”的理念，逐渐形成了简单而舒适的个性风格。她自己就经常穿着最新设计的服饰招摇过市，在当时应该有鹤立鸡群之感。第一次世界大战的爆发使人们更加注重服饰的舒适和实用，越来越多的女性开始向香奈儿的风格靠拢，而她也用一生的坚持为中性化服饰的不断发展做出贡献。

凯瑟琳·赫本曾获得四次奥斯卡最佳女主角奖，是美国电影和戏剧界的传奇。她家境富裕，父母都对慈善和妇女参政积极而热情。自由宽松的家庭培养出个性化的气质，她还非常热爱各种体育运动。她自信而活泼，是新时代女性的代表。她经常穿着一身笔挺的西服长裤，干练而潇洒，成为一种特殊美女的造型。

图 6 － 54　中性嬉皮衬衫　1970 年

两次世界大战的爆发让更多的女性走向工作岗位，从而拥有更多的独立性与经济能力。战后婴儿的成长也带来了与父辈们完全不同的价值观和消费观。到 20 世纪 60 年代，一种全新的思潮已经悄然降临。以年轻人和女性为主体的消费者有了全新的审美意识，而艺术和设计领域的大变革也为时尚界带来巨大冲击，反传统与游戏性成为重要的设计原则。此时，不仅是女装向男装靠拢，而是形成了一种中性化装扮的风潮。男人们开始留长发，衣着华丽，刻意地模糊自己的外形。服饰界酝酿已久的孔雀革命更是让男装向妖娆多姿方向发展。原有一些男女装元素之间的差别不断消减，真正的中性服饰大量涌现，甚至在名字上也没有太多的区别。在此时，出现了一种怪异现象，那就是女人可以扮酷，而男人刻意向艳丽方向发展（图 6 － 54）。

到 20 世纪 70 年代，人们也不再刻意模仿对方，而是形成了单独品种——中性。中性服饰渐渐成熟，自成体系，自然而不刻意。牛仔裤、喇叭裤、休闲装、纽扣衬衫、T 恤等都是其重要元素。长发、花衬衫、喇叭裤与松糕鞋的组合称为 20 世纪 70 年代最为常见的青年装扮。中性元素已经成为大街上的普通一景，而不再有标新立异之嫌。设计师们也根据男女体型与结构的不同研发与设计出舒适而自然的中性服饰。精明的拉尔夫·劳伦于 1971 年在加州比弗利山庄开设第一个 Polo 精品店后并很快就推出了他的女装系列。次年，他还设计并发布了 24 种颜色的纯棉短袖衬衫，舒适、中性而时尚，迅速普及而成为经典。李维斯在最初推出前开口的牛仔裤时也受到很多人质疑，可如今看来，这也是非常具有前瞻性的。舒适方便的前开口裤子很快成为女性的挚爱，而且还可以节约生产成本（图 6 － 55）。

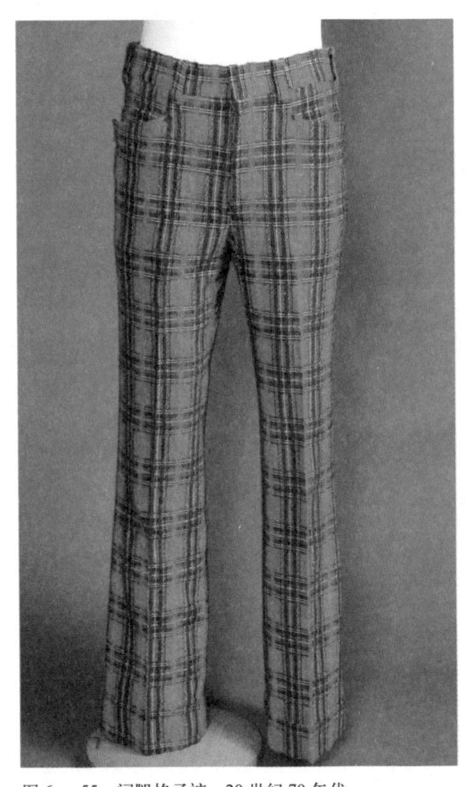

图 6 － 55　阔腿格子裤　20 世纪 70 年代

在中性服饰成熟发展之际，我们真正理解了香奈儿曾经所说："女人穿衣服不是为了取悦男性。"从某种程度上而言，中性服饰是女权运动的一种标志和象征。但更多的是人类在发展与进步的历史长河中认识自己、装扮自己的一种方式。在现代文明中，你可以更为自由地美化和装饰自己，追求美丽、个性、舒适或其他。而服装中原有的许多社会功能、辨识功能、道德功能等必然将进一步弱化。

76. 日本战士——高田贤三

图 6 － 56　丛林系列　1970 年

图 6 － 57　丝绸长袍　1983 年

20 世纪 70 年代，以日本为代表的东方古文化开始进入国际舞台。自由宽松的非构筑性服装美学对一向强调人体轮廓或暴露式的性感产生巨大冲击。在东西方文化激烈碰撞之时，高田贤三、三宅一生等日本服装设计师开始崛起，时尚界向着更加多元化、更多可能性发展。

高田贤三（Takada Lenzo）出生于日本兵库县姬路市，从小就着迷于服饰设计，在翻阅姐妹们的时尚杂志中乐趣横生。在父母的坚持下，他曾进入神户大学学习文学，但很快就退学了。1958 年，他不顾家人反对，进入刚刚招收男学生的东京服装文化学院。1964 年，因住所被夏季奥运会征用获得赔偿，用这笔意外之财买了去欧洲的船票。在定居巴黎之前，他经留过米兰、威尼斯、罗马、慕尼黑、马德里、伦敦、马赛等诸多城市，这对他日后的设计产生重要影响。而这种漫游的学习方式贯穿了他的一生，异域文化元素的表现对于他风格的形成至关重要。

最初，高田贤三以自由设计师的身份为巴黎时尚界服务，如为路易斯·费罗迪、*ELLE* 杂志社等设计作品。1970 年，拥有足够实战经验的他在巴黎开设了第一家精品店，并举办他的第一场时装发布会。店名和他的作品一样别致，名为“日本丛林战士”。高田贤三说：“我想叫它丛林的东西。日本丛林战士听起来不错，很幽默，所以我把它画在窗户上。”他的这个系列有着强烈的异域文化元素，自由流动的轮廓线大胆而舒适，丰富的色彩，对比明显的面料拼贴也让人印象深刻。图 6 － 56 这件格子大衣是丛林系列作品之一，裙摆宽大自由，格子图案在造型剪裁之中富于变化之美。无需复杂的衬裙结构，作品呈现出自然的丰富效果。高田贤三很快就在时尚界获得了“日本战士”的绰号。

他的作品迅速流传，时装记者和买家蜂拥而至。1971 年，他的服装系列在纽约和东京发布，而他因为其对民族文化的宣扬而获得“东京时尚编辑俱乐部奖”。此后，高田贤三的事业不断扩张。他不仅将时装店开到世界各地，还不断扩张其业务，开始进军男装、童装、香水、生活用品等领域。到 20 世纪 90 年代初期，高田贤三公司在全世界拥有 37 个精品店和 124 个销售网点，而这个庞大的时尚王国后来被路易威登家族收购。1999 年，高田贤三宣布退役，还举办了“高田贤三：三十年”的庆典。2005 年，宝刀未老的高田贤三再次以装饰设计师的身份出山，创建了“五感工场”的家具品牌。

1976 年，他的春季系列以非洲题材为主线，而秋季系列则富于美国本土文化气质，色彩缤纷，羽毛摇曳。他也因此被《纽约时报》评价为“富有想象力的日本设计师，他的影响力仅次于伊夫·圣·洛朝”。1986 年，高田贤三还将他的男装系列称为“环游世界八十六天”，人们在他的作品中感受各国绚烂的民族文明，就如同和他一起经历令人难忘的旅程一样。不过无论如何，日本等东方元素在他的作品中一直都是最主要和明显的（图 6 － 57）。在东方文化的影响下，高田贤三一直遵循“自然流畅、天人合一”的设计主张，不是衣服塑造人体，而是衣服适应人体、尊重人体。他说：“通过我的衣服，我要表达一种自由的精神。而这种精神对衣服来说就是简单、愉快和轻巧。”从这个方面来看，他的设计与巴黎世家的一些礼服有诸多相似之处。不过，高田贤三更为独特之处在于他采用了传统和服的直身裁剪技巧，不用打褶，不用硬挺材料也能塑造挺括的服装造型。

图 6 － 58　异域风情　1985 年

或许是受到民俗及地域文化的影响，斑斓的色彩也让高田贤三的作品予人深刻印象（图 6 － 58）。浓烈的酒红、茄紫、油蓝、明黄等对比鲜明，而他也在调和诸多非传统色彩之中获得了“色彩魔术师”的绰号（图 6 － 59）。1982 年，在高田贤三的秋冬季时装发布会上，可以再次感受到他的色彩魅力。色彩对比强烈的条纹上衣与短裙像是万花筒一般，艳丽的红色、黄色丝袜更是有着鲜明的视觉效果。虽然如此，白色却一直是高田贤三所热爱的，因为它代表着纯净。在 1978 年，他还被评为“伟大的白色设计师”。他的诸多香水包装就以纯净为特色，比如经典的“水之恋”，白色的玻璃瓶清澈如水，细部的造型折线方便于手握又流畅自然。

图 6 － 59　自行车　高田贤三

在装饰图案的设计上，民俗、自然是高田贤三的传神表现。来自各地的民族图案经典而富于地方特色，与他的异域风格造型相和谐（图 6 － 60）。他还经常使用手工印染的方式来进行制作，传统的蜡染也比较常见。这种生活化和趣味性的设计在他的家具用品中也可以充分感受到，深浅变化的紫色花朵盛开在洁净的玻璃杯上，清新、自然而和谐。时尚人士琼 · 奎因评价他：“他是年轻设计师的榜样，对时尚、文化和生活有着一种幽默的感觉，如同对服装本身的好奇一样。”

纵观高田贤三的设计，来自世界各地的多元文化特质表现突出。他一直坚持多样性、兼容性和民族性的设计原则。他善于将不同文化元素进行混合表达，曾经对《女装日报》说“我喜欢将非洲与日本模式用在一起”。也正因为如此，他的作品总是充满活力与幽默感，而对于他而言，到世界各地旅行并不只是放假，而是获取灵感的重要方式。高田贤三以他的成功证明了东方设计师的魅力，也由此为后来者树立了一个榜样，开辟了一条由东向西、东西融合之路。

图 6 － 60　高田贤三作品　2011 年

77. 三宅一生

图 6 － 61　斜肩上衣　三宅一生　1970 年

1938 年 4 月 22 日，三宅一生（Issey Miyake）出生于日本广岛，第二次世界大战时的原子弹爆炸不仅让他失去了母亲，还影响了他的健康。他毕业于东京的多摩美术大学，并创作了毕业作品《材料与石的诗歌》。1965 年，三宅一生远赴巴黎深造，并在巴黎服装工会学校继续专业学习。次年，他成为姬龙雪的助理设计师，随后进入纪梵希的工作室。三宅一生敏感地察觉到传统高级定制与现实服饰发展之间的某种不和谐，后来到纽约的吉奥弗雷 · 比纳公司设计成衣。1970 年，三宅一生学成回国，并在东京开办了三宅一生设计工作室，同时推出其系列作品。

从一开始，三宅一生就表现出其设计个性，有着传统服饰的精神和特质，自由随意的造型与穿着方式令人耳目一新（图 6 － 61）。他在 1920 年设计的吊带裹身裙，有着俏皮的皱褶与运动服饰的细节。隐藏式的两个挂扣有着主导的造型作用，有别于其他作品的穿着方式。天然的面料上装饰着手工扎染的别致图案，鸽子、鱼、蝎子、月亮、星星等丰富而可爱。蓝绿色、紫色、玫红等图案置于黄绿色和紫色等底色之上对比明显。但这些异于常规的设计最初在日本反响一般，并被称为“土豆口袋装”。1971 年，三宅一生的“土豆口袋装”被送往纽约展览，随后又进军巴黎，欧美时尚界均给予高度好评。1976 年，成功的三宅一生在东京和大阪推出了名为《三宅一生和十二个黑人少女》的展示，有超过 1.5 万人前来观看。而次年举办的《与三宅一生一起飞翔》的服装展示更是吸引了两万多名观众。1983 年，在巴黎服装展示中，三宅一生选用鸡毛编织的面料惊艳亮相，而他也成为当时最具国际知名度的日本服装设计师。

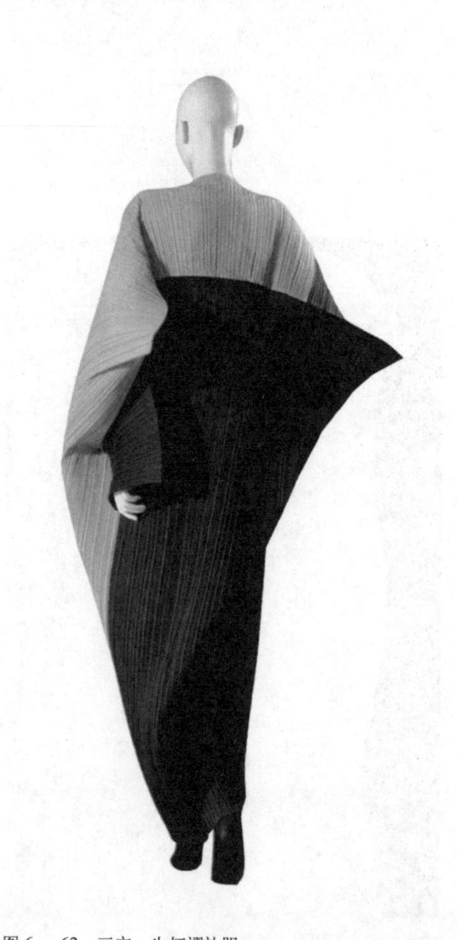
图 6 － 62　三宅一生打褶礼服

从 20 世纪 80 年代末期开始，三宅一生尝试新的打褶工艺，以方便穿者的运动性和灵活性，且便于护理和生产。最终，一种新的技术诞生了，被运用于服装裁剪和设计，即服装褶皱（图 6 － 62）。被定型层压的布料通过热压机打褶，可长久保存，不易变形。1993 年，三宅一生正式推出其“褶皱”系列，轻便、灵活而时尚，成为其重要代表作，而此种工艺也被广泛运用于其日后的诸多设计中，比如 1995 年的尖塔礼服（图 6 － 63）。

1998 年，在巴黎卡地亚当代基金会举办的时尚作品回顾展中，三宅一生的服装被人们描述为“看上去像摇摆的晚会灯笼，拍动着翅膀的异国小鸟或浮在地面上色彩鲜艳的降落伞”。他以雕塑般的外形赋予时尚新的活力，让现实功能制约中的服装具有更多的艺术气息，被人们冠以“时尚界毕加索”的美名。

在20世纪90年代末期，三宅一生宣布“我要回到基础”，推出系列作品“一块布”。这同样代表着一种新式的服装工艺，根据需要用一块布来造型，或长或短的裙子，一件T恤，比基尼等。他还主张“人们应参与到他们自己的服装设计中”，经常让穿者根据身材进行相应剪裁。1999年，他的第一家“一块布”精品店在东京开业，也标志着一种全新的服装造型概念的出现。2000年，三宅一生宣布将其主要设计交予助手龙泽直树，而他则主要进行相关的研究工作。

图6－63　尖塔礼服　1995年

三宅一生的服装植根于日本传统文化，摆脱了西方时尚界对于身体造型的模式，而是主张在身体与布料之间创造一种更自然的自由空间。它的许多作品借鉴东方传统的围裹缠绕等造型技术，构造奇特，看似无形，却疏而不散。这种运动和自由的设计理念不再对穿者的身材有严苛要求，而是适合于所有人。

在服饰材料的选取上，三宅一生也独树一帜。只要适合于表达，所有天然的、手工的、合成的或高科技的纺织品都有可能成为他的目标。具有特殊肌理效果的一些材料如厚重粗编织、泡泡纱、毛花呢、亚麻等都是他最挚爱的元素，同时他还将宣纸等材料用于设计。他认为和服的面料适应性强而易于身体移动且具有异国情调，最为推崇。他还说：“我喜欢在和服的精神世界开展工作，身体与现实之间的接触只有织物而已。”对于面料的重视使得三宅一生自然延伸到该领域，他不仅与相关设计师和厂商一直合作，还亲自研究设计，创造出许多独特而高品位的面料，被誉为“面料魔术师”。他的许多面料有着神奇的效果，有的像蝴蝶翅膀一样精美。此外，他还与许多知名艺术家交情匪浅，并经常将他们的收藏和作品用于面料设计，如艺术家森村泰昌、奥地利陶瓷艺术家露西夫人等。1996年，三宅一生设计的系列产品中就印有森村泰昌的艺术名作，精致的面料，艺术化的图案都让这些作品出类拔萃（图6－64）。著名设计师飞利浦·斯塔克在*ELLE*杂志中写道：“他从未停止寻找、问询、仔细检验他的材料。他以未来服装设计的可能性来设计和制作……年复一年，三宅一生正在成为高手，成为现代最流行的大师。”

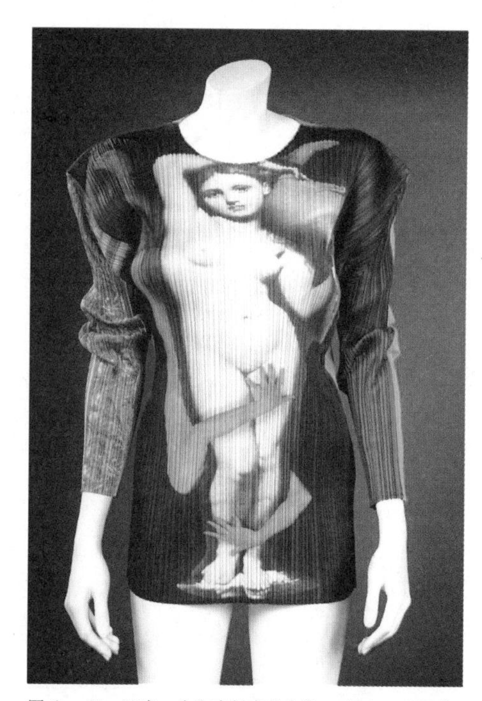
图6－64　三宅一生和森村泰昌合作　1996～1997年

除了服饰，三宅一生在香水上的成绩也很突出。1994年，他推出其经典之作——一生之水。如泉水一般清澈的视觉效果折射出其品质特性。而三棱柱的瓶体造型，依次向上递减，顶端一粒银色的圆珠如珍珠般温润光泽，高贵而永恒，是目前最具影响力的香水之一。

七

新革命新设计
（约 1980 ～ 1989 年）

20世纪80年代初期，全球经济高速发展，物质主义之风盛行，服饰贸易也成为许多国家重要的经济增长点。这也是一个动荡时期，经济衰退逐渐成为许多发达国家的噩梦，为了节省成本，服饰加工业开始迁往工费低廉的亚太地区。非洲的一些国家也经历了史上最严重的饥荒，娱乐界、艺术界与慈善界的合作应运而生。冷战的结束、苏联解体、东欧政局巨变也为世界政治格局带来巨大影响，越来越多的人开始关注和反思现实中的诸多社会问题。

20世纪60～70年代的狂野与反叛逐渐平息，人们重新回归正统，对物质与安逸生活的崇拜也取代了以前20年中精神意识至上的追求。原来的一些青年团体如朋克等也放弃了原有的叛逆精神，向时尚和浪漫靠拢。而代表性的哥特摇滚依然以黑色为主，但在材料和装饰手法上更加新奇，而且经常有中世纪的某些浪漫元素。在重金属风格音乐之中，酸洗牛仔服装最为流行，漂白的布料上残存的条纹和斑点显得随意而酷劲十足。此外，说唱的嘻哈时尚在年轻人中开始流行，运动服与夸张的项链、饰品或头巾的组合成为经典造型。

职业女性的增长以及一些成功女性典范的涌现使20世纪80年代的女装出现一种新的发展方向。英国女首相撒切尔夫人的继位让女性进一步扬眉吐气，而一些强调女性庄重、威严甚至权势的元素大量融入服饰设计之中。垫肩被看作营造女性权威的重要法宝，方形挺括的肩部看上去更有力量。与此同时，中性化的服饰变得更为流行，很多服装款式都是男女皆宜的，包括各种款式的毛衣、阔腿宽松的裤子和运动服等。随着人们对健康生活和有氧运动的重视和追求，相关的运动类服饰开始发展。V领毛衣、聚酯衬衫、帽衫、休闲裤李维斯501、尼龙外套等都是人们心仪的单品。匡威、阿迪达斯等以运动服饰为主线的品牌也变得火爆起来，从此成为时尚界重要的组成部分。电影《名誉》和《闪舞》的热映也让其中的一些服饰成为经典，比如斜露大半边肩膀的肥大运动衫。随着人们的活动中心从舞厅转向健身房，健美与健身操成为流行。有"健身之母"之称的简·方达的教学视频在当时影响巨大，她所穿的紧身连体裤、打底裤、套袜、弹性头带等逐渐成为一种时尚潮流。健身还带动了内衣的发展，明星史泰龙等的经典造型更是让此风盛行。随处可见的CK内衣广告火辣逼人，成为健美、性感的代言人。许多品牌也开始发展内衣副线，精致奢华的内衣也成为时尚不可或缺的一部分。在时尚明星的带动之一，内衣外穿开始流行，拳击内衣裤大受欢迎，在男性同性恋中更为常见。

1981年的英国皇室婚礼轰动世界，戴安娜王妃所穿的长达25米的婚纱成为经典。此后，美丽而时尚的戴安娜成为20世纪80年代的潮流风向标。而娱乐界的时尚明星麦当娜和迈克尔·杰克逊无疑是20世纪80年代万众瞩目的偶像。麦当娜的音乐、热舞、服饰总能在时尚界引起骚动。杰克逊不仅创造了音乐界的传奇，更引发了一场时尚新风暴。第二次世界大战时飞行员式的夹克、夸张的太阳镜、软呢帽和装饰手套成就了他的时尚传奇。在配饰方面，夸张成为20世纪80年代的最大特点。耀眼的大耳环在青年男女中非常流行，厚重的金属手镯也是点睛之笔。在新技术的支持下，金属带的电子手表开始流行，塑料的斯沃琪手表充满青春活力。而卡地亚的Tank腕表以及劳力士等也成为标榜身份的重要道具。雷朋太阳镜也因电影《迈阿密风云》而广泛流行，更因杰克逊、麦当娜等明星的佩戴而成为时尚单品。透明的PVC塑料鞋鲜亮有光泽而有"果冻鞋"的美称，廉价而美丽。20世纪70年代流行的马丁靴仍然走俏，但在搭配上更加多样与时髦。象征能力与权威的手包成为重要配件，而不断发展的香奈儿2.55手包成为当时女性的梦想单品。在发型上，大胆、卷曲而蓬松的染发取代了以往的直长发，一头多色的彩虹颜色也开始流行，摩丝、亮粉等成为装饰和造型的重要方式。

日本设计师在国际舞台上继续发展，山本耀司和川久保玲以东西合璧的特色设计引领时尚界。意大利的米兰在时尚界变得更为重要，范思哲以高品位和时尚性踏上时尚舞台，而乔治·阿玛尼的方肩套装成为中性时尚的新宠。同时，在复古与回归潮流的影响下，许多欧美设计大师将产品定位在对传统的复兴，克里斯汀·拉克鲁瓦戏剧性的蓬松鸡尾酒服成为20世纪80年代派对的主打服饰。

78. 铁娘子与权力套装

图 7 － 1　铁娘子撒切尔夫人

20 世纪 80 年代以后，职业妇女在数量与地位上与以往相比都有质的提高，1979 年撒切尔夫人当选英国首相更成为成功女性的典范（图 7 － 1）。毕业于牛津大学的撒切尔夫人连续三次当选英国首相，直至 1990 年 11 月辞职。毋庸置疑，她是 20 世纪 80 年代最耀眼的政治明星，也是影响最大的时尚明星。她在政治舞台中的决断和自信赢得了“铁娘子”的美称，这种特质同样也体现在她的服饰装扮上。撒切尔夫人因其传统的西装套裙而知名，经常搭配着各种丝绸衬衫。对于她的这种经典搭配，她自我评价道“我穿着它总是感觉很安全”。在配饰上，无论耳环、胸针还是项链，珍珠是她的首选。2011 年，基于她原型的电影中，扮演者斯特里普如此说“我可能被说服换掉帽子……但是珍珠是绝对没有商量余地的”。此外，各种款式的手包也是她的必备之物，也象征了她的坚韧个性和谈判风格，而“Hand Bagging”也正式成为一个短语被纳入牛津英语词典。

撒切尔夫人的形象与着装成为成功女性和职业女性的典范，并对 20 世纪 80 年代“权力套装”的萌生与发展贡献卓越（图 7 － 2）。1980 年，阿玛尼推出庄重而威势的“权力套装”，并通过李察 · 基尔主演的《美国舞男》亮相全球。同时代的影视巨作《王朝》和《达拉斯》收视率屡创新高。而其中的经典扮相就是“权力套装”。琳达 · 埃文斯在《王朝》中的宽肩造型塑造出新时代新女性的强势形象，色彩强烈的直筒裙开始回归。《王朝》的播放，也由此将此风尚广为传播。

宽肩、大翻领是权利套装上半部的经典造型。尤其对职业女性而言，这种构造性似乎能塑造出更多的威严与气势。由此垫肩越来越大，袖子却相应削减。在 20 世纪 80 年代初期，设计师试图推动足球运动员尺寸大小的宽肩。当时很多女人还觉得不可思议，但很快更大的宽肩流行起来。而垫肩也成为女性服饰的固定配件，运动衫、大衬衣和 T 恤开始带有可拆卸的魔术垫肩。随着时代的发展，宽大方正的形式逐渐向浑圆发展。直到 20 世纪 90 年代，垫肩开始减少并逐渐被淡化。与突兀的肩膀相对应，胸前的大翻领减轻了服装的厚重感，而且通过衬衣等内部服饰形成一种色彩、质地和形式的丰富与变化。

图 7 － 2　权力套装 Rosie Vela　20 世纪 80 年代

与上身相比较，权力套装的下半身要含蓄得多，内收直筒的造型与其上宽肩大翻领形成对比，也塑造出铅笔造型。从形态上看，主要有直筒半裙、连衣裙和裤装等几种典型模式。在工艺与材料上，权力套装也是精益求精。在强硬的轮廓之下，细节的一些处理往往往展示出性感的女性特质，如蕾丝、蝴蝶结、印花图案等。香奈儿、阿玛尼等品牌的套装因高品质的材料、精美的剪裁以及舒适性成为当时人们的首选。伊夫·圣·洛朗在1988年推出了一系列以大师名作为装饰图案的宽肩套装，包括凡·高的《向日葵》《鸢尾花》，莫奈的《睡莲》等。棱角分明的权力套装在色彩缤纷的花卉中显示出女性的阳光与艳丽。而同期皮尔·卡丹设计的西服、衬衫、礼帽、长裤的组合套装更彰显出女性的帅气，只有衣领处的蝴蝶结饰显示出女性的柔美气质。

图7－3　琼·杰特　我爱摇滚　1981年

自1981年成为查尔斯王妃之后，戴安娜成为撒切尔之外又一个具有相当影响力和市场效应的成功女性。尽管她的婚姻生活并不幸福，但她总是表现得像钢铁般坚硬，并积极投身于各种公益与慈善事业。戴安娜以其博爱的心胸、时尚的妆容成为1980年当之无愧的明星。在她的众多公众亮相之中，权力套装为主要装扮。宽肩、细腰、下收的连衣裙是她的最爱，即具有女性的传统美感，又体现出硬朗干练的职场女性风范。

与服装主题相配套的一些饰品和配件也很重要，总体上呈现出大、亮、光等的特点。披肩在此时为宽肩西装的重要装饰，华丽图案或纯色流苏的大方巾几乎成为每个女人的肩膀必备品。材质多为柔软的腈纶、羊毛或丝绸。后来还流行三角形的小围巾，简单地系在脖子上也都能起到点睛妙用。巨大的金耳环、镀金耳环流行一时，有的甚至长达肩部，它见证了20世纪80年代浮华而炫耀的消费观和生活观。

同样，夸张的珍珠、钻石或者只是人造珠宝也成为主流时尚。手袋在20世纪80年代伴随着权力套装走向辉煌，它甚至成为女性身份、地位的重要象征。各大公司如香奈儿、路易·威登、普拉达也将手袋作为其重要设计方向，推出了一系列知名作品。而鞋子除了常见的各式高跟鞋之外，低跟鞋在戴安娜王妃的带领下也成为权力套装的一类配饰。这种鞋有着更多的休闲舒适性，也显示出女性自信、独立的气质。此外，束高的宽腰带既能显示玲珑有致的身材，又英姿飒爽，具有威严，所以在当时也很受欢迎。

除了政坛明星，女摇滚一人也成为“强悍女子”的代言人。她们穿着宽肩外套、各式裤装将自己包裹起来。美国乐手琼·杰特（Joan Jet）在1981年推出专辑《我爱摇滚》成为20世纪80年代重摇滚的开场白。在其形象宣传中，她身穿玫红色宽肩翻领西服，内穿印花黑T恤。脖颈上的蓝色小丝巾和金属链饰相得益彰，向世人展现出一个干练的职业女性形象（图7－3）。此外，占相当比重的雅皮士们生活富足，品位较高，他们在装扮上也非常青睐权力套装（图7－4）。

图7－4　诺玛卡迈利套扎　1986年

79. 华丽的乔治·阿玛尼

图 7 － 5　阿玛尼春装　1980 年

图 7 － 6　乔治·阿玛尼

意大利的时装设计在 20 世纪 80 年代表现突出，而乔治·阿玛尼 (Giorgio Armani) 无疑是意大利式时尚的集中代表。1982 年 4 月 5 日，阿玛尼继迪奥之后荣登《时代》杂志封面，并被誉为“华丽的乔治”，由此宣告一个全新时代的到来。他改革了 20 世纪下半叶的男女职业装，所创造的阿玛尼西服经典而永恒，其在时尚界的影响可以与迪奥的“新风貌”和匡特的迷你相比拟（图 7 － 5）。

1934 年出生于意大利北方小镇皮亚琴察的阿玛尼曾在大学攻读医学。服兵役时的医生经历让他认识到自己的兴趣所在，很快放弃了医学转而在米兰一家顶级的百货公司做服装销售。期间，他接触和了解了高级时尚的设计、运作和管理，为其日后的发展奠定了基础。1964 年，阿玛尼开始为意大利重要纺织品制造商尼诺公司工作，该公司也有自己的男女装生产线。对于阿玛尼而言，在尼诺工作期间，他充分认识到各种面料的品性和重要性，并掌握了一定的业务技巧。20 世纪 70 年代，在朋友加莱奥蒂（的鼓励与支持下，阿玛尼建立了自己的设计工作室，并为诸多制造商提供设计服务（图 7 － 6）。

1974 年，阿玛尼正式推出男装系列，融休闲、高雅、简约于一体。他认为传统的许多男士西装太拘泥于形式，而不注重穿者本人的舒适体验。他说：“我为真人设计服装，时时刻刻惦记着我的客户们。制作不实用的服装或配饰，是没有任何可取之处的。”在这种设计观念的指引下，阿玛尼对男性套装进行重新构造剪裁，去除一切多余的细节，并为传统的高级男装注入新的时尚元素。他设计的男装是性感、舒适和自信的象征，而非权势。一套经典的阿玛尼西装一般包括三个部分：垫肩的三粒扣西装外套、相匹配的背心和单褶西裤。颜色多为稳重的黑色、炭灰色或宝蓝色，质地柔软而具纹理，通常选取最优质的羊毛、棉、羊绒、丝绸或麻布。优良的设计、严格的生产工艺与流程塑造出高品位的阿玛尼套装，成为诸多成功男士的上上之选。

1975 年，阿玛尼开始启动女装系列，引发了女性解放的又一次浪潮，并在 20 世纪 80 年代到达顶峰。针对职场女性尤其是具有行政能力的女性要求，阿玛尼为她们设计出简洁、轻松和中性化十足的女士套装。他将男性西服的剪裁技巧与个性的女性化面料结合在一起，创造并引发了象征权威、自信和野心的权力套装。他的女套装面料工艺复杂，经常用各种色线编织而成，表面往往浮现一种含蓄而闪动的色泽。而这种中性化十足的夹克长裤套装也成为诸多女性在工作时的标准装束。很快这种造型就在全世界传播开来，并对当时及以后的女装设计产生深远影响。更具创造性的是，他打破了日装和晚装、男装和女装、正式和休闲的严格界限，将各种元素结合在一起，形成一种更为自由和舒适的衣着方式。

阿玛尼从一开始就非常注重明星效应，比如影响巨大的影视明星。他与电影界的合作由来已久，并有“好莱坞先生”的美称。1977年，他为丹尼·基顿设计了其在电影《安妮·霍尔》中的诸多造型，中性的服饰风格成为时代潮流之一。而1980年，在理查德·基尔主演的《美国舞男》中更是将阿玛尼西装发扬光大，举世闻名。此后，他的衣服登上了超过一百部电影，其中包括一些国际知名影片如1987年的《铁面无私》，2008年的《黑暗骑士》等。

图7－7　阿玛尼春装　1980年

至今，许多好莱坞明星几乎只穿阿玛尼的服装如汤姆·克鲁斯、乔治·克鲁尼、凯特·布兰切特等。此外，娱乐界之外的许多知名人士如华尔街金融巨鳄、政坛明星等也都钟爱阿玛尼，而20世纪80年代的时尚明星戴安娜也经常穿着阿玛尼套装公开亮相。明星效应不仅为阿玛尼做了免费宣传和广告，而且也将它与高品位生活联系起来，阿玛尼由此成为一种社会地位的象征（图7－7）。

阿玛尼有着卓越的商业才能，从很早起，他就着手开发二线品牌，不断扩展其时尚王国。1979年，阿玛尼推出了新的产品线玛尼（Mani）和勒·克莱兹恩（Le Collezione），主要用于满足美国的男女顾客群体，同时开始设计生产阿玛尼内衣和泳装。在20世纪80年代初期，阿玛尼与欧莱雅签署协议，开始向阿玛尼牛仔系列和更为平民化的爱慕普里奥·阿玛尼发展。随后又发展出爱慕普里奥内衣、泳装和配饰。因为爱慕普里奥与以往的高端路线有所不同，阿玛尼在广告宣传上也与以往大为不同。大量的电视与街头广告铺天盖地而来，同时还免费向消费者发放产品宣传杂志。

在20世纪80年代后期，阿玛尼还引进了眼镜、袜子生产线。在20世纪90年代他还开始投资运动服、滑雪服等。在2000年，还推出阿玛尼卡莎家居、阿玛尼美妆系列等。而且针对特定人群，在2005年推出其高级定制系列阿玛尼·普瑞福。这个系列大多设计红地毯晚礼服，以精致的做工、轻薄的面料、丰富的图案而著称（图7－8）。尽管阿玛尼事业成功，但他仍奋斗在设计第一线。他为意大利设计了2012年伦敦夏季奥运代表队的队服，还推出了新的运动系列EA7，切尔西足球俱乐部还委托阿玛尼为其做整体设计。敢于尝试的阿玛尼也已经进军酒店业，他的第一家酒店已于2010年在迪拜开业。

图7－8　阿玛尼秋季展示　2013年

80. 蒂埃里·穆勒的雄浑世界

图 7 － 9　穆勒作品　1998 年

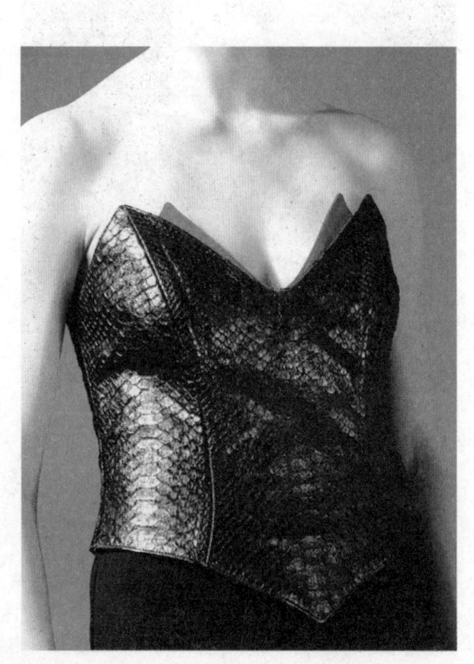

图 7 － 10　蛇皮马甲　穆勒　20 世纪 70 年代

在 20 世纪 80 年代，蒂埃里·穆勒（Thierry Mugler）创建了一种程式化的女性造型——方肩、细腰、丰满的臀部和紧身裙。他理想中的女人性感而霸气，在穆勒的世界，雄浑的女人味是女人力量的源泉。他的许多作品造型凌厉，一些尖刺状的剪裁似乎隐含着一种潜在的危险，以此暗示穿戴者的力量与危险。这种风格形象既与时代风尚有关，也在很大程度上源于穆勒的个人体验（图 7 － 9）。

穆勒出生于法国的斯特拉斯堡，幼年曾学习古典舞蹈，并在 14 岁时加入莱茵歌剧院的芭蕾舞团。这段经历让他对舞台美术有着深刻理解并经常反映在自己的作品之中。穆勒对美术和设计更感兴趣，并专门学习过绘画，曾在搬迁至巴黎后进入巴黎高等装饰艺术学校学习，由此奠定了他的设计意识。在 20 世纪 60 年代后期，他成为巴黎 Gudule 精品店的助理设计师，同时从事相关的摄影工作。随后他作为自由职业设计师游历于巴黎、米兰、伦敦、巴塞罗那等地。1973 年，穆勒推出了他的第一个系列作品“巴黎咖啡馆”，复杂的造型，镶着狐狸皮草的礼服让人印象深刻。这次成功让穆勒不仅拥有了自己的同名品牌，而且很快就开设了自己的专卖店。从此，穆勒以突破传统的个性赢得追捧，在法国高级时装界占有重要一席。

穆勒设计的女装强调造型和曲线效果，其重点在肩部、腰部和臀部，旨在创造一个完美的 S 形身体轮廓。他的作品通常夸张而略带讽刺意味，如三个头长的宽肩、蜂腰、口袋形的臀部等，性感而充满力量。在 1986 年，他推出的“俄罗斯”系列中，宽大的肩膀刚性十足，拍摄的背景多选取前苏联古迹和风景，让人们自然联想到 20 世纪初期的社会主义绘画与海报。当然这种缠绕般的紧身效果和沙漏造型对身材的要求是非常严苛的，在主流市场中，作品往往趋向于克制和收敛。

为了突出表现他塑造的造型，他经常像一个雕塑家一样用纯色面料来进行硬挺、垂直地剪裁。在衣领、下摆、衣袖、腰部、臀部等明显部位经常采用更加尖锐的造型和角度，精确的几何形状体现出鲜明的工业时代特征。在他的系列作品中，他甚至将 20 世纪 50 年代通用汽车公司副总裁厄尔设计的一些汽车元素也加以运用。

图 7 － 10 中这件蛇皮束身胸衣是穆勒 20 世纪 70 年代初期的作品，黑色的蛇皮纹理充满野性，而大红色的内衬也有着醒目的装饰作用。尖锐而棱角分明的胸部与腹部造型已经具有穆勒典型的造型与结构特征。虽然穆勒以女装设计为主，但他也有不少男装作品，风格很相似，剪裁干净利落，体现出一种结构感很强的形象。

图 7 － 11　穆勒作品　1995 年

对舞台美术情有独钟的穆勒经常将许多戏剧性的元素用于其服饰设计。他的灵感来源包括梦幻般的好莱坞，科幻、性崇拜、历史风格装饰甚至政治等，还经常体现出折衷主义的特点。他的作品往往体现出一种抽象美，实实在在的服装只是创作的一个部分，各种艺术化的装饰元素使他的服饰夸张而具有表演性。实际上，穆勒的许多服装就是为了时装演出而设计的，他还经常策划各种与众不同的走秀形式，比如芭蕾舞式的、音乐剧式的等。在灯光、音乐等的配合之下，他的奇装怪服显得更加梦幻。他经常为音乐戏剧、音乐会、歌剧、戏剧等设计表演服饰，包括法兰西喜剧《麦克白》的服饰。1997 年他推出的秋冬系列，用盔甲、羽毛、鳞片等塑造出一个个戏剧人物造型，像是从古代或神话故事中走出来的精灵。

在材料的选择上，穆勒也别出心裁。一些硬质材料因为造型容易而深得穆勒欢心，如皮革、橡胶、乳胶、塑料、有机玻璃等。同时实用或耀眼的聚乙烯涂层面料、弹性面料等也较为常见，羽毛、尼龙线、亮片等因为有夸张装饰效果而被他频繁使用。虽然这其中的很多材质使穿者很不舒服，但穆勒正是利用它们的特性创造出梦幻般的诸多作品，从中世纪的铠甲骑士到未来世界的机器人。在穆勒 1995 年推出的秋冬系列中，模特娜嘉 · 奥尔曼身穿一身黑色机器人铠甲亮相，几何感十足的紧身造型塑造出 S 型的坚硬轮廓，像昆虫般分节缝制的长袖套灵活而具有节奏。性感的女人体在机械感服饰的包裹中透出强势，而胸部、胯部和肩部的饰纹足够耀眼（图 7 － 11）。

此外，穆勒的摄影才华在时尚界也赫赫有名，他很早就开始接触摄影，作品富于想象力和戏剧性，他也经常亲自参与自己系列作品的拍摄（图 7 － 12）。服饰与背景的协调和融合产生了更加艺术化的视觉效果，在宣传上也更有力度。1992 年，他推出的系列作品奢侈而古典，他将拍摄背景选取在布拉格老城区的巴洛克屋顶，成就其服饰和摄影的双赢。穆勒还在 1988 年和 1998 年分别出版了他的时尚摄影专辑《蒂埃里 · 穆勒》和《时尚恋物癖幻想》。他还充分利用摄影才能参与短片、广告片和相关的视频剪辑。1992 年，他指导乔治 · 迈克尔的视频《太时髦》，并设计了其中的许多服装，包括著名的摩托车礼服。他还与美国的太阳剧团合作，创作了《人类动物园》等作品。

图 7 － 12　穆勒作品与摄影

今天，穆勒的奇幻时装已经成为一些商城的热门产品，他的香水和护肤品也有很大的市场，其中最有影响力的还是他 1992 年推出的第一款女士香水“天使”以及 1993 年推出的香水“天使 · 男人”。

81. 超模时尚

图 7 － 13　名模琳达

超级模特是世界范围内影响最大的顶级模特，作为时尚界一种衍生品成熟于 20 世纪 80 年代。被誉为千面女郎的琳达 · 伊万格丽斯塔是成名最早的超级女模。她的宣言“我们不是去做时尚，我们就是时尚”向人们宣示了一个时装与模特共存亡的崭新时代。事实的确如此，在 20 世纪 80 年代，设计师们不惜花重金聘用更具知名度和影响力的超级模特来宣传自己的作品，因为她们能为自己带来更大的声名和利益。当时顶级的模特一年收入可达 250 万美元，正如琳达所言“如果一天没有一万美元，我们就不起床”（图 7 － 13）。

法国高级定制的始祖查尔斯 · 沃斯是第一个用真人模特的设计师，第一个模特就是他的妻子。最开始，职业模特在世人眼中是个比较低级的职业。她们衣着光鲜，不断地为各类顾客展示服装，或者听凭设计师拿着衣料在她们身上试来试去，而且薪水低得可怜。第二次世界大战后，随着成衣制作的迅猛发展，模特也逐渐从时装的附属品独立出来。重要的转折是在 20 世纪 60 年代，动荡和多元化的时装需要一种与传统截然相反的表现和宣传方式。尤其是以玛丽 · 匡特等设计的青少年服饰，使弱不禁风的崔姬迅速成为时尚明星。正是这个看似发育不全的小女孩不仅将模特收入提升到每天五千美元，还获得了 1966 年年度杰出女性的称号，从而树立起模特的行业地位和社会地位。

时尚模特大体包括 T 台模特与摄影模特两种：前者主要用于动态展示，高挑的身材，协调的动作最为重要；而后者多为杂志、报刊等平面宣传材料拍摄时尚照片，面部特征至关重要。当然对于想成名的模特而言，外型和脸蛋都很重要。这个职业的特殊之处在于，她们的生存工具就是自己的身体。所以塑造和包装身体就是她们最重要的工作，包括节食、运动、按摩、美容甚至整形等。更重要的是，即使成功，她们也要面对来自各方面的挑战，媒体、雇主、竞争者，还有易逝的青春。正如模特蒙丘尔所言：“这是一种上瘾的事，因为你通过别人的眼睛来获得自己生存的意义。一旦别人不看你，你就会一无所有。”

图 7 － 14　名模特林顿

在这个特殊甚至残酷的美女世界，有数位名模凭借天生丽质和其他各种因素的影响杀出重围，成就了 20 世纪 80 年代的超级模特传奇，包括琳达 · 伊万格丽斯塔、辛迪 · 克劳馥、纳奥米 · 坎贝尔、克里斯汀 · 特林顿等。她们各具优势，个性突出，但有一个共性就是都拥有傲人的身材与姣好的面容。在广告和宣传如此重要的的年代，她们的身影出现在人们生活的各个方面。她们用自身的魅力影响着别人的选择，影响着雇主的声誉，并不断提升自己的价值。

在 20 世纪 80 年代，超模特林顿的一次表演，就从范思哲手上拿走了几万法郎，而她只是穿了一下他的漂亮衣服而已（图 7 − 14）。看似简单的现象之下是更加残酷的竞争，超模的压力可想而知。正如辛迪 · 克劳馥所言：“在 T 台上展示时装是一种困难的工作，你的周围有四十个世界上最漂亮的女人。你看到的只是自己的缺点，而不是别人的。”所以说个性的塑造甚至各种暗箱操作的炒作也很重要，所以相关的模特公司才会如此火爆。

作为超模领域的标志性人物，琳达超凡脱俗，气质高贵，风情万种，有“千面女郎”之称。她的可塑性很强，专业素质高，在当时永远走在 T 台的第一位。她是第一位拥有超模名号的时尚模特，也创造了日薪 3.4 万美金的“高薪时代”。当时的许多国际名牌如 CK、YSL、华伦天奴、范思哲、阿玛尼等都曾重金聘用琳达，而她也总是恰当地展示出它们完全不同的气质。

图 7 − 15　名模辛迪

美国超级模特辛迪 · 克劳馥以野性与性感闻名，她的一头黑发也打破了欧美金发美女盛行的传统，而嘴角的美人痣成为她的标志与符号之一（图 7 − 15)。辛迪还是美国重点大学的高材生，兼具美丽与智慧。1995 年，她凭借为《花花公子》拍摄的裸照声名鹊起。她几乎登上过所有知名时尚刊物的封面，是那个时代曝光率最高的封面女郎。1991 年，她穿着范思哲的红色礼服参加第 63 届奥斯卡颁奖典礼，成就了时尚界又一经典。时装设计师米坎尔 · 克洛斯总结了她的影响：“辛迪用她撩人的黑发、才智、魅力和专业精神改变了美国推崇蓝眼金发的性感女孩的传统。”

纳奥米 · 坎贝尔是第一位登上法国《时尚》杂志和《时代》杂志的黑人名模。这位黑珍珠美丽而充满野性，在数次打人事件后获得打女名号，并且因为接受前利比里亚总统的钻石而现身联合国特别法庭。尽管如此，坎贝尔仍然是那个时代最有名的黑人模特，虽然在收入上与白人同事还有差距，所以坎贝尔在发展事业的同时还致力于种族平等事业（图 7 − 16）。

随着超模们的知名度和影响力与日俱增，她们的耍大牌等行为也让时尚界头疼。设计师们也开始担心人们关注的重点不再是他们的作品，而是这些模特。现在，各种传媒似乎更关心超模们的花边新闻，而不是服装款式、面料和风格。1995 年，时尚界的大师们决定联手对付这些骄傲的模特，不再向节节攀升的出场费低头。于是更多的新面孔出现了，超级模特们也失去了往日的风采。

图 7 − 16　名模坎贝尔

82. 詹尼·范思哲

图 7 － 17　名模展示　范思哲　20 世纪 80 年代

詹尼·范思哲（Gianni Versace）是最早通过超级模特展示作品的设计师之一，同时也是那些超模们的忠实拥护者（图 7 － 17）。范思哲出手大方，并认为物有所值。在他看来，只有美丽而昂贵的超级模特才能与他的作品相匹配，或许这种观念与意大利的奢华之风颇有关联。但在表现风格上，范思哲与同时代的意大利设计师阿玛尼截然不同。1992 年 3 月英国版的《时尚》杂志如此评价两人：“范思哲的设计理念是关于性欲摇滚的，十分粗俗和性感。阿玛尼则是和谐的理念，是一种色彩与面料相平衡的风格。”

1946 年 12 月 2 日，范思哲出生于意大利卡拉布里亚的一个普通家庭。身为裁缝的母亲给了他极大影响，他很小的时候就在母亲的店铺打工。1972 年左右，年轻的范思哲前往米兰开始自由服饰设计师的职业生涯，并很快引起了服装猎头公司的注意。在他设计了系列皮草作品后，日渐成熟的范思哲在米兰一家艺术博物馆推出他的第一个女装系列，同年 9 月举办了第一场个人时装秀。

1978 年，范思哲在米兰的史皮卡大街开设了他的第一家精品店。很快，重视品牌形象的范思哲开始与美国摄影师理查德·艾薇登合作。这位技艺高超的时尚摄影师用一种特殊的布景和编排方式，将设计师的风格充分展现出来。独特的设计，艳丽的色彩、超模的展现和艺术化的拍摄风格很快就让范思哲脱颖而出。在 1982 年的秋冬季服饰中，范思哲向世人展示了他著名的金属网眼服装，金属的色泽与质地赋予它特殊的气质。时尚媒体评价它就像滴落的水银，随着女人优美的曲线流向全身。从此，此类风格就成为范思哲的王牌，华丽耀眼，物质享乐而极度性感，正如其金色蛇女美杜莎标志所寓含的品质精神一样。

图 7 － 18　皮衣套装　范思哲　1994 年

“性”的表现在范思哲的作品中显得很重要，这也使得他总是招惹非议，甚至有人嘲笑他是一个把女人变成荡妇、把男人变成色鬼的人（图 7 － 18）。虽然“性感”是西方众多服饰设计师们总爱强调的元素，比如“S”型轮廓，迪奥的新风貌等。但在范思哲的手中，性感只是其中的一部分而已，他很多作品甚至都有淫荡、性虐的表现成分。在 20 世纪 90 年代初期，他推出了“时髦妓院”系列，短小的花边内衣、娃娃式的超短裙、艳丽的高跟鞋营造了一种奢华、享乐而艳俗的设计风格。而他不久后推出的新系列更具有一种性虐待的倾向，模特们身穿黑色紧身缠绕铠甲、铁钉短皮裙、角斗士的草鞋扑面而来，在时尚界掀起轩然大波。

范思哲认为他设计的灵感都来自于本能，而符合时代特征的设计才可能是好的作品。所以他非常重视各种流行文化元素的使用，而不去理会它到底是属于高雅范畴还是其他。他善于将 20 世纪 70 ~ 80 年代流行的摇滚、朋克等服饰元素融合在自己的设计之中，因此也有“雅致摇滚”的美称。1994 年，在电影《四次婚礼和一次葬礼》的首映式上，伊丽莎白·赫利穿着范思哲用安全别针连缀的黑色礼服惊艳亮相，使许多原来攻击范思哲的时尚人士哑口无言。

图 7 － 19 印花裤 范思哲 1990 年

与范思哲设计风格相匹配的是他同样独特的面料和图案设计。他善于将各种不同材质的面料进行拼贴处理，精美的丝绸、柔韧的金属织品、性感的皮革、粗糙的牛仔布、闪亮的亮片和珠饰等截然有别的材料在他的作品中得到有机结合。范思哲凭借意大利设计师在织物方面的优势，大胆设计和尝试各种色彩和图案，艳丽而夸张的色彩一直都是他上擅长的，玫红色、亮黄色、橘黄色等都是他最喜爱的颜色。在图案设计时，他经常别出心裁，如将沃霍尔的作品印染成图案，大红大紫，色彩鲜明。性感的梦露头像错落排列，在两色紧身衣裤上体现出一种荒诞的美（图 7 － 19）。同样的风格还体现在他 1993 年设计的晚礼服之上，不同的是他把迪恩的头像也加入了进来，美女帅哥、好莱坞、波普与摇滚融合在一起，性感而充满神秘元素。这种特点在范思哲设计的表演类服装中表现得更明显，而且他也非常热衷于此类创作，一生为 29 部歌剧和芭蕾舞剧设计了服装。在 20 世纪 90 年代初期，他在“随想”中为科卡纳娃设计的表演服光彩照人，黑色的吊带晚礼服上装饰着五彩缤纷的串珠。图案来自于印象派画家索尼亚·德劳内的艺术作品，据说花费了三个月的手工才完成装饰（图 7 － 20）。

虽然范思哲的诸多作品前卫、大胆而现代，但仔细推敲，能明显地感觉到复古与借用的设计方法。这不仅体现在他独特的面料与图案设计中，在许多服装造型上也有表现。他的许多灵感来源于希腊、埃及、印度、中国等国的古代文明，巧妙地做到了古为今用，兼具古典与流行气质，同时也使作品具有更多的文化内涵和高雅气质。正因为如此，他有着更为广泛的顾客群体，从王公贵族、社会名流到黑人摇滚乐手，风格迥异，富于变化。1995 年，戴安娜身穿纪梵希为她设计的粉色套装出席军队检阅仪式，端庄而娇艳。次年，她穿着范思哲紫色长裙出现在芝加哥菲尔德博物馆，同样光彩照人。这些作品也向世人展现出范思哲高贵、典雅的另一面。

然而就在事业最辉煌的时候，1997 年 7 月，范思哲在美国迈阿密的寓所前被枪杀。他的时尚王国在其兄妹的接管后继续平稳运行。

图 7 － 20 黑色吊带礼服 范思哲 1990 ~ 1991 年

83. 麦当娜与杰克逊

图 7 － 21　杰克逊

图 7 － 22　麦当娜

在 20 世纪 80 年代，除了美丽高傲的超级模特，还有许多娱乐界的大牌明星，这些人有着极大的时尚影响力。麦当娜 · 西克尼和迈克尔 · 杰克逊无疑是其中最耀眼的，他们不仅创造了辉煌的音乐，在时尚界也有无与伦比的影响力。他们的成功得力于 20 世纪 80 年代流行文化的膨胀发展，同时也成就了那个时代的一段传奇。更为传奇的是他们具有如此的相似性，二人均出生于 1958 年 8 月，在美国中西部的小区长大。他们都有七八个兄弟姐妹，有着相似的成长环境，童年对于他们而言都有着不堪回首的一面。到了 20 世纪 80 年代，年轻气盛的两个人几乎同时向流行乐坛发起冲击，并成为各自最匹配和强劲的对手。虽然二人旗鼓相当，但在个性、才能以及表现形式上都有着很大不同。

杰克逊在父亲的有意栽培下很早就出名了（图 7 － 21）。在 20 世纪 70 年代初期，他与几位兄弟组成一个和声乐队四处表演，受到了极大欢迎。他们将黑人的蓝调与当时流行的音乐曲风相融合，创造出 *ABC*、《我在那儿》等影响深远的单曲。而他们标志性的演出服、喇叭裤和三件式西服的搭配也被人们纷纷模仿。很快，杰克逊的光芒就掩盖了其他人，在传奇制作人昆西·琼斯的建议下单飞。1979 年 8 月，杰克逊发布了他的第一张个人专辑 *Off The Wall*，大受好评，很快成为在 MTV 舞台上的第一位黑人歌手。1982 年，杰克逊发行了其音乐生涯中最具代表性的 *Thriller*。它被公认为历史上最成功的专辑，而且被收录到美国国会图书馆的档案中，成为美国文化、历史和审美记录的一部分。而其同名主打歌创新地采用了电影的拍摄方式，也是音乐史上影响最大的视频之一。这种表演方式让人印象深刻，成为他个性与魅力的重要组成部分。杰克逊的音乐节奏感极强，由此派生出他独树一帜的舞台表演风格。在 1983 年的 Motown 唱片 25 周年纪念表演中，他第一次在公众面前展示了他的“太空舞步”。在这个舞台上，他还创造了一个经典的时尚造型。右手戴着施华洛世奇的水晶手套，九分西裤充分展示出白色袜子的晶光闪闪，惊艳的表演让年轻人狂热追随。这个造型是由服装设计师迈克尔 · 布什为他量身打造的。另外，在杰克逊“Dangerous”的巡回演唱会上，还为他设计了左摆开口的金色连体衣。对于擅长舞台表演的杰克逊而言，服饰造型已经成为他音乐的一部分，而在音乐的载体中，他在时尚界也有了巨大的号召力。

纵观杰克逊的表演服，大概有这么几个典型代表，包括朋克风的皮夹克、锥形裤、军队风格夹克、白袜子、皮扣、宽腰带等，根据不同的音乐风格，他会选择相应的服饰、衬衫、礼帽、夸张耀眼的装饰如金属、水晶、亮片等。不管怎样，青春、性感与张扬都是他的时尚标签。他的歌迷们迷恋他的音乐与舞蹈，也迷恋他的服饰与表演，由此形成了 20 世纪 80 年代另一种流行服饰之风。杰克逊在专辑 *Bat* 中的战士造型以及在 *Beat It* 中的红色机车皮夹克都是年轻人争相效仿的经典。2009 年，杰克逊不幸过世，时尚界的许多大师都在当年推出了与他相关的作品以示敬意，例如纪梵希和巴尔曼展示的金色夹克和水晶夹克。

在杰克逊的强大气场中，大概只有性感女神麦当娜可以与之相抗衡（图 7 － 22）。1991 年 3 月 25 日，当杰克逊与麦当娜一起出席 63 届奥斯卡颁奖典礼时，整个娱乐界都为之沸腾。身穿低胸白色长礼服的麦当娜性感而迷人，艳丽的妆容和卷曲的金发让人们很容易联想到好莱坞女星玛丽莲 · 梦露。杰克逊则穿着一件衣领和胸口别有钻石胸针的白色西装，上面装饰着金属小亮片，脚穿一双顶部饰有金属的牛仔靴，同样光彩夺目。著名电视栏目主持人芭芭拉 · 瓦尔特如此评价：“他们就像卡通中的人物一样，看起来似乎高不可及，超凡脱俗，比所有人都要伟大。”

图 7 － 23　麦当娜饰演的阿根廷第一夫人

麦当娜的大胆、开放、多变与时尚为她带来音乐之外的更多影响力。1983 年，刚刚出道的麦当娜身穿超短裙，袒露小腹，杂乱的头发不断变化颜色，夸张无规则的首饰有着浓郁的朋克之风。她以一种街头风格和叛逆形象成为年轻女孩们的偶像。随后在 1985 年的表演中，她又以整齐的卷曲金发、时尚服装、貂皮披肩及钻石饰品全新出镜，再现了当年玛丽莲 · 梦露的风范，并成为“物质女郎”的代言人。一时间，新的服饰风格开始流行，而假首饰、人造皮草也随之热销。但在时尚界影响最大的还是她在 1990 年《金发雄心之旅（Blonde Ambition World Tour）》的巡回演出中，她身穿让 · 保罗 · 高缇耶设计的圆锥形胸罩紧身衣裤亮相。高耸的马尾，戏剧性的妆容、挑逗性的动作使这套服装迅速走红，并由此引发了内衣外穿的新潮流。

当人们还在疯狂追捧她的性感新造型时，麦当娜又开始改变造型。光滑整齐的头发，清丽的妆容，带面网的头饰、严谨的套裙向我们展示了一个复古的淑女形象。而她也以新的造型获得了在电影《庇隆夫人》中扮演阿根廷第一夫人的机会，并以此在 1997 年获得全球奖最佳音乐剧女演员奖（图 7 － 23）。在 2005 年后，麦当娜又重新回到了舞台上，并缔造了音乐生涯的另一个高峰（图 7 － 24）。

图 7 － 24　时尚芭莎 麦当娜　2013 年

84. 法国顽童——让·保罗·高缇耶

图 7 － 25 麦当娜与高缇耶

1990 年，麦当娜的巡回演出不仅让自己声名大震，还进一步捧红了她演出服的设计师让 · 保罗 · 高缇耶（Jean Paul Goultier）。圆锥体的胸罩凸显了女人性的特征，紧身束腰的胸衣与其下的三角裤连为一体，性感而具有力量。在当时，这个大胆的设计让世人震惊，但也从此开创了一种新的设计方法，内衣与外衣的界限逐渐模糊。不过，这并不是高缇耶的首次尝试，他之前就经常用内衣元素来控制身体，表现性欲。他挑战了传统观念中对女性风格和情欲表现的方式，用直截了当的手法切入主题。在 20 世纪 80 年代中期，高缇耶就设计了一系列突出乳房造型的短裙。这件暗红色的吊带裙前短后长，两侧面与主体由不同的布料拼贴而成，而前面的图案正好是一个曼妙的女人身体造型。白色的拉链从头到尾起到了装饰作用，而胸部的造型是螺旋状的两个圆形突起装饰，有着胸罩的基本造型，据说是设计师 1987 年为麦当娜专门设计（图 7 － 25）。

高缇耶的设计个性很强，总是出人意料，在时尚界有着“顽童”和“坏小子”的绰号。但这个极富创造性的设计大师却没有接受过任何正规的专业设计，他最早的经验大都来自于自己的视觉经验。1952 年出生于法国的高缇耶从小就对时尚有着浓厚的兴趣，喜欢翻阅各类时尚报道和杂志。1967 年，年轻的他用书包外壳设计了一款外套，创造才能得到初步体现。1970 年，自信满满的高缇耶将他的一些设计图纸寄给了大名鼎鼎的皮尔 · 卡丹，受到赏识。从 1970 年开始，高缇耶先后为皮尔 · 卡丹、杰克斯 · 埃斯特锐和让 · 帕图等人担当助手，并在 1974 年接管皮尔 · 卡丹在马尼拉的专卖店。1976 年，大胆的高缇耶推出了他的首个女装时尚秀，引起了日本一家财团的注意。在它的鼎力支持下，高缇耶在 1982 年建立了自己的企业，设计和销售同名品牌的男女系列。

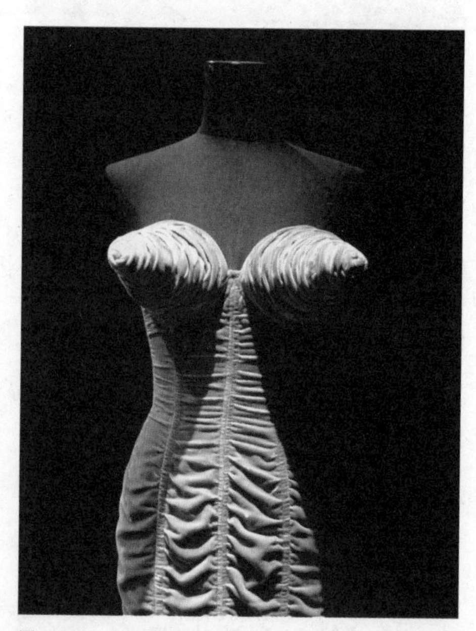
图 7 － 26 天鹅绒礼服 高缇耶

高缇耶的许多作品都有着浓郁的街头时尚和流行文化元素，让法国高端设计更富有生命力和青春色彩。但他的许多突发奇想甚至出位设计在时尚界也饱受争议，成为“令人头疼的争议人物”。他总是刻意地模糊各类服饰的界限，内衣和外衣、男装与女装等。1985 年，他在男装设计中引入了苏格兰褶皱短裙，震惊时尚界。此后，一些女性化的服饰如围巾、胸衣、珠宝、紧身裤等都经常出现在他的男装作品中。而 2003 年他在纽约大都会博物馆所办的展览“勇敢的心——穿裙子的男人们”更是彰显了他独特的设计风格。1990 年，摄影师皮埃尔 · 吉尔斯为他拍摄的一张照片为世人深刻诠释了高缇耶的设计世界。手捧雏菊的设计师帅气尔铁而妩媚，周围点缀着无数柔美的雏菊。而在 1992 年，保罗 · 瑞福斯的摄影作品中，身穿高缇耶内衣造型的男模在黑暗中淡出。一手抽烟，一手叉腰，胸前两个高数十厘米的海螺状胸衣令人叹为观止。这套服装是高缇耶 20 世纪 80 年代的女装成衣作品，造型极为夸张（图 7 － 26）。

在题材选择上，高缇耶也与众不同。成长于巴黎的他对于埃菲尔铁塔、红磨坊有着独特情感。而劳特累克等艺术家的作品也滋生了他的想象。伦敦是他迷恋的另外一个城市，朋克文化、跳蚤市场以及詹姆斯 · 邦德都成为他的灵感来源，而维斯特伍德更是他心目中的偶像。他还对政治元素抱有浓厚兴趣，虽然经常为此饱受争议。1986 年，受到构成主义的影响，高缇耶推出了他的新作——俄罗斯系列，而这种对于结构和材料的把握似乎一直贯穿在其日后的许多设计之中。这件创作于新千年的金色礼服，全部由金属架构而成，由同色铆钉结合而成。中空的造型使得内部结构成为视觉的中心，同时充满机械美感（图 7 － 27）。

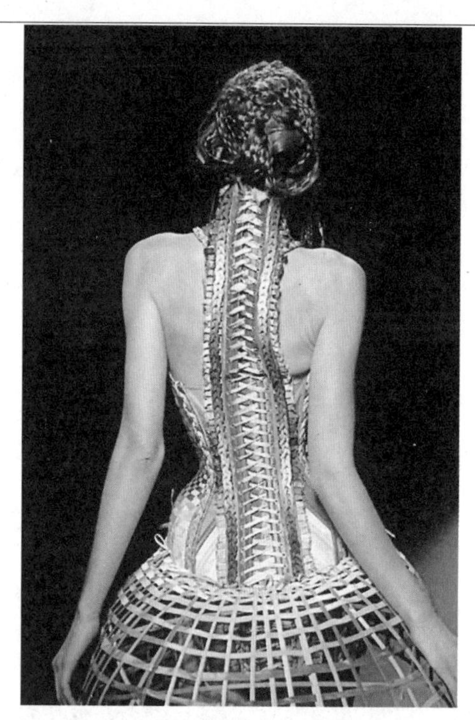

图 7 － 27　高缇耶 2010 年作品展示

由于造型、结构和表现题材都有较强个性，高缇耶对于服饰原料的选取和设计都非常重视，豪华的材料如羊毛、塔夫绸、天鹅绒与低廉的人造丝、莱卡、乳胶、人造皮革等经常混合使用。而且他的作品经常故意做旧，褪色的外观给人一种旧衣的感觉。在色彩上，高缇耶最喜欢海军蓝、卡其色、红色等，后来，还加入了粉红色、绿松石色等。他的图案设计也很有个性，公牛头、文身、面具、十字架等都体现出他与众不同的设计感觉，条纹、格子和圆点也是他非常喜欢的素材。这件 20 世纪 90 年代的夹克西服，由白底红点和红底白点两种图案面料组成，他还利用欧普艺术的视错觉手法，营造出一种身体的肌肉骨骼感（图 7 － 28）。

特殊的服饰需要特殊的模特，高缇耶经常别出心裁，启用一些特别的模特，如年长的男人、丰满的女人、全身文身的人等。在其 2012 年春季发布会上，看到了脚踩悬空高跟鞋的模特，腿上的龙形文身艳丽夸张。由于服饰极具戏剧性和表演性，高缇耶不仅成为诸多明星演出服的重要缔造者，同时为许多电影设计服装，包括吕克 · 贝松的《第五元素》、佩德罗 · 阿莫多瓦的《基卡》等。他为知名人士麦当娜、玛瑞莲 · 曼森、梅勒 · 法姆等设计的演出服效果惊人。1995 年，高缇耶被授予斯德哥尔摩电影节终身成就奖，而在 2012 年他又坐在了戛纳电影节评审团的位置，成为第一个担当戛纳评委的时尚界人士。

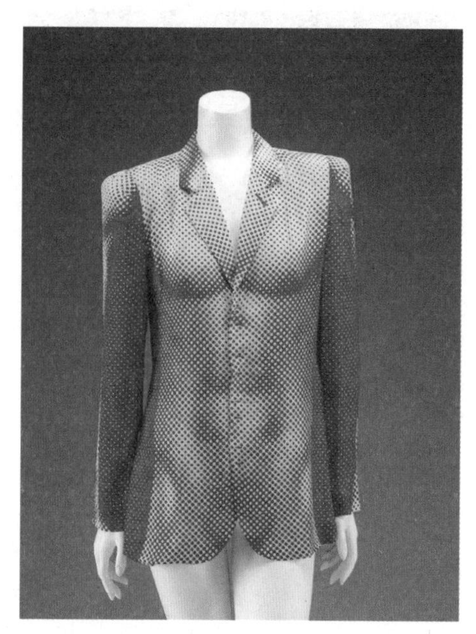

图 7 － 28　外套　高缇耶　20 世纪 90 年代

85. 内衣新风潮

图 7 － 29　新式内衣　高缇耶

图 7 － 30　高缇耶内衣　2011 年

内衣通常指贴身穿的衣物，有吸汗、矫形、衬托、保暖等作用，包括背心、汗衫、短裤、胸罩等。在古代西方很长一段时间里，内衣尤其是女士内衣更多地起到塑形作用。紧身衣与裙撑的搭配塑造出优美的身体曲线，但设计复杂，穿戴费力。20 世纪初期布瓦列特抛弃了原有的塑身内衣，开创了内衣穿着的新方式。此后，健康、自然成为内衣设计的重要法则。虽然如此，内衣的造型功能依然存在，现代版的紧身胸衣也有着很大市场。在战后新风貌时期，沙漏式的造型还是归功于各种紧身胸衣。

在度过了 20 世纪 60 ～ 70 年代的叛逆时期之后，内衣在 20 世纪 80 年代进入全新的发展阶段，在时尚领域的地位不断攀升。人们更加注重内在的品位与质量，内衣成为时尚不可或缺的一部分，许多品牌也都专门为此发展了内衣生产线。与外在的服饰一样，内衣也有了流行趋势的讲究。精致奢华是女性内衣的重要追求，柔美的色彩、蕾丝滚边、背心式胸衣开始流行。男式内衣也从实用向性感发展，弹性紧绷的面料使他们更具魅力，甚至也用蕾丝等装饰。在影视明星的通力宣传下，各种时尚的内衣开始流行。当时风行一时的电视剧《达拉斯》和《王朝》的热播让剧中主人公所穿的真丝软缎和缎面上衣等成为最受热捧的内衣单品之一。

随着人们对内衣的愈发关注，在市场竞争等元素的影响下，相关的广告铺天盖地而来。各公司通过影视表演、广告牌、印刷品等各种形式大肆宣扬他们的作品（图 7 － 29）。在这种个性时代氛围中，大胆、性感的内衣广告形式开始形成，而且有越演越烈之势（图 7 － 30）。原本默默无闻的男式内衣也摆脱了原来简单而枯燥的形式，用一种更具艺术性和吸引力的方式拍摄，情景和气氛的营造变得更加重要。著名棒球运动员吉姆 · 帕尔默在 20 世纪 80 年代是美国詹克（Jockey）公司唯一的形象代言人，棕褐色皮肤的帕尔默穿着詹克内衣在自然随意的情景设计中性感十足。

詹克公司是美国最古老知名的内衣制造商之一，其历史可以追溯到 19 世纪。该公司主要销售男人、妇女、儿童的内衣以及相关产品等。詹克公司致力于优质舒适内衣的设计，同时也非常注重广告宣传。在 20 世纪初期的《星期六晚报》等刊物上经常可以看到它的内衣宣传广告。可以说，詹克公司的内衣是 20 世纪最具创造性和影响力的内衣。在 20 世纪 80 年代，新继位的公司领导人更加注重内在品质与外在宣传，不仅雇佣帕尔默为模特，而且还建立了自己的广告公司。1982 年，公司重点推出女性内衣系列，并在纽约正式举办了一次内衣时装秀。1998 年，公司推出的一个名叫“让他们知道你是詹克”的广告，色彩明亮的平角内裤成为其主打产品。在广告中，男女模特向世界展示着他们自豪地穿着詹克内衣（图 7 － 31）。

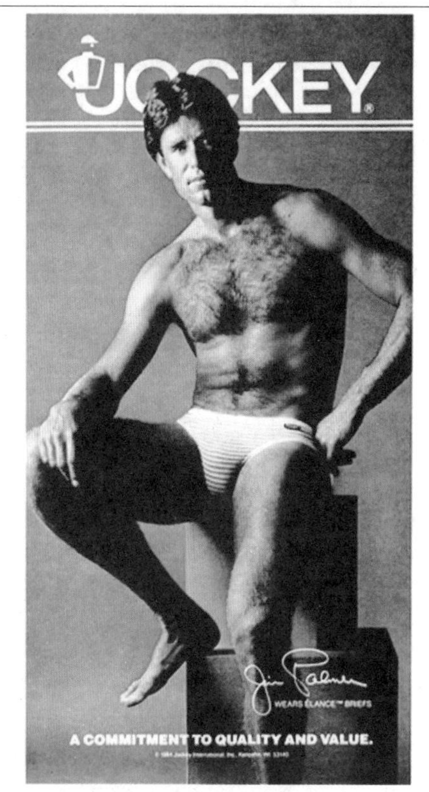

图 7 － 31　詹克内衣

在 20 世纪 80 年代，CK 公司是内衣领域另一个重要成员。创建于 20 世纪 60 年代后期的 CK 从牛仔裤服饰起家，至今成为涵盖高级男女装、休闲装、袜子、内衣、睡衣、内衣、香水、彩妆、手表、日用品等多个领域的综合性公司，并被认为是“现代、简约、舒适、优雅”的时尚典范。CK 的内衣线成立于 20 世纪 80 年代初期，并且在其濒临破产之际让它转危为安。创始人卡尔文偏爱裸体展示，挑逗而性感的视觉形象是其广告宣传的最大特点。当时著名的模特克瑞斯蒂 · 特林顿、凯特 · 莫斯等都是他一手捧红的。卡尔文甚至在内衣广告中用一名似未成年的女模特摆出撩人姿态，颇受争议。此外，阳光、健康而自然的形象也是他的主导形象。他说要为活跃于社交和家庭生活，并在其中力求平衡的现代女性设计服装。就外形来看，CK 女性服装是清新、健康、美丽的，还有一种不真实的魅惑力。为了让穿者更舒适，CK 使用了新的、更年轻的纤维面料，就像人的第二层皮肤一样。

内衣的火爆发展以及人们的日益重视让它在 20 世纪 80 年代发生了质的飞跃。内衣外穿、内衣外露成为时代特色。内衣外穿是人们追求自由、脱离外衣的代名词，也是设计师们比拼造型和创意的时尚舞台。一方面，许多形式模糊的内衣和 T 恤、沙滩裤、休闲式家居服等开始堂而皇之地走出卧室。在世俗与环境的承认下，这些原本内穿的衣服具备了外衣的形式和功能。另一方面，原本不能示人的内衣如胸罩、内裤等也公开大胆地暴露出来。透明或半透明的外衣将里边的内衣若隐若现地显露出来。也有直接暴露的，如经过改良的胸衣与热裤或长裤的搭配，或者穿低腰牛仔裤，露出带标识的内裤边缘也很常见。

保留胸衣轮廓进行设计成为最流行的一种改良方法，高缇耶不仅创造了震惊世界的紧身连体胸衣，更将内衣外穿推向新高度。在 2005 年春季，他以非洲图腾面具为图案造型，眼睛处正好是胸部，内衣就是外衣。与高缇耶同一时代的穆勒也有着戏剧化的服饰风格，他在 1989 年设计的一件男士兽皮连体裤与麦当娜 1990 年的金色表演服有相似之处。胸部装饰的乳罩式铜片和镀铜的树脂宽腰带有着明显的内衣痕迹。而他在 1995 年设计的机器人铠甲式内衣更富有未来主义之感，内衣外穿在时尚界更为流行，形式也更加大胆多样（图 7 － 32）。

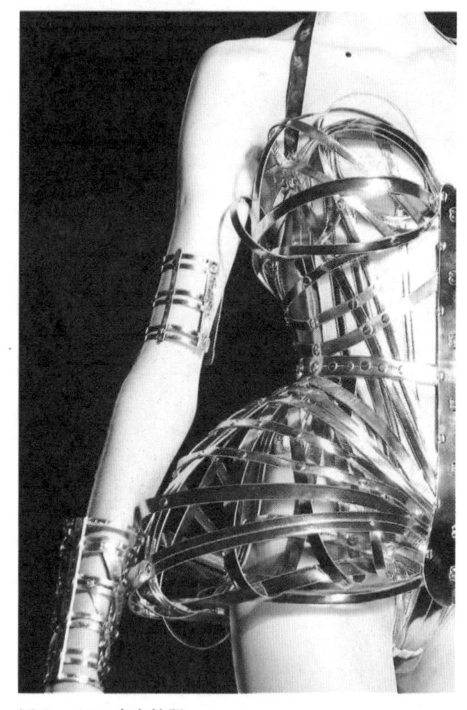
图 7 － 32　内衣礼服

86. 运动与健身

图 7 － 33　阿迪达斯网球项目　1980 年

图 7 － 34　阿迪达斯运动鞋　20 世纪 80 年代

图 7 － 35　运动式夹克　20 世纪 90 年代

科技的进步为人们提供了更多可供选择的新面料，如富有弹性的尼龙、氨纶、莱卡等，这为现代运动服饰的发展提供重要基础。现代社会中的人们对于健康和休闲越来越重视，相关的服饰观念也发生了巨大变化。这些服饰的社会性和礼仪性特征逐渐减弱，自由和舒适变得更为重要。经过 20 世纪 60 ～ 70 年代的发展，到 20 世纪 80 年代，运动或休闲服饰变得更加重要，成为许多人重要的日常装束。运动装与时装相融合，成为时尚潮流的重要组成部分。相关影视剧、健身视频的热播，让更多的人开始关注运动类服饰的流行，甚至用于登山、探险、滑雪和徒步旅游等活动穿着的服饰也开始进入主流时尚。

含氯类的面料适合于长时间保暖，被大量用于制作背心和内裤。人们在保暖内衣之外再穿单薄的衣服也不会感觉太寒冷。一些时尚女士如戴安娜等就非常钟爱这种材质的内衣，这样她就可以在天气转凉时依然穿轻便时尚的衣服。透气的一些面料如 Gore Tex、Ecocite、锦纶等开始大量使用。Gore Tex 并不是一种织物，而是一种加压于其他材料如聚酯和尼龙之上的覆膜，这样可以创造出防风防水又透气的服装。在 20 世纪 80 年代，Gore Tex 主要用于滑雪、高尔夫、探险等对面料有特殊要求的运动项目所穿服饰。

极致羊毛面料比普通的羊毛产品更能防风保暖，因此非常适合于登山、徒步旅行、探险等活动。氨纶极具弹性而价格低廉，成为 20 世纪 80 年代最重要的面料之一。在 20 世纪 80 年代，几乎所有有氧运动服饰的基本材料就是氨纶。它像是人的第二层皮肤一样，而且容易染色，适合于艳丽而夸张的时代风格，明亮的粉红色、黄色、蓝色等成为最流行的色彩。与氨纶相关最有名的品牌是莱卡。由于该公司在氨纶市场有绝对优势，几乎成为其代名词。面料对于服饰设计至关重要，而在运动类服饰中，它将起到更大的作用。有莱卡之王美称的 Azzedine Alaia 曾在迪奥和穆勒的时装店工作，在 1980 年首次推出其高级成衣系列。他主要采用莱卡面料设计出贴合身形而极度舒适的服装，被誉为女人的“第二层肌肤”。

在 1992 年巴塞罗那奥运会上，一些运动员服装的面料的确起到了重要作用。林福德 · 克瑞斯蒂设计的双层面料套装由防水的外层与吸水性较好的内层组成，确保了运动员的舒适与干燥，成为短跑运动员的代表服饰。而澳大利亚品牌 Speedo 生产的 S2000 泳衣采用了全新面料，有利于减少阻力。在 1992 年，穿着 Speedo 泳衣的运动员获得了七枚金牌，打破四项世界纪录。而在 1996 年，就有 77% 的获戴者获得奖牌。榜样的力量是巨大的，一些知名的运动品牌如匡威、阿迪达斯等都花巨资与体育界人士加强联系，充分利用他们的明星效应（图 7 － 33）。

阿迪达斯成立于 1920 年，最初主要生产拖鞋、运动鞋（图 7 － 34）。1936 年，身穿阿迪达斯运动鞋的杰斯 · 欧文斯获得四枚金牌，让公司名声大震。1948 年，达勒斯兄弟决裂，哥哥另立彪马公司，而弟弟则成立了阿迪达斯公司。在 20 世纪 80 年代，阿迪达斯受到许多说唱舞者的欢迎，男性黑人成为其重要顾客。在 NBA、世界杯等男性占主导的体育活动和群体间，阿迪达斯有着更大的吸引力。美国耐克公司从 20 世纪 70 年代开始就冲劲十足，它依靠扎实的专业设计、有效的经营理念迅速赶超阿迪达斯。1986 年，耐克公司在广告中采用一种全新的方法，展现了一群在甲壳虫乐队音乐伴奏中醉心健身的美国青年。这种贴近生活的广告方式让更多年轻人倾向于选择耐克运动服饰。

图 7 － 36　健身运动

在 20 世纪 80 年代，运动与休闲服饰往往有紧密关系，甚至成为人们街头的装扮形式（图 7 － 35）。羊毛运动夹克、李维斯裤装、贝壳外套、手工编织的毛衣、绒布背心、尼龙外套、帽衫、夏威夷衬衫、Polo 衫、印花 T 恤等都是最流行的运动类服饰。而电影《闪舞》等的热映，让半边露肩的肥大运动衫开始流行，下半身搭配宽松的运动裤。夏威夷衬衫是因其特色印花而得名，是澳大利亚设计师詹宁斯推出的曼波品牌服饰。该品牌主要针对年轻而大胆的冲浪爱好者，生产冲浪短裤、衬衫和泳装等。詹宁斯特意聘请了许多艺术家为其设计图案，多有超现实主义色彩，呕吐的狗、带角的牛、冒烟的烟囱等。

健身是 20 世纪 80 年代最火热的运动方式之一，许多有氧运动风靡全球，如瑜伽、国标舞、健身操等。宽松鲜艳的运动衫与紧身裤最为流行，而袜套、护具、超宽的腰带等也是当时有氧运动场景的一部分。马蹬裤就是当时颇具特色的设计之一。这种造型有利于腿部动作，通常配有袜套。与这种服饰相呼应的是夸张的头部造型，头发普遍蓬松、卷曲、厚重，妆容浓重而明亮，睫毛黑而浓密，腮红明显，常为粉红色或淡蓝色（图 7 － 36）。

被誉为“健身之母”的简 · 方达是一名颇有成就的电影演员，健身教练是她的另一重要职业。1982 年，她推出了第一个健身操视频《简 · 方达的锻炼》，成为未来几年销量最高的家庭录像。此后，她随即又发布了二十多个健身视频，成为当之无愧的健身明星，而她在视频中的经典装扮也影响了整整一代人的运动服饰（图 7 － 37）。

图 7 － 37　健身明星方达　1985 年

87. 奢华手袋

图 7 － 38　Gucci 手袋　20 世纪 80 年代

图 7 － 39　Speedy30　路易 · 威登

图 7 － 40　镀金链桶包　香奈儿　1980 年

手袋是具有手提的各种包袋的总称，而实际上它的范围更大。起初，西方的手袋如同中国的荷包一样，都是一种比较私密的物品，主要用来盛放女性必备的一些小物件，如化妆品、手帕、首饰等。但随着时代发展，服装变得简单、透明、简短，原本总藏着的手袋必须要公之于众了。女性的社会地位逐步提升，越来越多的职业女性需要与她们身份相匹配的手袋。原先小巧的手拿包与体量大的旅行包似乎都有些不切实际，一些箱包设计师们针对需求推出了一系列大小合适、精致实用的手袋（图 7 － 38）。他们从原有的品牌出发，或者缩小和改良以前的旅行箱包，或者稍微扩展手拿包的容量，以此适应市场需求。当然也有更多借此为契机，以新颖、现代的手袋设计占领市场。

路易 · 威登最经典的手袋是速度系列，其原型就是 20 世纪 30 年代的手提旅行包（图 7 － 39）。在 20 世纪 60 年代，非常喜爱 Speedy 的奥黛丽 · 赫本要求 LV 为其定制一款小版的 Speedy 以适应其日常所用。于是，经典的 Speedy25 诞生了，并开启了日用手袋的新潮流。Neverfull 是 LV 的另一经典名作，意为永远装不满的手袋，它满足了现代女性对大容量和短途旅行的需求。这款手袋采用轻型材质，设计简洁，容量较大，人们可以根据自身高度来选择不同型号。

在 20 世纪 50 年代，香奈儿认为传统的手拿包不方便携带，也满足不了新时代女性的实际需求。于是她一方面扩展了手包容量，一方面大胆地引入了链条肩带，推出了著名的 2.55 手袋。这款肩带设计的手袋引起极大反响，既小巧又实用，适合于各种场合。为了搭配不同服饰，香奈儿 2.55 最初推出两种质地，即小羊皮和针织面料。包面的菱格纹是她受到赛马骑士外套启发而设计的，并成为香奈儿永恒的标记。1983 年，卡尔成为香奈儿创意总监，将该品牌发展至第二次时尚高峰。他接手后，将双 C 转扣换为方扣，包链也从全金属链换为皮革与金属缠绕的款式。同时，他还进一步丰富了其色彩和款式，成为 20 世纪 80 年代最火爆的手袋之一（图 7 － 40）。

在 20 世纪 80 年代，强势而日渐壮大的职场女性对手袋有了更多要求，而消费主义时代又崇尚奢华、个性，从此，手袋成为一种必备品，与珠宝、首饰一样成为定义身份、财富和品位的象征。各大时尚品牌都大力发展自己的手袋生产线，推出了诸多精美而符号化的代表作品。

20 世纪初期，马里奥 · 普拉达在意大利米兰创建普拉达精品店，销售手袋、旅行箱、皮质配件等系列产品。它卓越的品质受到了来自皇室和上流社会的宠爱与追捧，但知名度和影响力有限。20 世纪 70

年代中期，普拉达创始人的孙女谬西亚成为公司总设计师。1978年，她从空军降落伞使用的材质中找到质轻、耐用的尼龙，设计了第一款尼龙包，一炮而红。1984年，黑色、简洁带有银色金属品牌标签的经典尼龙包面世。成功的谬西亚在1988年推出了成衣系列，她用特殊的材料设计出风格独特的作品。

爱马仕是拥有上百年历史的世界知名箱包品牌，以优雅、精致而浪漫的设计闻名于世。它的前身是制造高级马具的，后来转型做手袋等的设计，但一直延续手工制作的传统工艺。在20世纪30年代，爱马仕改良狩猎用的马鞍袋，修改为女士专用的手挽包。1956年，摩纳哥王妃格蕾丝·凯莉用这款“马鞍包”遮挡怀孕的腹部，登上当年《生活》杂志的封面。在征得王室同意后，这款手袋被命名为Kelly包。在20世纪80年代，为了迎合职业女性的要求，这款包又增加了40厘米的尺寸，成为时代畅销品（图7－41）。

图7－41　40厘米手袋　爱马仕

此外，在20世纪80年代一次偶然邂逅中，时尚歌手Jane Birkin向当时爱马仕的行政总裁杜马斯先生抱怨，Kelly包较窄无法让身为人母的她携带大量婴儿用品。杜马斯将此牢记在心，并为她量身定做了宽且深的Brikin包。它与Kelly包一样也由马鞍包演变而来，外形有些相似，但容量更大，材质更结实。盖袋为利落的三片状，优雅而洒脱，充分展现出现代女性的身份与自信。

图7－42　手袋　朱迪思

但在20世纪80年代，最夸张、最耀眼的手袋还是朱迪思·雷柏的“复活节彩蛋”手袋。椭圆造型的手袋上装饰着闪闪发光的水晶和亮钻，由此成为时尚史上的经典。后来的许多人也推出了不少相似作品，包括亚历山大·麦奎因的彩蛋手袋等。在时尚界，朱迪思的手袋是最好的通行证，它经常出现在奥斯卡等知名的红地毯上（图7－42）。朱迪思的手袋一般都不大，可作手拿包，但也设计有隐藏的链带。优雅可爱而充满艺术感的造型是其重要优势，自然元素的题材最为常见，如蝴蝶、孔雀、扇贝、小鸟、苹果、花朵等。这款布满不同风格精美刺绣的手袋是20世纪80年代的精品。黑色的缎带分割袋身，黑色金边的金属边扣塑造出扇贝形的整体造型。内藏有一金属链带，做工精致，造型美观大方，虽没有朱迪思标志性的水晶亮片装饰，但也足够耀眼（图7－43）。

图7－43　刺绣手袋　朱迪思　20世纪80年代

时代在前进，女人们对于手袋的追求越发狂热，手袋在时尚界必将扮演更加重要的角色。人们在此方面的开支也不断增加，成为继服装行业之后又一重要时尚行业。

88. 山本耀司

图 7-44 山本耀司礼服 1998 年

山本耀司（Yohji Yamamoto）、川久保玲和三宅一生并列为20世纪最具影响力的日本设计师。他们汲取日本文化中的典型元素，创造出个性鲜明的新风尚，大大改变了巴黎高级时装的原有风貌与观念。山本耀司的独特之处在于他的作品基于一种全新的设计思想，看似不经意，实际上却严谨、智慧而浪漫。

山本耀司出生于日本横滨，父亲死于第二次世界大战，从小跟着做裁缝的母亲，耳濡目染让他对此行业产生浓厚兴趣。但在当时的日本，裁缝的社会地位低下。在家人的期待下，他进入大学学习法律。从法学院毕业后，渐已成熟的他选择在东京文化服装学院学习。毕业后，他便去了欧洲，在巴黎旅居的日子让他充分认识到服饰设计的重要性和艺术性。山本耀司认为当时日本的服装设计总是模仿欧美，而且很多人都崇洋媚外，喜欢穿巴黎进口的洋装。他后来回忆说："在那时，大家都想穿从巴黎进口的衣服。但进口的衣服穿在大多数日本人身上真有些滑稽。"于是，山本耀司先后建立了 Y's For Women 和 Y's For Man。起初，他的作品与很多当时的日本设计师一样突出了日式服装包裹的理念，宽大、自由而舒适。此外，他还显示了许多独特的个性：层叠的结构，不平整、不规则的造型，位置奇特的口袋和配件。1981 年，山本耀司的作品首次在巴黎展出，T 台上那些黑色的、白色的、斗篷式的，人为的破洞和撕口的服饰震惊了国际时尚界。

在 20 世纪 90 年代，山本耀司的作品有了新的面貌，合体而表现身材美的服饰成为主打（图 7 － 44）。在设计造型上，他加入了许多历史风格的元素，如维多利亚时期的衬裙、迪奥新风貌等。在他 1997 年和 1998 年推出的女士礼服中，似乎又看到了迪奥大伞帽与束腰丰臀的造型。图 7 － 45 中这件 1997 年的黄色露肩真丝礼服，抹胸束腰，裙摆不规则、折叠、不对称等依然有着山本耀司的典型特征。头上超大的黄色伞帽像是一把遮阳伞，让人不免联想到迪奥在 20 世纪 50 年代的创作。次年，他在泰晤士河畔展出的一件礼服更是夸张，宽大的裙摆直径达数米。巨大的帽子必须要有四个助手用竹竿挑着，模特一个人承受不住其重量。

图 7 － 45 真丝礼服 山本耀司 1997 年

虽然山本耀司的作品在总体造型上有些差别，但其核心的创作理念一直存在。与现代主义对结构和秩序的追求不同，山本耀司经常采用解构主义的手法。对于他而言，服饰设计永远处于解构之中，他的许多作品结构奇特、造型杂乱，好像没有完工一样，但每个细节和局部都具有表现性和相对独立的个性。1991 年，他设计的一款木制背心裙就代表了一种激进的实验思维。长短、宽窄、造型不同的木片架构在一起，参差不齐，极具个性，如同解构主义大师弗兰克·盖里的建筑一般。

中性化设计也是山本耀司的一种固有观念。他的作品经常体现出一种非东非西、非男非女、亦东亦西、亦男亦女的气质。他最出名的是他精心制作的白衬衫和深色西装，男女皆宜。即便是比较纯粹的男装和女装也有着许多雌雄同体的元素。他说："当我刚开始设计服装时，我想为女性设计男装，但是这些衣服没人会买。至于现在，我认为我的男装穿在女性身上同样出色，女装亦然。"

在色彩上，黑色一直是山本耀司使用最频繁和娴熟的颜色。他形容黑色是"既谦虚又傲慢"的颜色，而在西方人传统的概念中，黑色并不太受欢迎。时装编辑布伦达·波朗对其 1981 年巴黎时装展如此评价："在那之前，从没有过那种黑色、奔放、宽松的服装。它们引起了关于传统美、优雅和性别的争论。"此外，幽灵般的白色、消极暗淡的灰色和棕色也是山本耀司偏爱的色彩（图 7 － 46）。而为了形成鲜明对比，令人眼前一亮的火焰红、粉红色也经常出现在他的作品中。例如图 7 － 47 这件 1986 年的服装，通体为黑色，造型宽松自然，在臀部切口的边缘却冒出红色褶皱折叠并下垂及地的装饰。色彩对比鲜明，而其造型像是 19 世纪末期臀垫时期的女装一样。

图 7-46　山本耀司礼服

由于造型和艺术表现的要求，山本耀司对于面料也有个人的看法。透明的纱布，厚重的帆布、尼龙、多孔棉布等质感完全不同的布料竟都成为他的最爱，他作品中使用的面料都是由日本京都附近不同的工匠专门织造的。他说："面料就是一切。我经常告诉我的样板师，只听材料要说什么，只能等待。该材料可能会交给你东西"。同时，他还希望他的服装不仅时尚还要耐穿，他说："我希望人们穿戴我的衣服可达十年，所以，我对我的布料供应商提出一个很艰难的任务，非常接近军服的要求。"比如，他在 2002 年设计的紫色丝网印刷衬衫和黄色牛仔裤套装，装饰新潮、质地坚实，在时光的磨损中更显气质。

尽管不断有人对山本耀司提出质疑，但不影响他获得巨大成功。他在世界各地拥有三百多个零售店，除了男女服系列，还与阿迪达斯合作开发了 Y-3 系列。另外，他还开发了香水，经常为电影和戏剧设计表演服装。他与里昂歌剧院、瓦格纳歌剧院、神奈川艺术歌剧院以及电影制作人北野武等合作关系良好，甚至还是世界空手道协会的主要负责人。

图 7 － 47　山本耀司礼服　1986 年

89. 川久保玲

图 7 － 48　川久保玲作品

图 7 － 49　肿块系列　1997 年

川久保玲是 CDG（Comme Des Garcons）品牌的创造者，其设计理念是“没有以前已经出现过的服装，没有重复的设计。相反，我们的作品是面向未来的新设计。”她的服装是当代先锋派设计的代表，用突破性的造型方法和面料重新定义了时尚，并经常反映和批判社会或政治层面的许多问题。川久保玲与同时代的山本耀司是极要好的朋友，在设计风格上也有相似之处，但是她更前卫、更另类、更与众不同。

1942 年出生于东京的川久保玲没有接受过专业的服装设计教育，不过曾在日本庆应义塾大学学习过美术。毕业后她在一家纺织品公司广告部任职，期间大量地接触和了解了诸多纺织品的性能。1973 年，川久保玲正式注册自己的时装公司。1975 年，她在东京推出了女装系列“好像男孩”，并成立了位于南青山的第一家店铺。这个时期是日本服装迅速成长的时期，她与三宅一生、山本耀司同时崛起。

创新与表现是川久保玲一直秉持的原则。她说：“我接近时尚设计是受到我生活的影响……我寻求新的表达方式。我最近感到对寻求新方法和新价值有了更多的兴趣，我的愿望就是能继续寻求新的东西。”她汲取日本传统街头工作服的设计精髓，结合建筑师柯布西埃、安藤忠雄等的纯粹造型与结构，设计出层叠、复杂、包裹而具亲和力的服装（图 7 － 48）。她与特种纺织工松下宏长期合作，二人创造出复杂、布满孔洞裂缝的特殊织物，松下宏能在织布机上重新制作布料，这一技巧被称为“织机孔洞编织”。

1981 年，川久保玲在巴黎推出首次时装展，将她的设计带入国际时尚界。粗糙、折叠、皱巴巴的布料随意围裹在模特身上，古怪的妆容、压抑的伴奏音乐，震惊世人。一些媒体对此的形容是，他的展示看来像是原子弹爆炸之后的送殡行列，阴沉而压抑。次年，川久保玲展示的“花边”针织物，被人称为乞丐装。这种是人为地将错综复杂的网孔编织起来，在服装表面布满大大小小的裂缝和破口。她在不规则、随意性中定义出一种新的美，与此相搭配的是手术弹性绷带打底裤和缠裹式的麂皮短靴。

在造型上，川久保玲在 1997 年推出的“肿块”系列令人称奇（图 7 － 49）。她在一些意想不到的部位插入垫片，如腹部、背部、肩部和胸部之间，创造出扭曲的、畸形的身体。她说这些作品体现了“身体合乎礼服，礼服满足身体，二者合二为一”。而对于很多人来说，就是怪异。也有时尚人士说这是她的女权主义宣言，是故意破坏女性的自然身材和性吸引力。川久保玲与香奈儿一样，一直认为女人不用为了取悦男人而强调自己的身段，不需要以被观看为目的，并说“我不喜欢显现体型的服装”。

她的许多作品和山本耀司一样反映出“解构主义”的创作方法。服装与面料被一再割破、损坏、打结和做旧，重点不是结构，而是打破重组。她最突出的特点是不对称的线条和结构，雕刻般立体的层次，以及随意而无规矩可循的造型意识（图 7 － 50）。这种设计思想与日本哲学中所崇尚的不规则和缺陷文化有重要关联。人们必须按照说明来穿她设计的服装，否则你不清楚到底应该怎么来应对那些杂乱的布料、扣眼和系带。1992 年，她以未完成的服装和纸样，贴着艺术家权威的解构邮票，在时装界轰轰烈烈地展开了解构主义设计运动。

图 7 － 50　川久保玲礼服　1995 年

川久保玲也喜欢黑色，她说：“黑色是舒服的，富有力量和表情的，我总是对拥有黑色而感到舒服。”她自己也经常是一身黑衣装扮，留着不对称的黑色齐肩短发。她认为黑色是一种微妙的意象中的颜色，并不是一种真实存在，使用黑色表明了她拒绝衣服仅仅为装饰身体而存在。即使在后来，她的衣服中加入了许多饱和色，黑色仍然是一个基本色。这在她的男装系列中表现得更为明显。她推出的男装睡衣系列“睡眠”引发了很大争议，该作品用条纹囚衣式的造型暗示了纳粹死亡集中营，用于祭奠大屠杀 50 周年。此外，灰色、白色等色彩也都为川久保玲偏爱。2012 年，她推出了雪白的春夏系列作品，洁白的皮靴、大衣、羊毛衫、蕾丝、礼裙让人愉悦，像是童话里的白雪公主一样，在整体风格上与其早期的抑郁的、颓废的感觉也大不相同。

除了时装和配饰，川久保玲还在视觉形象设计方面投入了很大精力，比如服饰摄影、广告、店面装潢等（图 7 － 51）。她认为所有这一切都是其设计的重要部分，她经常亲自布景，指导摄影师怎样更好地表现她的作品。她店铺的室内环境、家具、摆设以及销售人员的行为和穿着都经过她精心的设计和安排。她说这些都是其时尚设计的延伸和自我实现，是服装的裸痕迹。1988 年，川久保玲还推出了四开大小的杂志《六》（代表着第六感），取代了以往的目录介绍。刊登了许多高深莫测的超现实主义异国情调和充满禅意的散文，其中配置她最新的时装设计。

目前，CDG 总店位于巴黎。川久保玲是其主要设计师，在世界各地拥有两百多个销售点。她依然是新世纪女性服装设计师中的重要人物。她的设计对后来的许多设计师都有重大影响，如比利时的马丁 · 马吉拉、奥地利的赫尔穆特 · 朗等。

图 7 － 51　川久保玲服装展　2007 年

走向新世纪
（约 1990 ～ 2000 年）

进入 20 世纪 90 年代，人们的生活发生巨大变化。计算机和相关数码技术进一步发展，个人微型电脑与手提电话得到广泛普及。互联网和电子商务开始发展，人们更便捷地了解和购买世界各地的时尚。这种方式既有利于品牌的宣传和营销，又为广大消费者提供了更多选择。同时，全球化的进程一方面为时尚界带来更多设计形式与灵感，一方面也不可避免地弱化了各地的自由风格，时尚的地域性和个性差别越来越小。在互联网时代，人们的生活状态与工作方式也有了在 20 世纪 90 年代初期仍残存着许多 20 世纪 80 年代风尚的影子。缩小的垫肩，肥大的针织衫、印花 T 恤，紧身的马镫裤，宽松的长裤或牛仔裤等仍然很常见。舒适休闲类的运动类服饰继续发展并成为人们重要的衣着方式，飞人乔丹的运动鞋成为许多人的完美单品。在舒适自由衣着风格的影响下，人们逐渐告别了 20 世纪 80 年代夸张、耀眼的风格。大垫肩、大蓬头淡出视线，一切回归理性、回归自然。新时代的女性不再需要强烈的人造外形来表达自己，此时她们更加自信和平易近人。米斯 · 凡 · 德 · 罗“少就是多”的设计理念成为社会主流，极简主义风格更适合于快节奏的现代城市生活。人们的发型和妆容也变得更加整洁自然，饰品和装饰物也越来越少。从 20 世纪 90 年代初期开始，世界又掀起对 20 世纪 60 ~ 70 年代休闲风的回潮，改良版的喇叭裤、松糕鞋、印花连衣裙再次流行。

形形色色的裤装充斥着 20 世纪 90 年代人们的生活，女人穿裤子外出已经是再正常不过的事情了。宽松的运动裤、直筒式微喇叭的西装裤、带弹性的牛仔裤、各色打底裤、性感的皮裤等都是人们衣橱中的重要成员。在亚历山大 · 麦奎因的带领下，低腰牛仔裤受到前卫人士的热捧。许多年轻人还非常偏爱故意做旧、撕裂和漂白的特殊款式。短小衬衫搭配低腰宽腿做旧的牛仔裤成为 20 世纪 90 年代的一个代表形象。意大利品牌 Diesel 脱颖而出，逐渐成为牛仔服饰的龙头老大。

1990 年第一期《时尚》杂志封面刊登了琳达、坎贝尔、特林顿、辛迪和帕提（Patitz）五位超级模特的合影，显示出超模在时尚界的巨大影响。但随着时代发展，许多人厌烦于这些超模们的傲慢与漫天要价，时尚界也需要一些更新、更年轻的面孔出现，新老更替成为必然趋势。许多世界的知名品牌也在 20 世纪 90 年代经历了各种改朝换代。幸运的是，一大批颇具才华的时尚设计师开始涌现，从而在某种程度上让那些古老的世界名牌更富有生命力。加里亚诺接手迪奥，麦奎因则接过纪梵希，阿尔伯 · 艾尔巴茨则先后与 Guy Laroche（姬龙雪）和 YSL 合作，香奈儿也在卡尔的带领下生机勃勃。与此同时，越来越多的人开始进入这些奢侈品牌的世界，相关的包袋、香水、丝巾几乎成为街头随处可见的景观，而这些装备也成为许多人相互炫耀的一种方式。

新的音乐和舞蹈形式也为时尚界带来了新的变化。垃圾摇滚作为一种次生文化与之前的朋克、摇滚有千丝万缕的关系，年轻、随意而颓废的服饰风格又开始流行。迷你短裙、回形针、粗纹理的面料再次回归，匡威全明星布鞋、直筒裤、印花 T 恤、皮夹克都是流行的时尚单品。同时，嘻哈文化的发展也让金首饰、萝卜裤、短夹克、卷腿造型进入男装时尚。夜店文化也日益普及，新的舞曲与生活方式带来新的服饰潮流。彩虹色系，荧光色、紧身短上衣、性感皮短裤等都是派对文化的法宝。

在即将进入新千年的人们对社会、政治和生活环境更加关注，也具有更强烈的责任感。面对被人类长期破坏和摧残的地球，环境保护成为各行各业人士统一的认识和目标。自然、简单和生态等的设计和消费观念迅速在时尚界流行开来。环保主题的服饰深入人心并有着广阔的市场，天然的面料如亚麻、真丝、羊绒、羊毛、棉布等成为首选，一些廉价而舒适的面料如莱卡、微纤维天丝等也被广泛使用。中国精美的锦缎、丝绸和刺绣等也随着 1997 年香港回归再次风行西方世界。

90. 生态时尚运动

图 8 － 1　生态时尚杂志

在工业时代初期，设计的主要目标就是满足顾客需求，为企业和个人赢得最大利润。而随着社会发展，现代科技与消费主义的扩张都产生了一系列的社会问题，环境恶化、资源危机、两极分化等。在诸多现实面前，人们不得不停下脚步，开始反思，相关设计伦理等的观念和思想也逐渐发展起来。帕纳克在这个过程中起到了绝对的影响作用，他 1971 年整理出版的著作《为真实世界的设计》就从设计的角度提出伦理的问题。他认为设计要公平、要考虑到第三世界以及弱势群体、残疾人士的需求。同时，设计应该更多地考虑到对环境、资源的保护问题。在该书的第一版序言中，他说道："在这个大批量生产的年代，当所有的东西都必须被计划和设计的时候，设计就逐渐成为最有力的手段。人们用设计塑造了他们的工具和周围的环境，甚至社会和他们本身。这需要设计师具有高度的社会和道德责任感。"越来越多的设计师和理论家从社会责任和伦理的角度重新审视设计本身，绿色设计、无障碍设计、生态与环保等成为 20 世纪末期最重要的设计思潮。

时尚界的生态运动大概开始于 20 世纪 70 年代的嬉皮士运动，这些嬉皮士抛弃了主流时尚的奢华与高雅，主张回归自然，并将节制、伦理关怀、手工等纳入他们的日常生活与装扮之中。他们偏爱天然的棉、麻等布料，厌恶皮草。他们偏爱自然染色，手工工艺，厌恶机械化和批量生产。他们怀抱着和平的信仰，关爱自然、反省自我、警醒世人。虽然如此，嬉皮士们有关生态设计的观念还不够成熟，不成体系，更重要的是他们在当时的时尚界还属于异端，并非主流。时尚界生态运动的发展是与社会大气候息息相关的，到 20 世纪末，越来越多的人认识到环境保护与生态设计的重要性。在这种全民性认识逐步提高的背景之下，生态时尚运动已经成为一股世界范围的设计新潮流（图 8 － 1）。

图 8 － 2　麦奎因礼服　2011 年

时尚界的生态与环保设计与其他领域有相似之处，但也有自己的个性所在。在原材料的选取上，天然的、与人体皮肤接触舒适的棉、麻、丝等面料成为首选（图 8 － 2）。同时要在一定程度上保证其生产工艺的安全性与低环境负荷。原材料在生长过程中要杜绝农药等化学药剂的污染，相关染料也要保证天然。不含或尽量少含甲醛等有害物质，严格按照国际标准、行业标准甚至更严格的企业个性标准来生产和选购。自然生长、舒适廉价并可有效降解的竹纤维因优良的诸多品性成为新时期重要的生态环保材料。而原本受时尚界青睐的皮草行业对于生态发展危害巨大，而且也受到了动物保护者们的大肆攻击。

由此，人造皮草、三文鱼皮的皮鞋等开始流行。

不过这些生态意识与现实的需求和消费还是有很大矛盾，尤其对于一个行业的大批量生产而言。或许天然环保的染色工艺与面料根本就无法达到设计师预期的设计效果，而消费者对于时尚也有着更多的要求。冒险服饰百货公司的主席杰克波斯说：“如果我是一个完全对社会负责的人，我不得不关闭我的生意。”该公司的设计主题大多是热带雨林、美洲印第安人、濒危动物等。虽然如此，杰克波斯一直积极活跃于生态与环保运动。他长期与其他厂商合作采用纯天然的棉花加工，设立只使用天然染料的工厂。

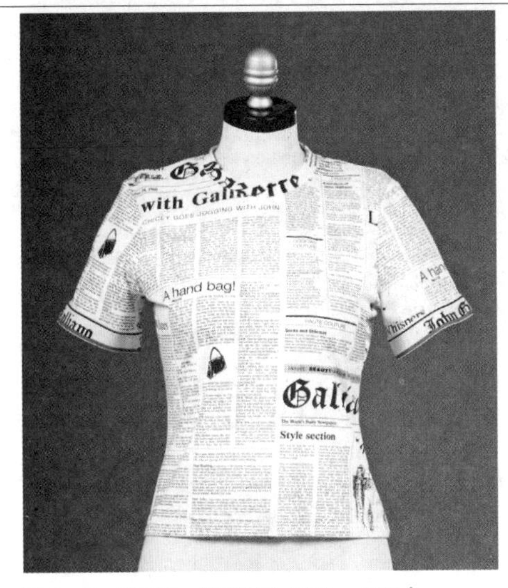

图 8 － 3　纸衣服　加里亚诺　2002 ～ 2004 年

在设计生产和销售环节，也要摒弃以往华丽、炫耀的理念，正确引导大众的消费观念（图 8 － 3）。首先要尽量少用原材料，尽量不对环境造成更大负荷。许多化妆品企业就宣称它们不进行动物实验，比如全球性的化妆品企业美体小铺对外就长期如此宣传。其次要重视可回收利用，一些原材料如优质的羊毛等有着非常好的再制造潜力。虽然与原生态的材料相比，回收后的质量较低，但用于地毯、工业毛毡等还是非常有效的。同时大力发展二手市场，通过现实中的种种途径确保你所不需要的服饰为他人继续服务（图 8 － 4）。

TRAID 是 1999 年在英国注册的一个慈善团体，致力于服饰的变废为宝、可持续发展和慈善事业。2001 年，该机构成立同名道德时装品牌，专门从损坏的纺织品中加工再造服饰。再次，要保证设计作品的质量，有效地使用性及经典不过时的时尚风格。良好的质量与经典的造型可以让消费者更长期地穿着使用该作品。而方便洗涤、熨烫打理、收藏等有效的使用性也会达到节省水、电、洗涤剂，甚至节省时间等环保目的。

如今，时尚界的众多品牌与设计师已经充分认识到生态设计的重要性。在 20 世纪 90 年代的许多系列作品中，经常可以见到此类主题的展示。而有关生态时尚的官方或非营利组织也从 20 世纪 90 年代起大规模地发展起来，如欧盟生态标签委员会就是一个比较严格的官方生态机构。它涵盖了 19 大类日常消费品，包括生态标签的纺织品、涂料、清洗剂等，对服饰原料等有着统一的要求与规定。有机贸易协会（OTA）是专注于北美有机事业的一个会员制的商业组织，致力于促进和保护有机贸易的发展。总部位于瑞士的蓝色科技股份公司与诸多名牌如耐克、舍勒、玛莎百货等合作致力于公平贸易、社会责任、工作条件等的协作与制约。

图 8 － 4　牛皮纸晚礼服　克里斯蒂安 · 拉夸　1994 年

91. TRAID

图 8 － 5　TRAID 店铺

图 8 － 6　材料再利用

图 8 － 7　倡导废物利用的宣传作品

TRAID（Textile Recycling for Aid and International Development）意指为援助和国际发展的纺织品回收利用，是一家成立于英国的环保和慈善机构。它致力于将被主人丢弃的服装变废为宝，用一种可持续发展的方法来处理废弃衣物。一方面尽量减少我们的服装对环境和社会的影响；另一方面尽可能地帮助弱小，实现公平，并为改善服饰类从业人员的工作条件做出努力（图 8 － 5）。

服饰作为人类生存与发展的必需品，数量庞大，种类丰富，而且与其他大多数生活用品相比，服饰具有更强的时代感和流行性，更新换代的速度也更快。同时，发达的经济与充足的物质保障也让越来越多的人重视服饰的设计与品质，甚至以前少数人享有的奢侈品也开始普及和泛滥。物欲横流的世界更是缩短了服饰的应有寿命，很多人只是放纵自己的欲望纵情消费，用毕即弃的消费理念还很常见。

在消费主义占优势的世界中，大量资源被消耗浪费，环境日益恶化，人与自然的关系也变得越发紧张起来。20 世纪 70 年代爆发的能源危机为世人敲响了警钟，生态与环保的理念因此得以发展（图 8 － 6）。服装从设计、生产、消费到最后处理，都对社会环境形成危害。原来人们经常将废弃衣服进行掩埋或烧毁，浪费资源，又对环境造成负担。而有些服饰的材质降解性差，甚至还是有害的，后果更严重。在 20 世纪 90 年代初期，英国每年都有超过一百万吨的纺织品需要掩埋或焚烧。与此同时，成衣制造一般在经济较为落后和贫穷的国家完成，劳动力便宜，工作条件非常恶劣。

1999 年，TRAID 在英国注册，以纺织品回收利用和国际援助为目的（图 8 － 7）。TRAID 严谨而有秩序，名下包括数个慈善商店，分门别类地改装和销售来自各地的二手服饰。比如伦敦基尔高路 72 号店销售的大多是价廉质优的二手服饰，伦敦霍洛威路 375 号销售的则是奢侈类的二手服饰，而阿克斯布里奇路 154 号店还销售非洲等异域风格的二手服饰。在这家 TRAID 店的门楣上还可以看到其经营宗旨，即"对抗全球贫困，保护环境，减少垃圾填埋物"，店铺内部也与其他商店一样井然有序。所有服饰都经过消毒、洗涤、熨烫等严格工序，这里甚至还有全新带标签的二手服饰。

TRAID 在全美国有超过 1500 个慈善服饰网点，每年可从垃圾填埋场和焚烧点分流三千多吨废弃衣物。人们可以通过网络捐赠不需要的服饰，也可以联系相关人士上门收取。TRAID 对这些慈善服饰严格把关，经过分拣、洗涤、贴标签、定价和销售等流程，每周大约有一万多件成衣重复使用和转售。在这个过程中，TRAID 会为更多志愿者提供工作岗位，让热爱环保与慈善事业的人参与到服饰的收集、再利用和转售之中。此外，人们也可以通过 TRAID 的官方网店进行以物易物的交易，各取所需。这种模式在其他许多网站中也开始流行，既有利于环保，也符合很多人的消费理念。

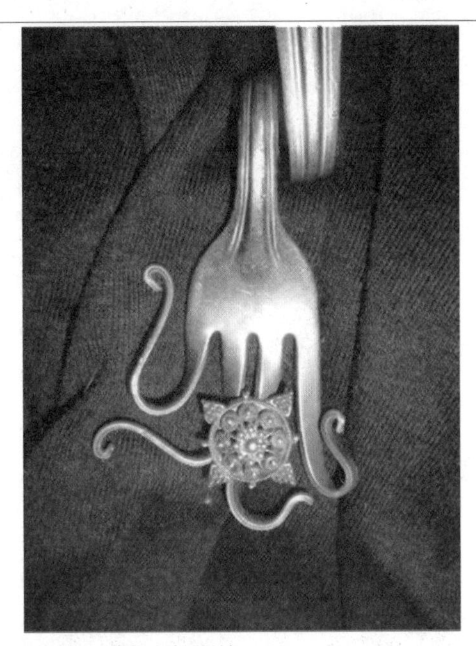

图 8 － 8　废物改造再设计

在现有废弃物的基础上，TRAID 还致力于改造和再设计（图 8 － 8）。2001 年，TRAID 开创了道德时装品牌 TRAID 再制造，以二手服饰和相关材料为基础进行重新改造设计。这些看似全新的作品时尚而精致，又因生态环保理念而大受欢迎。TRAID 零售部门负责人克拉姆巴诺（Enedina Columbano）说："TRAID 二手和再制造为那些热爱时尚而讨厌其环境污染的人提供了一种替代性和可持续性的买衣服方式。"负责此回收和再设计项目的斯欧维（Silvia De Vincentis）也非常自豪地说："作为 Marte 生态部门的组织者，我对于所扮角色感到非常自豪和兴奋。这种国际可持续的事物对于敏感的自然界和生机勃勃的艺术具有同等价值。"而这种再利用的方式也成为许多服饰设计大师的新途径和新方法，虽然很多时候他们只是在局部材料等设计上使用二手素材。

作为一个慈善机构，TRAID 有着规范的资金运作与管理模式。它每年都会拿出一部分资金用于全球纺织从业人员工作条件的改善。2009 年，TRAID 的第一个资助项目就是提高纺织品供应和生产能力。今天，TRAID 已经承诺有 150 多万英镑用于改善纺织业的社会和环境条件，包括改善 65 万服装工人的工作条件，支持棉农减少和消除使用农药，建立纺织业合作社，发展生态纺织的生产进程等（图 8 － 9）。

图 8 － 9　TRAID 店面

此外，TRAID 还致力于环保公益教育事业，它与许多地方政府、企业、行业协会建立合作伙伴关系。通过讲座、研讨会等方式向不同人群普及环保知识。为了让人们有更多的切身体会，TRAID 大力发展志愿者计划，其中很多人还会直接参与到学校、社区等的环保宣传与工艺活动之中。它不仅为志愿者们提供有益和支持性的经验，还为其将来发展提供新的发展机会。据统计，TRAID 拥有一万多名相关的志愿者，包括儿童、青年、成年人等多个年龄层次。

在人类环境日益恶化的今天，生态与环保必将是一个重要而永恒的话题。英国的 TRAID 为世人提供了一个非常好的服饰发展方向，而此类的组织和机构的确也在世界各地蓬勃发展起来。亲近自然、可持续发展必将是新世纪服饰行业的重要方向。

92. 安特卫普六人

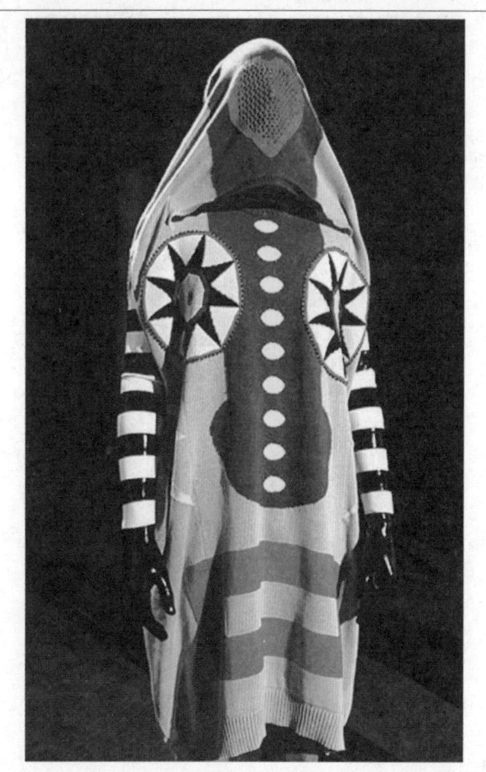
图 8 － 10　拜伦多克作品

图 8 － 11　拜伦多克作品

在 20 世纪 80 年代，继日本人在巴黎掀起新潮之后，来自比利时安特卫普的六个年轻人也共同推出了他们的组合系列作品。这些年轻人以“反奢侈”的解构重组作品震惊了相对保守的欧洲时装界。这六个师出同门的青年被英国媒体称为安特卫普六人（The Antwerp Six），包括安 · 德劳米斯特、德利斯 · 凡 · 诺登、沃尔特 · 凡 · 拜伦多克、迪克 · 必肯伯格、迪克 · 凡 · 萨尼、玛瑞纳 · 耶等。安特卫普六人虽然都毕业于安特卫普美术学院，私交甚密，但在设计上却都有着鲜明的个性。他们用风格迥异的作品展现着各自的创新的与独特，奠定了比利时设计师在全球时装界不可忽视的先锋地位。

安 · 德劳米斯特出生于比利时佛兰德省的一个小镇。在艺术学校学习期间，她对时装设计产生了浓厚兴趣，1978 年又进入安特卫普皇家美术学院学习时装设计。1981 年毕业的德劳米斯特很快就获得了黄金主轴奖——一个每年颁发的最有前途时装设计师的奖项。在经过几年的自由设计师的经历后，她在 1985 年创造了自己的设计线，并与其他几位同学一起去伦敦展示。德劳米斯特以哲学家德里达的解构主义思想为基础，设计出不对称、不完全、针脚边线暴露的奇特服装。这些服装经常带有穿戴说明，她称自己的服装是浪漫的、诗意的、精巧的和野性的。她的服饰构件具有很强的独立性和表现性，可以从服装主体摘除，比如裤子上的口袋、衣服袖子等。她也喜欢黑白色系，重视创作过程，所以也经常被拿来与川久保玲、山本耀司作比较。德劳米斯特还常常与各类艺术家合作，她许多作品的灵感就来源于此。1999 年，她与吉姆 · 戴恩合作设计出不对称剪裁，印有灰色猛禽的裙装。杰克逊 · 波洛克的抽象表现主义也在她的一个服装系列中表现出来。

拜伦多克是这六个人中最天马行空的设计师，许多人把他称作“诣谑小子”。他以文学、自然、民族文化等为基础，用卓越的色彩计划和强有力的造型予人深刻印象（图 8 － 10）。他非常迷恋唯灵论，喜欢自然、传统礼仪、科幻和现代艺术，作品经常带有叙事性特点。社会热点如艾滋病、生态、大众消费等经常出现在他的作品中。1993 年，拜伦多克建立了自己的工作室“W&L.7”，还提出了一些口号如“拥抱未来”，追求“爱、激情、节奏、行动、希望、愿景、光明和奇遇”，信念则是“神圣的对比，爱与侵略，性欲浪漫，白天与黑夜，天使与魔鬼”等。在他推出的“改装”系列中，展示了他对文身、划痕、外科整形等文化的理解。而他在 20 世纪 90 年代亲自到 T 台上走秀展示的行为进一步宣扬了他的特立独行（图 8 － 11）。对此，拜伦多克说：“你永远也无法让时光倒流。最后，我很自豪的是，在这些设计之中我一直坚持不屈服于商业压力。我从来没有平庸或快速剪切以生产更多赚更多的钱。”

诺登出生于比利时一个世代相传的裁缝世家。1980 年毕业于安特卫普皇家艺术学院，从小的教育与体会让诺登的作品在六个人中更偏向于传统和严谨。版画色彩、层次丰富、怀旧和民俗等是他的经典特征。精致而原始的布料上印着细碎精致而富有民族风格的花卉图案，使他的女装在富于创新的 20 世纪 90 年代独具特色。而他的许多作品也经常出现在各种红地毯活动之中，包括 2008 年明星凯特 · 布兰切特的惊艳装扮。

必肯伯格出生于德国科隆，长期跟随在比利时军队的父亲生活，所以也是比较正统的比利时人。1982 年毕业于安特卫普皇家美术学院，并在 1985 年获得“黄金主轴”最佳年度时装设计师奖。从小的经历让必肯伯格痴迷于军装与运动风格的作品，他的作品造型干练硬朗，极具阳刚之气。他非常重视面料的品性与设计，并设有相关造型与面料技术的实验团队。从他的独家夹克到高性能内衣，他所有的设计都经过测试。他长期奔走在各个时尚城市之间，追寻灵感与现代的脉搏。他说：“我是一个为时装废寝忘食的人，我已娶了时尚为妻子，并且她拥有我所有的忠诚。”必肯伯格曾担任国际米兰的官方设计师，并在 2006 年推出第一家由时装设计师推出的专业足球鞋。时尚界称赞他的作品具有高级时装的品位，是几何与速度、经典与未来的最佳结合（图 8 － 12）。

图 8 － 12　必肯伯格作品　2013 年

萨尼与必肯伯格的设计风格截然相反，充满自然、柔和的气息（图 8 － 13）。他的服装造型简约而柔美，经常使用棉布、羊毛等天然面料。温暖的色调、精细的印花或手绘使他的作品有一种版画艺术的美。其中的许多图案都有着超现实主义或原始艺术的美感，而他第一个店铺的名称就是“美女与英雄”，充满浪漫主义色彩。此外，崇尚环保的萨尼还创作了一系列的“纸衣服”。其中的纯白色纸质裙装系列，造型简约，画面纯白无饰，纸质的材料与造型使这些作品成为新时代生态时尚运动的先锋作品。

图 8 － 13　迪克 · 凡 · 萨尼作品

玛瑞纳在参加完伦敦走秀之后似乎并没有像其他几个人那样继续拓展服装业。在 1992 年儿子出生后才重新回到时尚圈，为她的好友做设计。她偏爱休闲、纤细的轮廓，处理不同质地的材料是她的特色。她塑造的是一个个外形摩登、内心坚强的现代女性形象。

93. 迪奥新风——约翰·加里亚诺

图 8 － 14　加里亚诺作品　1984 年

在 20 世纪 90 年代，奢侈品在全球化的营销网络中进一步深入人心。发展与变革成为各大品牌的重要战略，设计师的更新换代在此时显得尤为重要。约翰·加里亚诺（John Galliano）以其惊人的表现先后成为纪梵希和迪奥的首席设计师。自 1997 年加入迪奥之后，他就成为迪奥的代名词，并将这个知名的老品牌带入更辉煌的发展阶段，让其再展新颜。

1961 年，加里亚诺出生于西班牙的直布罗陀，父母都是普通的工薪阶层。在他六岁时，家人为更好地谋生而来到英国，定居在伦敦南部的斯特里汉姆。这些经历使得加里亚诺敏感而不自信，也曾坦言道“我认为这里的人并不知道我来自哪里”。1984 年，加里亚诺在伦敦中央圣马丁艺术与设计学院的毕业演出中一炮而红。这个名为“难以置信”的系列作品灵感来源于法国大革命后的恐怖统治时期。宽大不规则的黑色外套，奇形怪状的白色内衣有着川久保玲的某些风格元素（图 8 － 14）。这个系列大获好评，并被布朗斯精品时装店老板博斯坦收购，作为其当季橱窗展示品。从此，一颗年轻的富有活力的新锐设计师出现在世界时装界。

初露头角的加里亚诺迅速走红，并受到了各国企业家、金融家的支持。但是极具设计天赋的加里亚诺却没有多少商业头脑，总是陷入经济危机，不过总有人挺身而出帮他渡过难关。加里亚诺也总是不负众望，推出诸多个性而优异的作品，曾获得 1987 年、1994 年、1995 年等数次英国年度设计师。1995 年，奢侈品巨头 LVMH 集团总裁伯纳德邀请加里亚诺担任纪梵希的首席设计师，从而成为第一个掌舵法国高级时装屋的英国设计师。

图 8 － 15　帽子　加里亚诺　1992 年

1996 年 1 月 21 日，加里亚诺在法兰西体育场举办了他为纪梵希设计的第一场服装秀，好评如潮。一年后，加里亚诺加入迪奥。在当时，许多人都质疑他的前卫风格是否能延续和发展迪奥的传统，能不能吸引迪奥的既定客户。事实证明，加里亚诺的能量是巨大的，他的创新精神、浪漫主义和精巧缝纫都特别适合迪奥时装屋奢华的设计历史。在他 1997 年的春夏系列中，他将经典主题与非洲马赛部落形式相结合设计出缤纷串珠装饰的丝质晚礼服，美艳脱俗，震惊世人。从此，在加里亚诺的带领下，迪奥进入了一个更现代、更感性的新时代（图 8 － 15）。

2011 年 2 月 25 日，加里亚诺因涉嫌在巴黎一家酒吧侮辱一些意大利女性，并有反犹太人，支持大屠杀的言论而被捕。对此抱着零容忍的迪奥立即停止加里亚诺的工作。同年 3 月 1 日，迪奥宣布已经开始解雇加里亚诺的程序。最后，加里亚诺也因反犹太人的言论获罪，被处罚金六千欧元。此次事件让加里亚诺的荣誉和事业都受到极大损伤，他在 2013 年接受采访时表达了忏悔和重返时尚界的渴望。

在天赋之外，精湛的工艺与创新的形式是加里亚诺成功的诀窍。当他还是一个学生时，就经常去英国各大博物馆参观学习，尤其对斜裁大师维奥涅特的裙装兴趣浓厚，在反复钻研中他掌握了斜裁等技法的精华与奥妙。他还跟随萨维街的大裁缝汤米 · 纳特学习，进一步完善了他的缝纫技能。他曾经的老师彼得 · 勒维斯曾给予高度评价，说：“他掌握技术训练非常快。他对此很坚持，始终如一。在我四十多年的中央圣马丁学院的生涯中，他是我教过的最好的学生。”

精湛的工艺技巧为实现他的现代理念和设计奠定了必要基石，许多的裁剪缝制工艺都极具挑战性。在 1997 年加里亚诺为迪奥设计的秋季系列中，能够充分感受到他非同一般的缝纫技能。这件礼服的下摆宽大拖曳，渐变的绿色层叠而下，复杂、精致而令人印象深刻。这种工艺技巧之美也一直延续在他为迪奥设计的诸多系列之中，难以模仿，难以超越（图 8 － 16）。

图 8 － 16　为迪奥设计的作品　加里亚诺　1997 年

前卫和创新是加里亚诺的另一重要法器。纵观他的设计，尤其他在迪奥时的设计系列都在经典共性之中体现出新奇、迷幻之美。每个系列的主题虽然都大有区别，但是复古与怀旧的元素是他最惯常演绎的，如 16 世纪裙撑、爱德华优雅风格、50 年代的帮派套装等。视觉效果突出的异域风情也经常成为他选择的主题，从欧洲的苏格兰高地服装、苏联红卫兵到日本风情、非洲的土著部落等都出现在他不同赛季的作品中，既现代又奇幻。Annie Leibovitz 为 1997 年 9 月美国《时尚》杂志拍摄的照片中，我们看到卡罗琳 · 墨菲和克斯蒂 · 休谟穿着加里亚诺 1997 年的秋季新作。两位美女一个身穿珠串链条而成的概念性服装，一个身穿古埃及风格的金色紧身连衣裙，发型、饰品和妆容也具有同样的分割感（图 8 － 17）。

图 8 － 17　为迪奥设计的作品　加里亚诺　1997 年

为了配合他的主题时装表演，加里亚诺非常重视舞台美术的设计效果。他的发布会总像戏剧表演作品一样，充满艺术创造性和诱惑力。许多时候，他都要专门选择或改造场地以达到他预期的理想效果。比如把足球场改造成森林，把巴黎歌剧院变成英式茶点派对等。他本人也经常打扮成表演的一部分，予人印象深刻。正是加里亚诺的浪漫、复古、创新、精益求精让迪奥在新的世纪呈现出经典而奢华的新风貌。

94. 亚历山大·麦奎因的灵异世界

图 8 － 18　野蛮美女　麦奎因　1999 年

2011 年 5 月 4 日，纽约大都会博物馆举办了一场名为“野蛮美女”的主题展览，回顾了亚历山大·麦奎因（Alexander Mcqueen）的服饰设计生涯，以此纪念这位英年早逝的艺术家和设计师。麦奎因所创作的许多女装作品的确充满力量，动感十足，用野蛮来形容倒也贴切（图 8 － 18）。用“野蛮”来形容麦奎因似乎不够全面，他作品中的力量非同一般，带有一种灵动怪异之美，故取名为“灵异世界”。

麦奎因出生于伦敦的勒威舍姆，父亲是一位出租车司机，教社会科学的母亲对他日后的时尚研究有所帮助。年少时，麦奎因就意识到自己是个同性恋者，而家人后来也对此表示接受。这种性取向对他后来的设计肯定会有很大影响，甚至也有人说他的许多作品就意在扭曲女性身体之美。十几岁时，他加入了一个鸟类学家的俱乐部，很多业余时间都在公寓楼的顶层观察鸟类。这种爱好和经验也充分体现在他日后的作品之中，他在羽毛与翅膀等方面的丰富表现力是其他设计师所不可比拟的。从 16 岁起，麦奎因进入萨维尔街的服装店做学徒，先后跟随过安德森、谢波德等人。期间掌握了从 16 世纪以来的多种剪裁工艺。

1990 年，麦奎因凭借高超技能应聘到中央圣马丁艺术与设计学院，在导师的推介和帮助下，他获得该校硕士进修的机会。1992 年，麦奎因推出他的硕士毕业系列——开膛手杰克跟踪他的受害者，被时尚引领者伊萨贝拉购买。此后他又推出了“鸟群”“苏格兰高地强奸”“包屁者”等系列作品。“鸟群”系列的灵感来源于希区柯克导演的同名电影，而“苏格兰高地”系列和“包屁者”则引起很大争议。前者的主题以及破旧褴褛的造型让人瞠目，而后者露出股沟的裤子更是惊世骇俗。不管怎样，年轻的麦奎因成功了，并在 1986 年成为英国年度设计师。同年，LVMH 总裁阿诺特聘请麦奎因作为纪梵希的首席设计师。

1997 年 10 月，麦奎因推出为纪梵希设计的第一个系列，名为“废话”。他叛逆怪异的风格被认为有悖纪梵希的传统形象，受到很大争议。2001 年 3 月，麦奎因辞去纪梵希的工作，专注于自己的品牌设计，并说“约束他创造力”的合同结束了。实际上，早在 2000 年，他就开始与古琦公司合作，并将自己公司 51% 的股份出售给它。他还在 2006 年推出价格较低的二线品牌麦寇，目标是更年轻、更休闲的款式。他说：“在一些舞台上，你不得不成长。如今，重要的是人们关注的是衣服本身，而不是穿着小丑服装的人。”2010 年 2 月 11 日，麦奎因意外去世。

图 8 － 19　中国元素礼服　麦奎因　2001 年

麦奎因宣称，“给我时间，我给你一次革命。”的确如此，麦奎因被普遍认为是一位具有高度创新精神的人。他的作品原创性极强，同时又经常因怪异的表现形式备受争议。他在 1992 年的第一个系列中创造了标志性的三点式折纸礼服，显示出他的精巧工艺和非凡构思。同时，他的许多设计往往颠覆传统规范之美，表现出一种焦虑、不安、不确定性。比如，1998 年他设计的骷髅马甲，金属骷髅的造型似手抱女人体，完全禁锢。而为了突出其服饰的视觉冲击效果，他别出心裁，选取一些脏、乱、差的展示地点，或者营造一种怪异的现场氛围。在 2001 年春夏服装发布会上，一个巨大的玻璃盒摆在中央，演出开始后，大量的飞蛾舞动其间。中心躺着一个戴着面膜的裸体模特。然后玻璃倒塌砸在地上，像是戏剧演出的开场白一样，只不过更具有悬疑性、刺激性。

图 8 － 20　羽毛礼服　麦奎因　2011 年

虽然麦奎因以突破式的造型与创意闻名，但传统历史与异域风情的一些元素依然是他重要的灵感来源。他对祖国苏格兰等传统非常着迷，并反映在他的作品之中，如 1995 年秋冬的“苏格兰高地”就是旨在探索 18 世纪苏格兰动荡的政治历史。他在 2008 年推出的“住在树里的女人”也充分显示出他对苏格兰文化的浓厚兴趣。19 世纪的一些历史典故和风格对他也有很大触动，他说：“那儿有一种爱伦坡式的东西，我的作品之中有一种深深的忧郁。”事实上，爱伦坡所写的《艾舍家的倒塌》被生动地反映在他的一些作品中，如 1996 年秋冬的“但丁”系列。与此同时，麦奎因的浪漫情怀还超越了国界，将印度、中国、非洲、日本等地的元素加入进来。除了这些造型元素的借取，他还认真地研究各地服饰的细节和精华。他说：“我的工作就是汲取世界各地传统刺绣、掐丝和工艺的元素。我将发展它们的工艺、图案和材料并用我的方式表现出来。”在他 2001 年的系列作品中，有一套源于中国清代旗装元素的作品。宽大的帽饰展示了清代女子的身影，其上的精美刺绣也有着中国工艺的典型特征（图 8 － 19）。

大自然始终是麦奎因的重要主题设计与灵感来源。或许是从小对鸟类的观察与喜爱，羽毛经常出现在他的作品之中，甚至很多时候都是作为主体形象呈现出来（图 8 － 20）。大面积甚至整体的羽毛造型使他的作品充满动感与自然魅力，细部的造型如天鹅式的领子、飞鸟头饰、飞鸟胸饰等彰显了他的与众不同。美丽的蝴蝶、孔雀、鲜花也是麦奎因喜爱的造型元素（图 8 － 21）。他在 2001 年还设计了一款哈喇装饰缝制而成无袖礼服，从上到下层次丰富地有秩序排列，极富巧思。

图 8 － 21　孔雀礼服　麦奎因　2008 ~ 2009 年

95. 老佛爷——卡尔·拉格菲尔德

图 8 － 22　香奈儿丝绸金链包　拉格菲尔德

图 8 － 23　水手帽　1988 年

图 8 － 24　香奈儿镀金链　拉格菲尔德　1985 年

卡尔·拉格菲尔德（Karl Lagerfeld）自 1954 年获得国际羊毛局的女士外套设计冠军以来，在时尚界已经驰骋了几十年。他与圣·洛朗等大师一起成长，经历了 20 世纪 60 ～ 70 年代的变革。但与其他大师不同的是，拉格菲尔德愈老弥坚。他最大的贡献就是为香奈儿品牌注入新的活力，使其成为时尚界最具创意、最具魅力的品牌之一，而他也因其卓越成就被称为时尚界的"老佛爷"（图 8 － 22）。

拉格菲尔德的父亲是一位富裕的商人，母亲曾经是内衣销售员。少年时全家搬到巴黎，毕业于蒙田公立中学，期间他主修了绘画和历史。1954 年他获得国际羊毛局的大衣类冠军，这次获奖让他成为巴黎著名设计师巴尔曼的助理。几年后，他又投身于巴铎的门下。技艺成熟的他后来被聘为寇依的首席设计师，并使其成为 20 世纪 70 年代最热门的品牌之一。在拉格菲尔德的带领下，寇依时装屋轻薄、飘逸、自然的裙装成为那个时代最流行的服饰之一 。他注重面料的属性与裁剪，通常不用衬里，主要由密实的双绉或雪纺绸制作而成。他为寇依设计的 1973 年春夏时装系列影响巨大，成为当时报纸的头条新闻。虽然他在 1983 年中止与寇依的合作，但在 20 世纪 90 年代又重新与其牵手，并带着寇依再次攀登成功高峰。

拉格菲尔德与知名品牌芬迪的合作也是由来已久，从 20 世纪 60 年代中期他就受邀为芬迪设计皮草。法国《时尚》杂志曾经的编辑朱丽特后来回忆说："他们雇佣他做皮草，他提出了这些令人难以置信的挑战，'让我们皮草中有皮草，让我们编织皮草，让我们撕裂皮草，让我们在皮草上打孔，让我们在皮草上画画，让我们在羊皮上画画'。"正是他富于变革和创新的精神才让芬迪更富有活力，而这种良好的合作关系持续至今。

在 1982 年，当香奈儿的主席阿兰·沃斯蒙向拉格菲尔德抛出橄榄枝时，许多朋友都劝拉格菲尔德不要冒险。他们认为这一古老的品牌正在衰亡，再也无法恢复从前的辉煌，而拉格菲尔德却认为这是个绝佳的挑战。1983 年，拉格菲尔德为香奈儿推出了第一个系列，将一些街头风格融入香奈儿的传统。当时一些批评家指责他远离香奈儿的优雅，亵渎了他们的神圣记忆。而他则反驳道："谁能说什么是好味道，什么是不好的味道？有时候坏味道更有创意。"同时，也有许多时尚界人士为他的变革摇旗呐喊，多诺万在《纽约时报》中如此评价："香奈儿痛下战书，向圣·洛朗的霸主地位发起挑战（图 8 － 23）。这个事实无法逃避，一些巨变将从旧习俗与时装中爆发。"

拉格菲尔德在香奈儿传统与精髓的基础上，适当地为其加入运动、摇滚和现代元素。他经常将香奈儿标志性的特征加以改良，如双C、金属链条、菱格纹等。他改良后的香奈儿2.55手袋的造型更加突出，色彩更为丰富，成为20世纪80年代以来最畅销的手袋之一。他还为香奈儿经典的小黑裙加上了诸多夸张的配饰如珍珠项链、金属链条等（图8 － 24）。粗花呢的香奈儿套装也在他手中数次演绎，塑造出各具风格的款式，包括2013年推出的春夏时尚系列，黑白色的粗花呢又成为当地主打。他在1991年春夏主推的“潜水”香奈儿外套也有着经典款式的轮廓，但更为圆滑。透明亮片之下的外套像是海洋中闪闪发光的紧身潜水衣，受到新一代女性的追捧。在1991年1月美国版时尚杂志的拍摄中，超模琳达和特林顿身穿蓝色和黄色潜水外套，快乐明亮，身后是平静广阔的大海（图8 － 25）。

图8 － 25　香奈儿潜水外套　1991年

香奈儿一直注重配饰的设计与搭配，从20世纪20年代，珍珠、镀金金属、假宝石等都是其品牌的重要组成部分（图8 － 26）。拉格菲尔德也非常重视这一环节的设计，全力打造新时期的香奈儿配饰。他依然坚持走设计优先的路线，对于材质贵重与否，真假与否并不在乎。所以夸张的、引人瞩目的、充满设计感的诸多香奈儿配饰大量涌现，成为其品牌的重要组成部分，如镀金的双C宽手镯、超大珍珠项链等。1994年，拉格菲尔德为香奈儿设计了一款超现实主义的项链。皮革金属交织的链条类似于2.55手袋的提带，下面挂着一个逼真的亚克力白炽灯灯泡，两旁各垂一金属圆球。在2011年，他还设计出灯泡鞋跟的高跟鞋。拉格菲尔德的才华与努力终于让沉寂一时的香奈儿苏醒，正如他自己所说：“我已经完成了香奈儿都无法企及的成就，她会嫉妒我的。”

在与各大时装屋合作的同时，拉格菲尔德也不断发展着自己的品牌。1984年，他开办了自己的时装屋，将古典风范与现代情趣相结合创造出个性十足的服饰。2006年12月8日，拉格菲尔德还推出二线品牌“K Karl Lagerfeld”，主要为青年男女设计休闲类T恤和牛仔等。此外，他还非常喜欢摄影，不仅亲自指导其作品的拍摄，还经常为各大时尚杂志提供服务，甚至还创办了一个小型的专业摄影和建筑艺术出版社。一部关于他的纪录片《时尚大帝》于2006年发行，将他的生活、工作等经历与细节呈现出来。而他也把曾经13个月减肥近90斤的经历编写成书，《卡尔·拉格菲尔德的减肥》成为新世纪最畅销的大众读物之一。

图8 － 26　香奈儿精品　拉格菲尔德　1989年

96. 瑞士手表

图 8 － 27　劳力士手表　20 世纪 30 年代

图 8 － 28　百达翡丽细节

图 8 － 29　劳力士"潜航"　2012 年

手表或称腕表，是指藏在人手腕上计量时间、显示时间的仪器，通常由表带和表头两部分组成。20 世纪初期，路易斯 · 卡地亚应飞行员朋友的要求设计出现代意义的手表，并推出著名的桑托斯手表。从此，手表便开始大众化。1967 年，瑞士人首先将石英钟做成石英表，手表也从上发条的机械表发展到用石英、电子等动力显示时间。新技术的使用、时尚的发展为手表的发展壮大也奠定了基础，各种手表品牌也成为时尚的重要组成部分（图 8 － 27）。瑞士手表历史悠久，制作精良，在世界手表业中独占鳌头。全世界的出口手表中，每十块就有七块来自瑞士。

瑞士手表品牌繁多，高端手表包括百达翡丽（图 8 － 28）、江诗丹顿、劳力士（图 8 － 29）、卡地亚、欧米茄、浪琴、天梭、梅花等。为了保护品牌利益，瑞士表行协会对于"瑞士制造"手表进行了严格限定。在 2007 年 6 月推出的新标准中对手表、机芯和表带的标识进一步规范。比如根据瑞士手表标识使用条例第二条，对瑞士机芯的定义是：机芯组装在瑞士完成；机芯的最后检测在瑞士完成；除组装费用外，机芯中的瑞士原件价格至少占全部原件的 50% 以上。如果机芯为瑞士制造，而整体不是在瑞士组装的，则"瑞士"标识只能出现在不外露的机芯上。所以只有瑞士制造的手表才是瑞士手表，许多标有"Swiss"的手表只意味着该品牌注册于瑞士，这是有根本区别的。

瑞士的手表制作行业历史悠久，16 世纪末法国宗教斗争中的一部分胡格派教徒逃亡瑞士，带来了制造钟表的技术。当地人将自己传统的首饰加工技艺与这种制表工艺结合，追求完美，不断创新造就了举世闻名的瑞士钟表业。从古老的钟表到现代的手表、石英表，瑞士手表在这种演化进程中都扮演了重要角色。比如百达翡丽就成立于 19 世纪初叶，为欧洲王室、上流权贵们制作精美钟表。

追根溯源，瑞士手表的优势主要体现在几个方面。首先是技术的精湛和不断创新。在钟表的发展过程中，无数工匠为其更加准确、完善而呕心沥血。作为一种机械造物，技术的革新是最为重要的。18 世纪瑞士的博瑞哥特是当时最顶尖的钟表匠，专门为皇室贵族制造珍贵而特有的款式。他发明的"陀飞轮"机械装置可以补偿钟表在处于不同水平位置所形成的误差，使钟表走得更为准确。今天，这种装置也出现于顶级手表中，如 2011 年百达翡丽推出的限量版十日陀飞轮手表。手工雕刻而成，手动上弦可提供十天的动力。博瑞哥特还创造了一个运行 60 小时而不需上发条的钟表，还有他发明的万年历装置，也被广泛使用。

进入 20 世纪以后，在激烈的竞争环境中，瑞士表业对技术更是精益求精，走改革创新之路。他们引进了意大利钟表匠的新发明，即可快速和准确生产带齿轮的夹板和主夹板。他们还发明了可替换的内部零件，为钟表生产的规模化和标准化铺平了道路。在怀表向手表发展的时代，也是以卡地亚等瑞士手表为先锋。20 世纪 70 年代，人们对高科技的兴趣大增，石英科技开始主宰手表工业，以日本为代表的石英手表对瑞士手表造成了巨大冲击。时势造英雄，瑞士微电子集团的表芯部门在 1978 年推出一款称之为斯沃琪（Swatch）的只有两毫米厚的圆形手表，防震、耐用、价格低廉。此表一经推出，便风靡全世界，1998 年该集团干脆改名为斯沃琪（图 8 － 30）。

图 8 － 30　斯沃琪手表

为了在激烈的竞争中赢得胜利，瑞士各大手表制造商通过不断地革新创造，劳力士的蚝式表就是科技进步的代表作。早在 1954 年，劳力士就申请了防磁专利，随后问世的蚝式可抵御高达 1000 高斯的磁力强度，故取名为 Milgauss。同时，蚝式表壳也是防水和坚固的象征，特殊的材料与防水结构可防水深达 100 米。还有与精准同名的浪琴手表，自 1879 年携带自产的首款计时秒表（20H 机芯）涉足体育界后，它就与各种运动赛事建立联系。1969 年，浪琴率先生产出世界上第一只石英表，并成为第一个采用液晶显示的计时器。1979 年，浪琴还推出当时世界上最薄的手表，厚度小于 2 毫米。

瑞士手表在技术精益求精之时，又非常重视其艺术与文化价值，尤其是瑞士的机械表一直重视品质塑造。纯手工的各种独特装饰技艺，悠久的历史文化价值都使它们与众不同。许多手表商还经常装饰着贵重金属和宝石，有着首饰盒珠宝的品性。从 20 世纪 90 年代以来，瑞士机械手表越来越受到上层消费群体的追捧。对于他们来说，手表不只是计时工具，更是服饰、身份和品位的象征。百达翡丽就以各种精湛工艺成为“艺术”手表的开创者。瑞士手表的珐琅工艺盛行于 19 世纪，主张在 850℃的高温下锻炼数层纯珐琅来制造表底，并抹上天然植物精油。百达翡丽一直坚持雇佣能工巧匠进行生产制作，尽管在很长时间里毫无市场可言。可幸的是，今天这些古老工艺成为百达翡丽的骄傲与资本。2011 年，百达翡丽推出的限量版手表就是以传统工艺见长，包括掐丝珐琅表盘的凤凰手表、细木镶嵌表盘的皇家老虎手表、掐丝珐琅和珍珠母贝表盘的孔雀手表等。可见，保持传统与富于创新，追求技术与艺术的完美统一是瑞士手表纵横时尚界的秘诀（图 8 － 31）。

图 8 － 31　百达翡丽“老虎”手表

97. 垃圾摇滚

图 8 － 32　摇滚服装

垃圾摇滚（Grunge Music）又被称为西雅图之音，是 20 世纪 80 年代中期兴盛于美国西雅图等地的另类摇滚，并在 20 世纪 90 年代初期成为最流行的音乐形式之一。它在音乐形式上与之前的朋克、重金属等密切相关，但节拍稍慢。歌词多呈现出一种年轻人在世纪末的焦虑、恐惧、厌倦、消沉等不安情绪，这与年轻人的叛逆、不满、迷茫不无关系。垃圾摇滚以一种滞涩、黑暗的音效为基础，模糊而失真的电吉他成为其鲜明标志。早期的垃圾摇滚以西雅图唱片公司 Sub Pop 为中心，但随着各乐队的演出和名气大增，逐渐融入主流音乐之中，并与相关公司签署唱片交易合约。因为垃圾摇滚的自由开放，它打破了金属与朋克间的隔阂，经常将各种元素结合，但也因此缺少更鲜明的个性。当一代乐迷在彷徨中成长以后，垃圾摇滚也逐渐被束之高阁，淡出了历史舞台。

在 20 世纪 90 年代，影响最大的垃圾摇滚乐队包括“涅槃（Nirvana）”“珍珠果酱（Pearl Jam）”“声音花园（Sound Garden）”等。1991 年，“涅槃”发行的《没关系》成为当时最畅销的专辑之一，并由此带动垃圾摇滚向商业化、主流化方向发展。从根本上说，《没关系》改变了各大唱片公司和媒体看待垃圾摇滚的方式，它不再是单枪匹马的另类音乐了。涅槃成立于 1987 年，最初由主唱、吉他手科特．库班和贝司手克瑞斯特 · 诺维斯理科组成，时间最长的戴维 · 歌瑞尔也是在 1990 年才加入其中。

图 8 － 33　街头女孩

尽管在七年的职业生涯中，“涅槃”只发行了三个专辑，但它始终被认为是现代最重要的非主流乐队之一。“涅槃”的音乐是不断变化的，正如主唱库班所说，“早期的歌曲是真的生气了……但是，随着时间推移，歌曲越来越像罂粟花。”虽然首次巡演失利，但在 1991 年欧洲巡视期间，“涅槃”被疯狂追捧。其专辑的首支单曲“闻起来像青少年的精神”成为电台和音乐电视的首选。1992 年，《没关系》专辑超越迈克尔 · 杰克逊的《危险》荣登公告牌（Billboard）专辑榜第一名。1993 年，“涅槃”发行专辑《在子宫内》，继续畅销，而此时垃圾摇滚已经深入人心。不幸的是，1994 年，吸毒成瘾的库班在西雅图自杀身亡。

几乎与“涅槃”的《没关系》同时，“珍珠果酱”乐队发行了他们的专辑《十》，虽然开始时没有《没关系》那么劲头十足，但它持续热销，销量最后超过了《没关系》。“珍珠果酱”的曲风与 20 世纪 60~70 年代的经典摇滚有诸多相似之处，也更容易吸引主流观众。

在垃圾摇滚时代，它持续的时间最长，并拥有很多的忠实粉丝。

受到垃圾摇滚及其乐队成员的影响，时尚界也出现了一种特殊的服饰形式（图 8 － 32）。人们将朋克的元素、廉价的工装甚至二手服饰混合，创造出年轻、杂乱、蓬头垢面的邋遢形象。在造型上，经常追求一种不匹配、不理想的效果。比如将长袖 T 恤穿在背心里面或者把格子衬衫或毛衣裹在后腰上。外观也体现出松松垮垮、层层叠叠之感，有时还故意地显示出一种旧货店的氛围（图 8 － 33）。头发通常长而杂乱，像是几天没清洗一般，正如库班说他都懒得洗头发。漂白和染色等手段也比较流行，而且不均匀的染色以及新旧头发颜色的对比更适合这种蓬头垢面的造型。因为要突显一头乱发，帽子就不那么重要了。首饰也极少使用，为了体现一种颓废气质，垃圾风格的妆容经常有着沉重的黑色眼线，有时还故意制造污迹（图 8 － 34）。

在对待服饰的态度上，垃圾时尚往往重视黑暗和前卫，并不关心它的时尚与价值（图 8 － 35）。很多人故意穿便宜的衣服，甚至从旧衣店或朋友那里弄来一些并不合身的装扮。西雅图垃圾摇滚代表"地下流行"的坡诺曼说："垃圾服装就是便宜，它的耐用是种永恒的东西，与 20 世纪 80 年代所有的浮华相反。"

法兰绒格子衬衫是垃圾时尚最具代表性的元素。夸张的格子图案，磨损和褪色的织物成为当时最流行的面料。材质一般为羊毛、棉、混纺等，价格便宜，色彩丰富。同时，格子短裤和短裙也是比较流行的服饰类型，宽松的牛仔裤是最常见的下装。如果穿着时间短，人们还会人为地切割、撕裂或反复洗涤，直到形成破旧磨损的外观。此外，也可以把它们放到漂白剂中浸泡几个小时，以达到褪色、破旧的效果。运动类的 T 恤和背心在这里也大受欢迎，还有质地松散的开襟毛衫。女人们也可以穿上"祖母的衣服"，例如长长的、宽松的棉质衣服，经常带有印花图案（图 8 － 36）。在鞋子的选择上，破旧的高帮网球鞋和厚重的马丁靴最为常见，马滕斯博士品牌成为当时青年男女的最爱。与肥大鞋子相配套的是紧身的连裤袜或彩色的及膝裤。

随着垃圾摇滚风行乐坛，许多时尚人士也开始关注与之相关的服饰设计。他们将相关的时尚运用于自己的设计作品之中，并经常出现在 T 型台和精品店之中，如马克·詹克斯（Marc Jacobs）、安娜·苏等。虽然垃圾摇滚在 20 世纪 90 年代中期就开始走向势弱，但与其相关的时尚元素与方法却没有消失，而通过改造和适应成为新的服饰模式。

图 8 － 34　摇滚唱片 PussOh-the-Guilt

图 8 － 35　摇滚乐队 Nirvana

图 8 － 36　摇滚元素服饰　1990 年

98. 安娜·苏

图 8 － 37 安娜·苏的作品 2012 年

在大牌云集的时代，安娜·苏（Anna Sui）却独辟蹊径，一举成名。她的设计大胆多变，体现出摇滚青年与街头时尚的气质。神秘高贵的紫色和黑色是她的标志性颜色，自由随意的田园风格、吉普赛人风格是她作品的独特气质。而她之所以成功的另一秘诀就是物美价廉，她满足了囊中羞涩的青年群体对于时尚和个性的渴望与追求。在她成功地举办个展后不久，伊瑞威·潘（Irving Penn）将其作品拍摄给《时尚》杂志。1992 年，它宣称："苏真正成功的秘诀是价格，她集合中的作品都没有超过四百美元。"

安娜·苏是华裔第三代移民，中文名为萧志美，出生于美国密歇根州的底特律，但父母接受的是法国教育。从小，苏对时尚就有浓厚兴趣，在九年级时就被投票选为最佳着装。她后来回忆说："在我四岁时，我已经思考想成为一个设计师。我总是想像设计师被美丽的织物包围，还有一个大的素描本，总是在模特身上比试衣服，并出去吃午餐。那看起来是一种非常光鲜的生活。"

十几岁时，她在《生活》杂志中了解了一个毕业于纽约帕森斯设计学院的女孩。以此为契机，她不仅结识了女孩的父亲——摄影师伊瑞威，还在 1973 年转入帕森斯设计学院。在完成二年级学业后，苏被青年服饰查理斯雇佣。在那里，她开始设计运动服并从朋友那里学习摄影。期间，她还为运动服公司格拉尼诺（Glenora）工作。有一次，她把为格拉尼诺设计的五件衣服拿到纽约贸易展，引起了一家百货公司的注意。几个星期后，这些衣服被登上了《纽约时报》广告版，格拉尼诺的老板很生气，就此解雇了她。

安娜·苏带着 300 美元的积蓄开始了艰难创业。在十多年的时间里，她勤劳工作一点一滴发展自己的事业。1991 年，在超模朋友坎贝尔、琳达等的支持下，她举办了首次个人作品展。苏租用了一个狭小的地方，并以衣服作为模特的劳酬。这次展览大获成功，她设计的娃娃式套装甜美不逊，与当时萌芽阶段的新摇滚风格不谋而合。而超模朋友们也用她们自身的魅力和影响力为其加分不少。1992 年，安娜·苏在纽约曼哈顿个格林街开设了她的精品旗舰店。黑色和紫色为基调的装饰风格尽显品牌个性与特征。同年 10 月，麦当娜穿着她的透视装出现在《时尚》杂志之中。《芝加哥论坛报》评价她是现代自由精神的象征，有许多粉丝和朋友为她摇旗呐喊，包括麦当娜、坎贝尔等。从此，安娜·苏在时尚界真正确立了自己的位置，她的时装店门庭若市，成为年轻一族的最爱（图 8 － 37）。

图 8 － 38 安娜·苏的作品 2012 年

安娜·苏的作品风格多变，经常从各种艺术形态中寻找灵感，如拉斐尔前派的绘画、乌兹别克斯坦风格、美国西部文化等。因此，她的作品总是体现出明显的民俗性或地域性，而复古元素的使用也是她最具个性所在。《时尚》杂志也给予她“炽热的年轻时装设计师”的评价，并说：“弗里兰夫人的影响无处不在……苏用无穷的充满复古风格的服装打扮自己。”1995 年 1 月，超级模特凯特·莫斯戴着苏的稻草礼帽，打扮成 20 世纪 40 年代淑女的样子，面纱、羽毛和鲜花，与她的玫瑰红唇一起呈现给观者一幅复古的画面。虽然她的风格千变万化，每年推出的作品系列似乎都大有不同，但有一个共性贯彻始终，那就是摇滚乐派的开放、叛逆与颓废气质。就如同垃圾时尚所提倡的那样，复古、做旧、混搭、不讲规矩。只不过与街头小店不同，苏将这种风尚进行加工和改良，将之展示于精品店之中。所以在她看似随意的设计中，我们经常可以感受到其独到的细节处理，如用刺绣、花边、珠绣、烫钻等装饰手法塑造的的精致与艺术感（图 8 － 38、图 8 － 39）。

1992 年 9 月，《时尚芭莎》刊登了苏的作品，整体有着美国西部牛仔的风格，折边大檐帽，粗纹西服夹克与长裤，棕色的基调切合主题，细部可以看到诸多个性与创造，帽子上长长的鸟尾，胸前与腿上的丝巾系带，宽松的铆钉腰带等。这个作品既显示出其垃圾摇滚的个性，又具有设计美感。她的这些作品非常适合于年轻人，又因为具有设计感，受到艺术界尤其是音乐爱好者的追捧。《费城问询报》这样评价苏：“在任何国度，总有蛊惑煽动者，他们安慰卑微者，反对统治阶层。安娜·苏，300 美元前卫服装的制造者。她的主题是那些通宵工作以求艺术突破的反传统俱乐部的孩子们。苏提供的正是他们所热爱的。”20 世纪 90 年代末，苏已经成为世界知名的时尚品牌。她将业务深入到东南亚地区，在日本、中国都有巨大影响。同时，苏进一步扩大了她的王国，发展了化妆品、香水、配饰等业务。她用标志性的紫色和黑色来包装化妆品等的外观，复古、华丽，充满女性气质的形象也为她吸引了不少人气。她的许多彩妆包装盒和香水瓶甚至成为收藏家的最爱（图 8 － 40、图 8 － 41）。

在设计师之外，安娜·苏还为保持行业的活力而努力。她在 2008 年 9 月的时装周上高度强调了“拯救服装中心”的运动。对于她的创新，安娜·苏被《纽约时报》称为“从来不迎合的设计师”，并且被《时代》杂志列入十年中五大时尚偶像之一。2009 年，苏获得美国杰弗里比尼终身成就奖。

图 8 － 39　安娜·苏设计

图 8 － 40　安娜·苏配件设计

图 8 － 41　安娜·苏靴子

99. 新式简约——唐娜·卡兰

图 8 － 42　唐娜作品

时尚界在经历了 20 世纪 60 ～ 70 年代的动荡叛乱，20 世纪 80 年代的夸张奢华之后开始反思。随着新现代主义设计风格的流行，简约高雅之风又开始盛行。美国服饰设计师唐娜 · 卡兰（Donna Karan）与前辈克莱尔 · 麦卡德尔一样，以舒适、耐用、简洁、优雅的女装设计闻名。从头到脚，卡兰的设计无处不在，服装、帽子、丝袜、饰品、家居用品等，风格统一，一应俱全（图 8 － 42）。

唐娜出生于纽约，母亲是一名模特，父亲经营缝纫用品。从小热爱时尚的唐娜曾就读于帕森斯设计学院，但中途退学了，因为她受聘于国内顶尖的设计公司安妮 · 克莱因。1974 年，克莱因去世，刚生完女儿的唐娜和她的朋友路易斯 · 戴尔成为公司的首席设计师。唐娜在哺乳期完成了当年的秋季系列，大获成功。在克莱因公司，她获益匪浅，尤其在后来几年时间里，她渐渐形成了自己的个人风格。1975 年，《时尚》报道唐娜在克莱因创造了“强大外观的运动服装。”1977 年，她与朋友路易斯一起赢得了科迪美国时尚评论奖章。1982 年，唐娜推出了安妮 · 克莱因二。

后来，唐娜离开安妮 · 克莱因，在 Takinyo 公司的资助下拥有了自己的公司。1985 年 3 月，唐娜推出了第一个个人系列，主题为“七个容易的小品”，创建了一种全新的现代的女性衣着风格和方式。时尚编辑格里斯 · 米诺巴拉称赞卡兰：“她影响了时尚的全部风貌。”1988 年，唐娜为年轻女性创建了一个更为便宜的服装系列 DKNY。1992 年，DKNY 男士系列正式启动。同年，她推出了第一款香水，混合了羊皮、羊绒、麂皮等味道，并说，“当人们问我想让它闻起来像什么时，我说‘我丈夫的脖子’”。1996 年，唐娜国际公司上市，一种简约实用的都市女性风尚在新的时代将有更广阔的天地。

图 8 － 43　唐娜作品

唐娜把自己的服装语言概括为：简化、美化日常生活。她从实际需要出发，切实有效地寻找解决问题的方法。她说：“我与其他女性面临相同的问题。因此，我是一个晴雨表，如果能为自己的问题找到一种解决方法，那么这种方法也适用于其他女性。”现代的职业女性需要快捷、方便的生活方式，反映在服饰上面就是追求多功能性、简约组合的设计特点。无论是在家里还是外出工作，连衣裙是唐娜最喜欢的单品，她认为：连衣裙融礼服的复杂性与裤子的简单性于一体，而且看上去更具有力量、舒适性和自信（图 8 － 43）。在 20 世纪 80 年代中期，唐娜大多数时间都在家中，身穿紧身衣，外出时再加一条裙子和围巾。由此创建了以长夹衣为基础造型的外观，而不是当时阳刚风格的职业女装。在这个时尚的基础上，根据需要加上裙子、披肩、夹克。这种基本构件可以随意组合，适合于各种季节、各种场合。例如她在 1985 年推出的首个系列，就是七个可以自由组合的构件。这个系列作品深刻地改变了女性的穿着方式。

在艺术风格上，唐娜始终坚持简单、舒适的原则。她的作品反映现代都市特有的朝气与节奏，在满足现代女性实际需求的基础上又凸显其干练、优雅气质。唐娜的大多作品都以实用舒适为最终目的，剪裁简单，几乎没有刺绣、蕾丝等装饰。她的作品中甚至都很少有印花，单纯的色彩从上而下，一蹴而就。其中黑色是她最喜欢的颜色，纯黑色的毛衫、连衣裙等显示出她对于现代气质的独特理解。在 20 世纪 90 年代初期，她被《纽约时报》形容为“被黑色弹性礼服包裹的埃德科赫”。这件黑色连衣裤设计于 20 世纪 90 年代初期，简单的黑色、简单的造型予人以干练气质。深 V 领口又显示出女性魅力，外搭宽摆的毛衣或者内搭衬衣都是不错的选择（图 8 － 44）。

图 8 － 44　V 领连体裤　1990 ~ 1992 年

在简单实用的同时，唐娜还追求优雅、美观与女性化的气质。她认为现代服装应满足“女性化、柔和、动感”的特性。她的作品造型虽然简单，但总是以表现女性自然形体为基础，而且要充分考虑到服装与身体活动的协调性，富有动感。为了达到这种目的，她大多采用柔软光滑的上等面料如丝绸、羊绒等，既能与人体贴合，又能在人行走时塑造动态美。唐娜强调人体的自然美和性感，而不是用塑身衣来强调外形，她说：“我总是从内衣深处的某个形象开始——宽宽的肩膀、圆润的臀部。”由此，唐娜塑造的干练而女性化的形象成为诸多现代女性的首选之一。美国第一夫人希拉里 · 克林顿也穿着她的套装和礼服出席就职庆典。2011 年，明星妮娜 · 杜波夫穿着唐娜一席红色抹胸晚礼服出席艾美奖颁奖典礼，优雅、自信而充满女性美，星光十足（图 8 － 45）。

图 8 － 45　妮娜 · 杜波夫　2011 年艾美奖颁奖典礼礼服

到 20 世纪 90 年代末期，唐娜的时尚王国已经涵盖了男女服装、童装、香水、护肤品、袜子等，成为一个全球性的商业帝国。同时，她还致力于各种慈善活动，尤其是丈夫在 2001 年死于癌症之后，她在癌症的治疗和护理方面更是投入了大量资金和精力。她还关注艾滋病的研究和治理，帮助和救援 2010 年地震后的海地重建。《时尚》杂志的主编安娜 · 温图尔说：“唐娜一直有不可阻挡的力量，任何人都不知道，她以各种不公开的方式对周围的世界慷慨奉献。”今天，唐娜依旧被认为是美国乃至全世界最优秀的女性服饰设计师。

100. 村上隆

图 8 － 46　LV 新品　村上隆

图 8 － 47　村上隆为路易威登设计的店面

图 8 － 48　村上隆 2004 年作品

在世纪转换的重要十年中，一种新的艺术形式迅速崛起，即卡通动漫。这一新生事物与电子技术及相关设备的发展有着密切关系，二者相辅相成，共同前进。在以“可爱”为主旨的前提下，一些卡通与动漫形象经久不衰，具有非常大的市场价值，如米奇、机器猫、米菲、Hello Kitty 等。在日本、美国和其他许多地方，“可爱”大受欢迎，尤其在儿童和年轻人群体之中。据 2003 年《美国世界新闻报道》一篇文章记载，当年 Hello Kitty 相关产品的总销售额大约有五亿美元。

动漫形象往往有着大大的眼睛，稚嫩的追求梦幻般冒险的性格。与之相关而衍生的许多产品如玩具、服装、饰品等也受到了铁杆收藏家的热捧。当今，动漫类主题的服饰成为业界重要的发展方向之一，这在儿童类产品中更为常见。但有一位艺术家不同寻常，他将一种“可爱幼稚”的气质带入更高的艺术殿堂，甚至把它与奢侈品消费联系在一起，他就是日本艺术家村上隆（图 8 － 46）。

1962 年，村上隆（Takashi Murakami）出生于日本东京一个崇尚艺术的家庭，他的弟弟 Yuji 后来也成为一名艺术家。日本本土文化以及美国流行文化对他影响很大，他的父亲曾经在美国某海军基地工作，为他带来大量信息。20 世纪 80 年代初期，村上隆就读于东京国立大学的美术和音乐系，攻读东洋学（一种 19 世纪日本绘画，结合了日本题材与欧洲绘画技巧）。1986 年，他获得美术学术学位；1988 年获得了硕士学位，并继续深造；在 1993 年获得了博士学位。在 20 世纪 90 年代初期，他开始教授传统绘画，并努力寻求自己的风格。日益流行的动漫形象迷倒了村上隆，他试图寻找这些流行趋势，并努力创造一些具有持久价值的新形象（图 8 － 47）。

村上隆认为流行文化很重要，并不比那些高雅艺术低级。正如波普艺术一样，试图将艺术回归日常生活，或者使生活变成艺术。安迪 · 沃霍尔重复的明星与可乐瓶作品让人始终记忆犹新，而李奇登斯坦漫画风格的绘画作品明亮、大胆而大受欢迎。由此，村上隆认为自己找到了想要的艺术元素，即流行、可爱与生活（图 8 － 48）。他最知名的形象创作是 Mr.DOB，一个圆头大耳朵的蕾丝老鼠形象的卡通人物。村上隆的许多作品色彩鲜明、形象突出，但与之相对应的背景往往比较暗，对比明显。

从 20 世纪 90 年代中期开始，村上隆的作品开始在日本、美国、法国以及其他地方的画廊和博物馆等场所展出，将一种原创的、可爱的、吸引人注目的新型艺术形象带入观众视野。1996 年，村上隆成立了“Hiropon 工厂”，并逐渐发展壮大，成为一个完全职业化的艺术生产工作室。2001年，村上隆正式注册了凯凯奇奇有限公司（KaiKai KiKi LLC），拥有上百名工作人员。

村上隆提供灵感，制订思路，监督生产，但很少亲自绘制和雕刻作品。一般都是他设计作品雏形，然后扫描，在电脑上进行再加工设计，也经常把自己的代表形象如蘑菇、眼球等加入其中。在基本成形后交由助手处理，然后才开始绘制加工（图 8 － 49）。为了实现村上隆高光泽的糖果色，助手必须一次又一次地涂抹丙烯，在一个作品中会有 700 ～ 800 种不同的颜色。大规模系统化的生产效益可观，村上隆曾对媒体说，“在 1998 年，他和 30 个助手会花半年的时间做一个作品，而五年后，该工厂一年就能生产四十件作品。”不过这种创作方式让他的作品二维性很强，由此产生了他“超平”的艺术风格。这也是艺术商业化、电子化、平民化的一种倾向。对此，村上隆说：“在日本，没有高也没有低，只有扁平。”

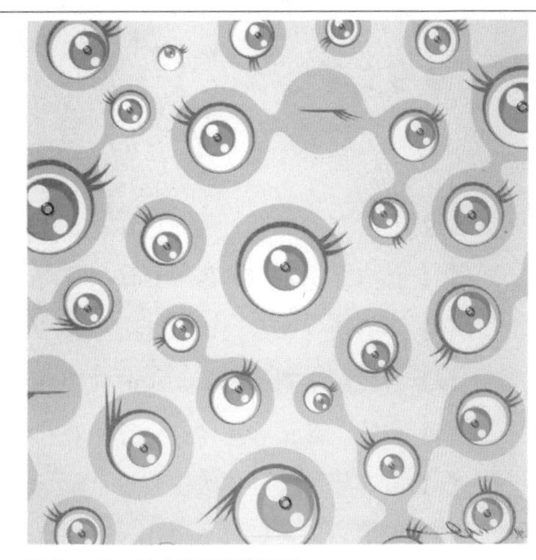

图 8 － 49　村上隆的图案设计

2003 年，村上隆与路易威登合作，从而将可爱的新活力注入庄严的奢侈品公司。他将标志性的色彩与图案结合“LV”传统形象，设计出限量版 LV 新手袋。售价数千美元的奢侈品经常在到达商店前就销售一空，成千上万的客户在候补名单之中，并萌生了城市街头和网站的众多模仿品。而村上隆此举更重要的价值在于他为服饰设计界带来一些新的未来发展的可能，这是一种全新的设计模式，尤其对于那些恪守传统奢华的品牌而言。2003 年，村上隆的 LV 手袋占到 LV 年收入的 10%，而他也因此知名度大增，尤其在日本，他有着摇滚明星般的地位（图 8 － 50）。此后，许多知名的服饰品牌都开始邀请村上隆参与设计，包括瑞士的劳力士表业。这款劳力士手表的表盘与众不同，村上隆只是简单地将他的代表图案花瓣笑脸点缀其中就产生出别样的艺术风味，可爱而不失高雅（图 8 － 51）。

图 8 － 50　可爱版 LV　村上隆

与安迪 · 沃霍尔一样，村上隆模糊了所谓高雅艺术与街头艺术作品之间的界限。他打破传统的分类，重新包装低俗文化并出售给出价最高的人。同时通过新的创作、生产和管理模式建立了一种新型的艺术品机制，将艺术与商品结合，并获得尊重和成功。在 21 世纪初的佳士得春季拍卖中，村上隆 1996 年的 Miss Ko2，一个真人大小的玻璃钢卡通人物竟然拍出了 567500 美元的天价。这个纪录还将不断被打破，而“幼稚风”在未来必将前途无量。

图 8 － 51　村上隆设计的劳力士

参考文献

【1】王受之．世界时装史[M]．北京：中国青年出版社，2002.

【2】孙涤非．轮回的艺术[M]．济南：山东美术出版社，2011.

【3】李智瑛．西方现代设计史[M]. 天津：天津人民美术出版社，2010.

【4】康民军．刘金洁．欧美时尚100年[M]. 济南：山东画报出版社，2009.

【5】罗玛．开花的身体：一部服装和罗曼史[M]. 上海：上海社会科学院出版社，2005.

【6】梦亦非．世界顶级服装设计师top20[M]. 重庆：重庆大学出版社，2009.

【7】大卫·瑞兹曼等．现代设计史[M]. 北京：中国人民大学出版社，2007.

【8】拉克什米·巴斯科兰．世界现代设计图史[M]. 甄玉，李斌，译．南宁：广西美术出版社，2007.

【9】邦尼·英格利希．时尚（50位最有影响力的世界时尚设计大师）[M]. 黄慧，译．杭州：浙江摄影出版社，2012.

【10】封璟策划．“上海1930S”系列[J]. 贵在上海Vantage.2013.

【11】翁贝托·艾柯．美的历史[M]. 彭淮栋，译．北京：中央编译出版社，2007.

【12】乐文斯基．世界上最具影响力的服装设计师[M]. 周梦，郑姗姗，译．北京：中国纺织出版社，2014.

【13】英国费顿出版社．时尚圣经[M]. 北京：中国摄影出版社，2006.

【14】胡月，袁仄．百年衣裳——中国20世纪服装演变[J]. 东方艺术，2006（2）.

本书在编写过程中，还参考了以下网站信息

http://www.britishmuseum.org（大英博物馆）

http://www.metmuseum.org （美国大都会博物馆）

Field Museum of Natural History （芝加哥菲尔德自然历史博物馆）

Musee des arts’ Decoratits（巴黎装饰艺术博物馆）

http://www.catwalkyourself.com（时尚自己）

http://www.pinterest.com（拼趣网）

http://headtotoefashionart.com（时尚艺术）

http://en.wikipedia.org（维基百科）

http://www.haibao.com（海报时尚网）